ベクトル解析

加須栄 篤 著

新井仁之／小林俊行／斎藤　毅／吉田朋広 編

12

数・学・探・検

共立講座

共立出版

刊行にあたって

数学の歴史は人類の知性の歴史とともにはじまり，その蓄積には膨大なものがあります．その一方で，数学は現在もとどまることなく発展し続け，その適用範囲を広げながら，内容を深化させています．「数学探検」，「数学の魅力」，「数学の輝き」の３部からなる本講座で，興味や準備に応じて，数学の現時点での諸相をぜひじっくりと味わってください．

数学には果てしない広がりがあり，一つ一つのテーマも奥深いものです．本講座では，多彩な話題をカバーし，それでいて体系的にもしっかりとしたものを，豪華な執筆陣に書いていただきます．十分な時間をかけてそれをゆったりと満喫し，現在の数学の姿，世界をお楽しみください．

「数学探検」

数学の入り口を，興味に応じて自由に探検できる出会いの場です．定番の教科書で基礎知識を順に学習するのだけが数学の学び方ではありません．予備知識がそれほどなくても十分に楽しめる多彩なテーマが数学にはあります．

数学に興味はあっても基礎知識を積み上げていくのは重荷に感じられるでしょうか？　そんな方にも数学の世界を発見できるよう，大学での数学の従来のカリキュラムにはとらわれず，予備知識が少なくても到達できる数学のおもしろいテーマを沢山とりあげました．そのような話題には実に多様なものがあります．時間に制約されず，興味をもったトピックを，ときには寄り道もしながら，数学を自由に探検してください．数学以外の分野での活躍をめざす人に役立ちそうな話題も意識してとりあげました．

本格的に数学を勉強したい方には，基礎知識をしっかりと学ぶための本も用意しました．本格的な数学特有の考え方，ことばの使い方にもなじめるように高校数学から大学数学への橋渡しを重視してあります．興味と目的に応じて，数学の世界を探検してください．

編集委員

はじめに

ベクトル解析は，電磁気学，連続体の力学などへ応用するために物理学や工学において重要であるばかりではなく，偏微分方程式の理論，微分幾何学，ポテンシャル論などの数学のほかの分野への橋渡しもしている．

本書は，一つあるいはいくつかの変数のベクトルに値をもつ関数の微積分学であるベクトル解析学の入門書である．読者が，大学初年級での多変数関数の微積分法の初歩的な事柄を学んでいることを仮定する．ただし陰関数定理と重積分の変数変換公式は本書に必要な範囲で説明する．テンソル場や微分形式は，本書では取り上げない．また，例を多く取り入れ，その中で物理への応用の話題にも触れた．さらに，各章の終わりに練習問題を付け加え，巻末にその解答をおいて，理解が深まるよう努めた．理解を助けるための図も随所に載せた．

さて，本書の内容を簡単に説明する．第 1 章では，ベクトルの内積と外積，および平行四辺形の面積と平行六面体の体積の表現を説明したあと，曲線と曲面上の関数の積分について解説する．スカラー場の勾配ベクトル，ベクトル場の発散，回転などの微分演算，およびベクトル場の曲線に沿う線積分，曲面上の面積分を説明したあと，グリーンの定理とストークスの定理を解説する．これが第 2 章の内容である．第 3 章では空間のベクトル場に対するガウスの発散定理を証明する．第 2 章の平面の場合とは少し異なった視点から説明を試みる．次にグリーンの積分公式を導いて，その応用をいくつか与える．特にニュートンポテンシャルが満たすポアソン方程式について解説する．

ベクトル解析を展開して，曲線，曲面，空間の幾何の深い理解につなげることができる．第 4 章では，平面あるいは空間の中の曲線を考え，その曲率について説明する．次に空間内の曲面を考え，その曲がり方を表す主曲率，ガウス曲率，平均曲率ベクトルや，曲面の中の曲線の測地的曲率を導入する．曲線の長さと曲面の面積に関する微分公式を紹介し，測地的曲率と平均曲率ベクトルの意味するところを述べる．最後に第2章のグリーンの定理を用い，関連事項を積み重ねて，著名なガウス－ボネの定理に到達する．

金沢大学の授業科目「基礎解析 2A2B」でアクティブラーニングアドバイザーを担当した久保歩氏には，図の作成を援助していただいた．また，川上裕氏と査読者には，原稿に注意深く目を通して多くの有益な指摘をしていただいた．ここに心より感謝の意を表する．

2019 年 7 月　　　　加須栄　篤

目　次

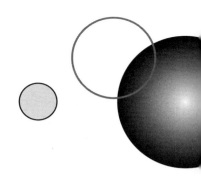

第1章

曲線と曲面

この章では，ベクトルの内積と外積，および平行四辺形の面積と平行六面体の体積の表現を述べたあと，重積分の変数変換の公式を説明する．次に陰関数定理を本書に必要な範囲で説明したあと，曲面を導入して，その上の関数の積分について解説する．

1.1　数ベクトル空間

平面または空間内の 2 点 A, B に対して，A を始点，B を終点とする矢印のついた線分（有向線分）を $\overrightarrow{AB}$ と表す．二つの有向線分 $\overrightarrow{AB}$ と $\overrightarrow{CD}$ が平行移動によって方向まで込めて，重ね合わせることができるとき，これらは同一の**ベクトル**を定めるといい，$\overrightarrow{AB} = \overrightarrow{CD}$ と表す（図 1.1）．ベクトルの表し方として，太い字体の $\boldsymbol{a}, \boldsymbol{b}, \boldsymbol{A}, \boldsymbol{B}$ などをおもに用いることにする．ベクトル $\boldsymbol{a} = \overrightarrow{AB}$

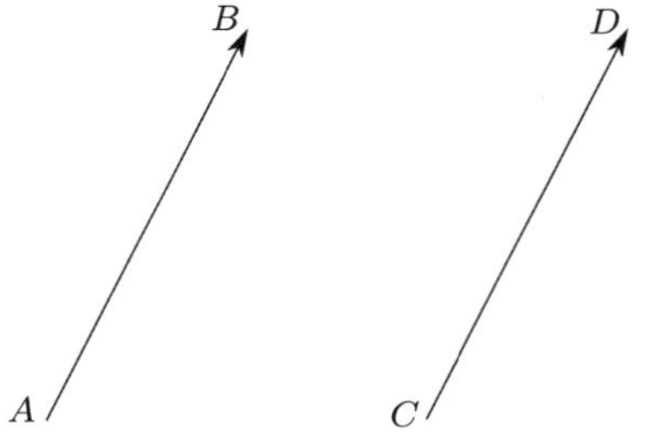

図 1.1　ベクトル

に対し，逆向きのベクトル $\overrightarrow{BA}$ を $-\boldsymbol{a}$ と表す．始点と終点の一致したベクトル $\overrightarrow{AA}$ を零ベクトルとよび，$\mathbf{0}$ と書く．ベクトルには二つの演算がある．二つのベクトル $\boldsymbol{a}, \boldsymbol{b}$ に対して，$\boldsymbol{a} = \overrightarrow{AB}$，$\boldsymbol{b} = \overrightarrow{BC}$ と表したとき，ベクトル $\overrightarrow{AC}$ を $\boldsymbol{a}$ と $\boldsymbol{b}$ の和といい，$\boldsymbol{a}+\boldsymbol{b}$ と表す．これは $\boldsymbol{a}$ と $\boldsymbol{b}$ で決まる平行四辺形の向きのついた対角線で与えられている．次にスカラー（数）α とベクトル $\boldsymbol{c}$ の積 $\alpha\boldsymbol{c}$ を考える．α が正の数ならば，$\alpha\boldsymbol{c}$ は，$\boldsymbol{c}$ の方向を変えずに長さを α 倍したベクトルを表し，α が負の数ならば，$\alpha\boldsymbol{c}$ は $\boldsymbol{c}$ の反対方向に向けて，長さを $(-\alpha)$ 倍したベクトルである．空間（あるいは平面）に一つの座標系を固定する．このとき，すべてのベクトルは原点 O を始点とする有向線分で代表される．$\boldsymbol{x} = \overrightarrow{AB}$ が与えられたとき，点 A の座標を (a_1, a_2, a_3)，点 B の座標を (b_1, b_2, b_3) とすれば，$x_1 = b_1 - a_1$，$x_2 = b_2 - a_2$，$x_3 = b_3 - a_3$ は始点 A の位置に無関係に $\boldsymbol{x}$ によって決まる．このとき，$\boldsymbol{x} = (x_1, x_2, x_3)$ と表し，x_1, x_2, x_3 を $\boldsymbol{x}$ の成分という．$\boldsymbol{x}$ を点 A に関する点 B の**位置ベクトル**という．A が原点ならば，(x_1, x_2, x_3) は B の座標のことである．このように座標とベクトルを区別しないことになる．

ベクトルを成分で表したとき，ベクトルの和およびスカラー積は次のように表される（図 1.2）．

$$(a_1, a_2, a_3) + (b_1, b_2, b_3) = (a_1 + b_1, a_2 + b_2, a_3 + b_3)$$

$$\alpha(c_1, c_2, c_3) = (\alpha c_1, \alpha c_2, \alpha c_3)$$

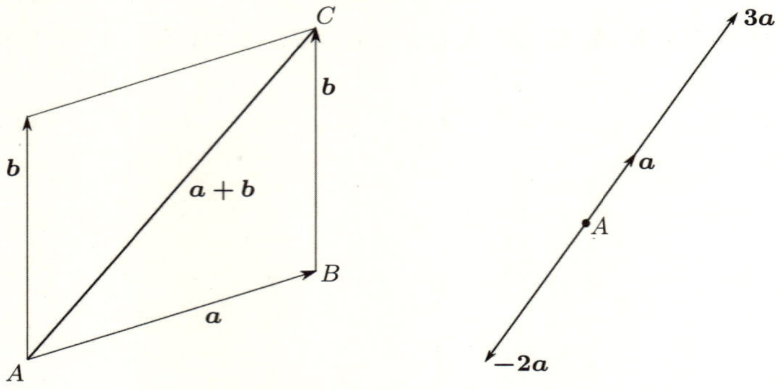

図 1.2　ベクトルの演算

二つのベクトル $\boldsymbol{a} = (a_1, a_2, a_3)$ と $\boldsymbol{b} = (b_1, b_2, b_3)$ の**内積**を

$$(\boldsymbol{a}, \boldsymbol{b}) = a_1 b_1 + a_2 b_2 + a_3 b_3$$

によって定める．ベクトル $\boldsymbol{a}$ の長さ（大きさ，または***ノルム***）は

$$\|\boldsymbol{a}\| = \sqrt{(\boldsymbol{a}, \boldsymbol{a})} = \sqrt{{a_1}^2 + {a_2}^2 + {a_3}^2}$$

で与えられる．ベクトル $\boldsymbol{a}$ と $\boldsymbol{b}$ のなす角を $\theta \in [0, \pi]$ とすると，内積は

$$(\boldsymbol{a}, \boldsymbol{b}) = \|\boldsymbol{a}\| \|\boldsymbol{b}\| \cos \theta$$

である．（ベクトル $\boldsymbol{a}$ と $\boldsymbol{b}$ の内積を $\boldsymbol{a} \cdot \boldsymbol{b}$ によって表すことが多いが，本書ではこの記号は使わない．）$(\boldsymbol{a}, \boldsymbol{b}) = 0$ のとき，ベクトル $\boldsymbol{a}$ と $\boldsymbol{b}$ は直交するという．

ベクトル $\boldsymbol{a}$ と $\boldsymbol{b}$ が一次独立であるとき，すなわち，平行でないとき，$\boldsymbol{a}$ と $\boldsymbol{b}$ で張られる平面を

$$\Pi(\boldsymbol{a}, \boldsymbol{b}) = \{x\,\boldsymbol{a} + y\,\boldsymbol{b} \mid x, y \in \boldsymbol{R}\}$$

と表し，$\boldsymbol{a}$ と $\boldsymbol{b}$ で張られる平行四辺形を

$$P(\boldsymbol{a}, \boldsymbol{b}) = \{x\,\boldsymbol{a} + y\,\boldsymbol{b} \mid 0 \le x, y \le 1\}$$

とする（図 1.3）．

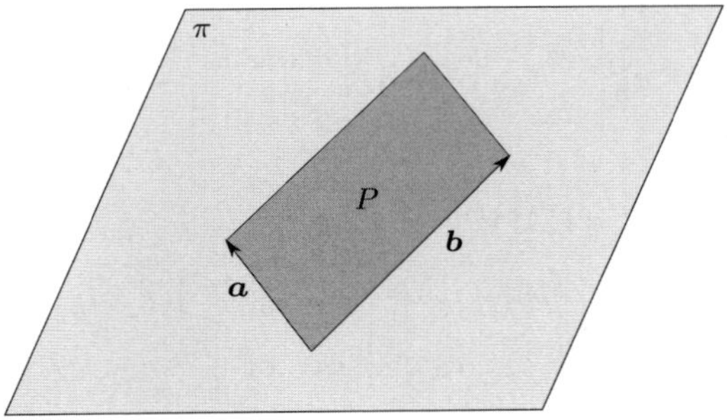

図 1.3　平行四辺形

◆**例題 1.1.1**　平行四辺形 $P(\boldsymbol{a},\boldsymbol{b})$ の面積は $\sqrt{(\boldsymbol{a},\boldsymbol{a})(\boldsymbol{b},\boldsymbol{b})-(\boldsymbol{a},\boldsymbol{b})^2}$ で与えられることを示せ.

証明　ベクトル $\boldsymbol{a}$ と $\boldsymbol{b}$ のなす角を θ とすると，$P(\boldsymbol{a},\boldsymbol{b})$ の面積 S について

$$\begin{aligned} S^2 &= (\|\boldsymbol{a}\|\|\boldsymbol{b}\|\sin\theta)^2 \\ &= (\boldsymbol{a},\boldsymbol{a})(\boldsymbol{b},\boldsymbol{b})(1-(\cos\theta)^2) \\ &= (\boldsymbol{a},\boldsymbol{a})(\boldsymbol{b},\boldsymbol{b})-(\boldsymbol{a},\boldsymbol{b})^2 \end{aligned}$$

となる. ■

三つのベクトル $\boldsymbol{a}=(a_1,a_2,a_3)$，$\boldsymbol{b}=(b_1,b_2,b_3)$，$\boldsymbol{c}=(c_1,c_2,c_3)$ を縦に並べてできる 3×3 行列

$$\begin{pmatrix} \boldsymbol{a} \\ \boldsymbol{b} \\ \boldsymbol{c} \end{pmatrix} = \begin{pmatrix} a_1 & a_2 & a_3 \\ b_1 & b_2 & b_3 \\ c_1 & c_2 & c_3 \end{pmatrix}$$

を考える.

$$\begin{vmatrix} \boldsymbol{a} \\ \boldsymbol{b} \\ \boldsymbol{c} \end{vmatrix} \quad \text{または} \quad \det\begin{pmatrix} \boldsymbol{a} \\ \boldsymbol{b} \\ \boldsymbol{c} \end{pmatrix}$$

によって行列の行列式を表す．この行列の行列式を第一行に関して展開すると

$$\begin{vmatrix} \boldsymbol{a} \\ \boldsymbol{b} \\ \boldsymbol{c} \end{vmatrix} = a_1 \begin{vmatrix} b_2 & b_3 \\ c_2 & c_3 \end{vmatrix} + a_2 \begin{vmatrix} b_3 & b_1 \\ c_3 & c_1 \end{vmatrix} + a_3 \begin{vmatrix} b_1 & b_2 \\ c_1 & c_2 \end{vmatrix}$$

となる．ベクトル $\boldsymbol{b}$ と $\boldsymbol{c}$ に対して，ベクトル

$$\boldsymbol{b}\times\boldsymbol{c} = \left(\begin{vmatrix} b_2 & b_3 \\ c_2 & c_3 \end{vmatrix}, \begin{vmatrix} b_3 & b_1 \\ c_3 & c_1 \end{vmatrix}, \begin{vmatrix} b_1 & b_2 \\ c_1 & c_2 \end{vmatrix} \right)$$

と定め，これをベクトル $\boldsymbol{b}$ と $\boldsymbol{c}$ の**ベクトル積**あるいは**外積**という（図 1.4）．定義から

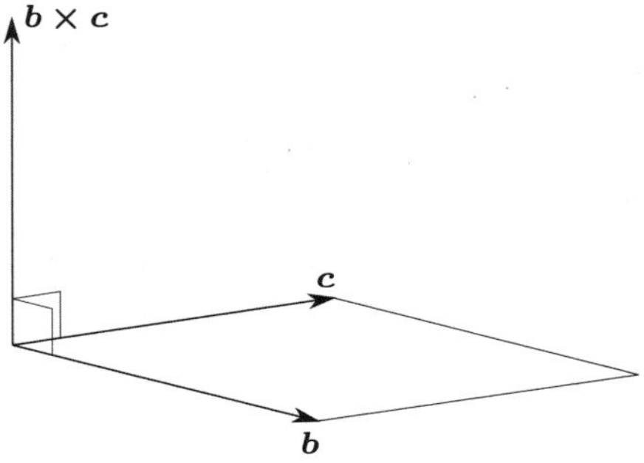

図 1.4　ベクトル積

$$\begin{vmatrix} \boldsymbol{a} \\ \boldsymbol{b} \\ \boldsymbol{c} \end{vmatrix} = (\boldsymbol{a}, \boldsymbol{b}\times\boldsymbol{c}) \tag{1.1}$$

が成り立つ．

$$\begin{vmatrix} \boldsymbol{b} \\ \boldsymbol{b} \\ \boldsymbol{c} \end{vmatrix} = 0, \qquad \begin{vmatrix} \boldsymbol{c} \\ \boldsymbol{b} \\ \boldsymbol{c} \end{vmatrix} = 0$$

より，$(\boldsymbol{b}, \boldsymbol{b}\times\boldsymbol{c}) = 0$, $(\boldsymbol{c}, \boldsymbol{b}\times\boldsymbol{c}) = 0$, すなわち $\boldsymbol{b}\times\boldsymbol{c}$ は $\boldsymbol{b}, \boldsymbol{c}$ それぞれと直交している．

$\boldsymbol{e}_1 = (1,0,0)$, $\boldsymbol{e}_2 = (0,1,0)$, $\boldsymbol{e}_3 = (0,0,1)$ を**基本ベクトル**という．これらを用いて，ベクトル $\boldsymbol{a} = (a_1, a_2, a_3)$ を $\boldsymbol{a} = a_1\boldsymbol{e}_1 + a_2\boldsymbol{e}_2 + a_3\boldsymbol{e}_3$ と表すことができる．この表現を使ってベクトル $\boldsymbol{b}\times\boldsymbol{c}$ は

$$\boldsymbol{b}\times\boldsymbol{c} = \begin{vmatrix} b_2 & b_3 \\ c_2 & c_3 \end{vmatrix} \boldsymbol{e}_1 + \begin{vmatrix} b_3 & b_1 \\ c_3 & c_1 \end{vmatrix} \boldsymbol{e}_2 + \begin{vmatrix} b_1 & b_2 \\ c_1 & c_2 \end{vmatrix} \boldsymbol{e}_3$$

と表すことができる．これから形式的に行列記号を用いて

$$\boldsymbol{b}\times\boldsymbol{c} = \begin{vmatrix} \boldsymbol{e}_1 & \boldsymbol{e}_2 & \boldsymbol{e}_3 \\ b_1 & b_2 & b_3 \\ c_1 & c_2 & c_3 \end{vmatrix}$$

と表すことができる．第 1 行に関して展開すると外積 $\boldsymbol{b} \times \boldsymbol{c}$ の定義が再現される．

さて，外積の性質をいくつか述べる．

命題 1.1.2　ベクトルの外積に関して次の等式が成り立つ．

(i) $\boldsymbol{a} \times \boldsymbol{b} = -\boldsymbol{b} \times \boldsymbol{a},\ \boldsymbol{a} \times \boldsymbol{a} = \boldsymbol{0}$

(ii) $\boldsymbol{a} \times (\boldsymbol{b} + \boldsymbol{c}) = \boldsymbol{a} \times \boldsymbol{b} + \boldsymbol{a} \times \boldsymbol{c}$

(iii) $(\boldsymbol{a} + \boldsymbol{b}) \times \boldsymbol{c} = \boldsymbol{a} \times \boldsymbol{c} + \boldsymbol{b} \times \boldsymbol{c}$

(iv) $\boldsymbol{a} \times (\alpha \boldsymbol{b}) = (\alpha \boldsymbol{a}) \times \boldsymbol{b} = \alpha(\boldsymbol{a} \times \boldsymbol{b})$

(v) $(\boldsymbol{a}, \boldsymbol{b} \times \boldsymbol{c}) = (\boldsymbol{b}, \boldsymbol{c} \times \boldsymbol{a}) = (\boldsymbol{c}, \boldsymbol{a} \times \boldsymbol{b})$

(vi) $\boldsymbol{a} \times (\boldsymbol{b} \times \boldsymbol{c}) = (\boldsymbol{a}, \boldsymbol{c})\boldsymbol{b} - (\boldsymbol{a}, \boldsymbol{b})\boldsymbol{c}$

(vii) $\boldsymbol{a} \times (\boldsymbol{b} \times \boldsymbol{c}) + \boldsymbol{b} \times (\boldsymbol{c} \times \boldsymbol{a}) + \boldsymbol{c} \times (\boldsymbol{a} \times \boldsymbol{b}) = \boldsymbol{0}$

証明　(i)〜(iv) は，外積の定義から明らかである．(v) については，(1.1) と行列式の性質から導かれる．(vi) が成り立つことを確かめる．まず，

$$\boldsymbol{a} = a_1\boldsymbol{e}_1 + a_2\boldsymbol{e}_2 + a_3\boldsymbol{e}_3$$
$$\boldsymbol{b} = b_1\boldsymbol{e}_1 + b_2\boldsymbol{e}_2 + b_3\boldsymbol{e}_3$$
$$\boldsymbol{c} = c_1\boldsymbol{e}_1 + c_2\boldsymbol{e}_2 + c_3\boldsymbol{e}_3$$

とおく．このとき

$$\boldsymbol{b} \times \boldsymbol{c} = (b_2c_3 - b_3c_2)\boldsymbol{e}_1 + (b_3c_1 - b_1c_3)\boldsymbol{e}_2 + (b_1c_2 - b_2c_1)\boldsymbol{e}_3$$

より，$\boldsymbol{a} \times (\boldsymbol{b} \times \boldsymbol{c})$ の $\boldsymbol{e}_1$ の係数は

$$\begin{aligned}
&a_2(b_1c_2 - b_2c_1) - a_3(b_3c_1 - b_1c_3) \\
&= (a_2c_2 + a_3c_3)b_1 - (a_2b_2 + a_3b_3)c_1 \\
&= (a_1c_1 + a_2c_2 + a_3c_3)b_1 - (a_1b_1 + a_2b_2 + a_3b_3)c_1 \\
&= (\boldsymbol{a}, \boldsymbol{c})b_1 - (\boldsymbol{a}, \boldsymbol{b})c_1
\end{aligned}$$

となる．同様にして，$\boldsymbol{e}_2, \boldsymbol{e}_3$ の係数はそれぞれ $(\boldsymbol{a}, \boldsymbol{c})b_2 - (\boldsymbol{a}, \boldsymbol{b})c_2$，$(\boldsymbol{a}, \boldsymbol{c})b_3 - (\boldsymbol{a}, \boldsymbol{b})c_3$ となる．したがって

$$\begin{aligned}\boldsymbol{a} \times (\boldsymbol{b} \times \boldsymbol{c}) &= (\boldsymbol{a}, \boldsymbol{c})(b_1\boldsymbol{e}_1 + b_2\boldsymbol{e}_2 + b_3\boldsymbol{e}_3) - (\boldsymbol{a}, \boldsymbol{b})(c_1\boldsymbol{e}_1 + c_2\boldsymbol{e}_2 + c_3\boldsymbol{e}_3) \\ &= (\boldsymbol{a}, \boldsymbol{c})\boldsymbol{b} - (\boldsymbol{a}, \boldsymbol{b})\boldsymbol{c}\end{aligned}$$

最後に (vii) を示す．(vi) より

$$\begin{aligned}\boldsymbol{a} \times (\boldsymbol{b} \times \boldsymbol{c}) &= (\boldsymbol{a}, \boldsymbol{c})\boldsymbol{b} - (\boldsymbol{a}, \boldsymbol{b})\boldsymbol{c} \\ \boldsymbol{b} \times (\boldsymbol{c} \times \boldsymbol{a}) &= (\boldsymbol{b}, \boldsymbol{a})\boldsymbol{c} - (\boldsymbol{b}, \boldsymbol{c})\boldsymbol{a} \\ \boldsymbol{c} \times (\boldsymbol{a} \times \boldsymbol{b}) &= (\boldsymbol{c}, \boldsymbol{b})\boldsymbol{a} - (\boldsymbol{c}, \boldsymbol{a})\boldsymbol{b}\end{aligned}$$

が得られ，求める等式が導かれる．■

補題 1.1.3　ベクトル $\boldsymbol{a}, \boldsymbol{b}, \boldsymbol{c}$ に対して，

$$(\boldsymbol{a}, \boldsymbol{b} \times \boldsymbol{c})^2 = \det \begin{pmatrix} (\boldsymbol{a}, \boldsymbol{a}) & (\boldsymbol{a}, \boldsymbol{b}) & (\boldsymbol{a}, \boldsymbol{c}) \\ (\boldsymbol{b}, \boldsymbol{a}) & (\boldsymbol{b}, \boldsymbol{b}) & (\boldsymbol{b}, \boldsymbol{c}) \\ (\boldsymbol{c}, \boldsymbol{a}) & (\boldsymbol{c}, \boldsymbol{b}) & (\boldsymbol{c}, \boldsymbol{c}) \end{pmatrix}$$

が成り立つ．

証明

$$\begin{aligned}(\boldsymbol{a}, \boldsymbol{b} \times \boldsymbol{c})^2 &= \left(\det \begin{pmatrix} \boldsymbol{a} \\ \boldsymbol{b} \\ \boldsymbol{c} \end{pmatrix}\right)^2 \\ &= \det \begin{pmatrix} \boldsymbol{a} \\ \boldsymbol{b} \\ \boldsymbol{c} \end{pmatrix} \det \begin{pmatrix} \boldsymbol{a} \\ \boldsymbol{b} \\ \boldsymbol{c} \end{pmatrix}^T \\ &= \det \left(\begin{pmatrix} \boldsymbol{a} \\ \boldsymbol{b} \\ \boldsymbol{c} \end{pmatrix} (\boldsymbol{a}^T, \boldsymbol{b}^T, \boldsymbol{c}^T) \right)\end{aligned}$$

$$= \det \begin{pmatrix} (\boldsymbol{a},\boldsymbol{a}) & (\boldsymbol{a},\boldsymbol{b}) & (\boldsymbol{a},\boldsymbol{c}) \\ (\boldsymbol{b},\boldsymbol{a}) & (\boldsymbol{b},\boldsymbol{b}) & (\boldsymbol{b},\boldsymbol{c}) \\ (\boldsymbol{c},\boldsymbol{a}) & (\boldsymbol{c},\boldsymbol{b}) & (\boldsymbol{c},\boldsymbol{c}) \end{pmatrix}$$

ここで行列式の性質 $\det A = \det A^T$, $\det(AB) = \det A \det B$ を用いた．また，C^T は行列 C の転置行列を表す． ■

◆**例題 1.1.4**　ベクトル $\boldsymbol{b}\times\boldsymbol{c}$ の長さはベクトル $\boldsymbol{b}$ と $\boldsymbol{c}$ で張られる平行四辺形の面積に等しい．すなわち

$$\|\boldsymbol{b}\times\boldsymbol{c}\| = \sqrt{(\boldsymbol{b},\boldsymbol{b})(\boldsymbol{c},\boldsymbol{c}) - (\boldsymbol{b},\boldsymbol{c})^2}$$

証明　補題 1.1.3 において $\boldsymbol{a} = \boldsymbol{b}\times\boldsymbol{c}$ とすると，$(\boldsymbol{b}\times\boldsymbol{c},\boldsymbol{b}) = (\boldsymbol{b}\times\boldsymbol{c},\boldsymbol{c}) = 0$ より

$$(\boldsymbol{b}\times\boldsymbol{c},\boldsymbol{b}\times\boldsymbol{c})^2 = \begin{vmatrix} (\boldsymbol{b}\times\boldsymbol{c},\boldsymbol{b}\times\boldsymbol{c}) & 0 & 0 \\ 0 & (\boldsymbol{b},\boldsymbol{b}) & (\boldsymbol{b},\boldsymbol{c}) \\ 0 & (\boldsymbol{c},\boldsymbol{b}) & (\boldsymbol{c},\boldsymbol{c}) \end{vmatrix}$$
$$= (\boldsymbol{b}\times\boldsymbol{c},\boldsymbol{b}\times\boldsymbol{c})((\boldsymbol{b},\boldsymbol{b})(\boldsymbol{c},\boldsymbol{c}) - (\boldsymbol{b},\boldsymbol{c})^2)$$

となる．これより求める式が得られる． ■

◆**例題 1.1.5**　ベクトル $\boldsymbol{a},\boldsymbol{b},\boldsymbol{c},\boldsymbol{d}$ に対し，$\boldsymbol{a} = a_{11}\boldsymbol{c}+a_{12}\boldsymbol{d}$, $\boldsymbol{b} = a_{21}\boldsymbol{c}+a_{22}\boldsymbol{d}$ ならば

$$\boldsymbol{a}\times\boldsymbol{b} = \det\begin{pmatrix} a_{11} & a_{12} \\ a_{21} & a_{22} \end{pmatrix}\boldsymbol{c}\times\boldsymbol{d}$$

証明

$$\begin{aligned} \boldsymbol{a}\times\boldsymbol{b} &= (a_{11}\boldsymbol{c}+a_{12}\boldsymbol{d})\times(a_{21}\boldsymbol{c}+a_{22}\boldsymbol{d}) \\ &= a_{11}a_{22}\boldsymbol{c}\times\boldsymbol{d} + a_{12}a_{21}\boldsymbol{d}\times\boldsymbol{c} \\ &= (a_{11}a_{22} - a_{12}a_{21})\boldsymbol{c}\times\boldsymbol{d} \end{aligned}$$

■

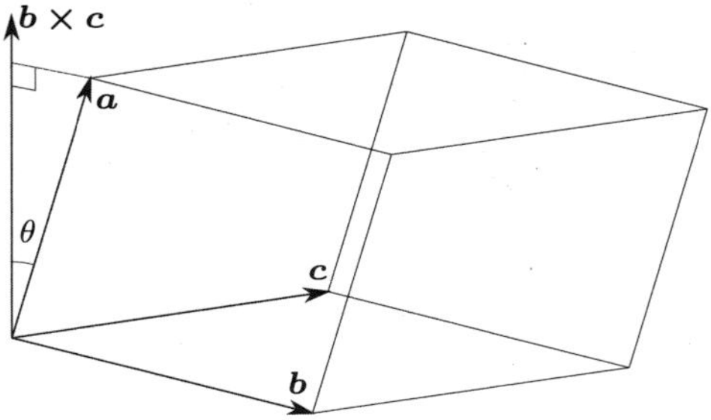

図 1.5 平行六面体

◈**例題 1.1.6** ベクトル $\boldsymbol{a}, \boldsymbol{b}, \boldsymbol{c}$ で張られる平行六面体

$$\{x\,\boldsymbol{a} + y\,\boldsymbol{b} + z\,\boldsymbol{c} \mid 0 \leq x, y, z \leq 1\}$$

の体積は

$$\left|\det\begin{pmatrix}\boldsymbol{a}\\ \boldsymbol{b}\\ \boldsymbol{c}\end{pmatrix}\right| = \sqrt{\det\begin{pmatrix}(\boldsymbol{a},\boldsymbol{a}) & (\boldsymbol{a},\boldsymbol{b}) & (\boldsymbol{a},\boldsymbol{c})\\ (\boldsymbol{b},\boldsymbol{a}) & (\boldsymbol{b},\boldsymbol{b}) & (\boldsymbol{b},\boldsymbol{c})\\ (\boldsymbol{c},\boldsymbol{a}) & (\boldsymbol{c},\boldsymbol{b}) & (\boldsymbol{c},\boldsymbol{c})\end{pmatrix}}$$

で与えられる（図 1.5）.

証明 ベクトル $\boldsymbol{a}$ と $\boldsymbol{b}\times\boldsymbol{c}$ のなす角度を θ $(0 \leq \theta \leq \pi)$ とする． $\boldsymbol{b}$ と $\boldsymbol{c}$ で定まる平行四辺形を底面と考えると，この平行六面体の高さは $\|\boldsymbol{a}\|\cos\theta$ に等しい．よって求める体積は $\|\boldsymbol{b}\times\boldsymbol{c}\|\|\boldsymbol{a}\||\cos\theta| = |(\boldsymbol{a}, \boldsymbol{b}\times\boldsymbol{c})|$ である．したがって (1.1) と補題 1.1.3 から結論が従う． ■

◈**例題 1.1.7** ベクトル $\boldsymbol{b}$ と $\boldsymbol{c}$ が一次独立であることと $\boldsymbol{b}\times\boldsymbol{c} \neq \boldsymbol{0}$ であることは同値である．

証明 $\boldsymbol{b}\times\boldsymbol{c}$ は $\boldsymbol{b}, \boldsymbol{c}$ それぞれと直交し，$\Pi(\boldsymbol{b}, \boldsymbol{c})$ の法ベクトルである．さらに

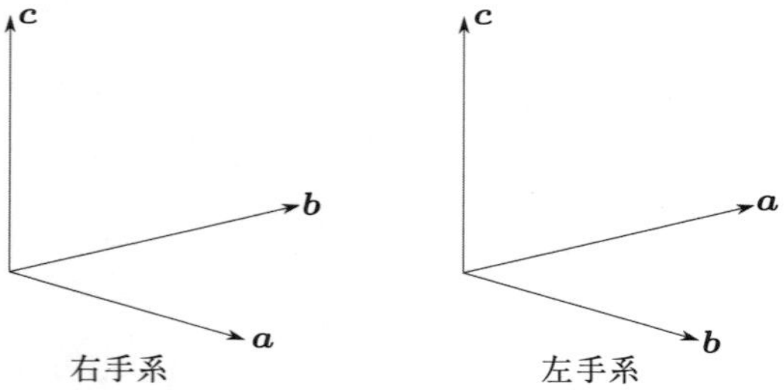

図 1.6　右手系と左手系

$$\begin{vmatrix} \boldsymbol{b}\times\boldsymbol{c} \\ \boldsymbol{b} \\ \boldsymbol{c} \end{vmatrix} = (\boldsymbol{b}\times\boldsymbol{c}, \boldsymbol{b}\times\boldsymbol{c}) > 0$$

に注意する．■

三つの空間ベクトル $\boldsymbol{a}, \boldsymbol{b}, \boldsymbol{c}$ が（この順に）**正系**である，あるいは**右手系**をなすとは，行列式 $\begin{vmatrix} \boldsymbol{a} \\ \boldsymbol{b} \\ \boldsymbol{c} \end{vmatrix}$ が正のときをいう（図 1.6）．ベクトルの始点を一致させ，ベクトル $\boldsymbol{c}$ を始点に置かれたねじとみて，$\boldsymbol{a}$ から $\boldsymbol{b}$ に向かってねじを回すとき，正系のとき，$\boldsymbol{c}$ の方向が右ねじの進む方向と一致する．

基本ベクトル $\boldsymbol{e}_1 = (1,0,0)$，$\boldsymbol{e}_2 = (0,1,0)$，$\boldsymbol{e}_3 = (0,0,1)$ に対して，$\boldsymbol{e}_1, \boldsymbol{e}_2, \boldsymbol{e}_3$ は正系である．同様に $\boldsymbol{e}_2, \boldsymbol{e}_3, \boldsymbol{e}_1$ や $\boldsymbol{e}_3, \boldsymbol{e}_1, \boldsymbol{e}_2$ も正系である．一方 $\boldsymbol{e}_1, \boldsymbol{e}_3, \boldsymbol{e}_2$ は正系ではない，あるいは左手系をなす．同様に $\boldsymbol{e}_2, \boldsymbol{e}_1, \boldsymbol{e}_3$ や $\boldsymbol{e}_3, \boldsymbol{e}_2, \boldsymbol{e}_1$ も正系ではない．また，ベクトル $\boldsymbol{b}$ と $\boldsymbol{c}$ が一次独立であるとき，$\boldsymbol{b}$, $\boldsymbol{c}$, $\boldsymbol{b}\times\boldsymbol{c}$ は正系をなす．

◆**例題 1.1.8**　$\boldsymbol{a}, \boldsymbol{b}, \boldsymbol{c}$ が正系をなすならば，三つのベクトル $\boldsymbol{a}, \boldsymbol{b}, \boldsymbol{c}$ をそれぞれ連続的にかつ正系であることを保ちながら $\boldsymbol{e}_1, \boldsymbol{e}_2, \boldsymbol{e}_3$ まで変化させることができる．

証明　まず $\boldsymbol{a}, \boldsymbol{b}, \boldsymbol{c}$ はそれぞれ長さ 1 と仮定してよろしい．$\boldsymbol{a}, \boldsymbol{b}, \boldsymbol{c}$ が定める三

角錐を回転させても正系であるという性質は変わらない．したがって $\boldsymbol{a}, \boldsymbol{b}$ は x_1x_2 平面にあり，$\boldsymbol{c}$ の x_3 成分は正であるように回転させることができる．さらに $\boldsymbol{c}$ を（x_1x_2 平面のある直線を軸とする）回転によって $\boldsymbol{e}_3$ に移すことができる．そして x_3 軸に関して回転して $\boldsymbol{a}$ は $\boldsymbol{e}_1$ に重なるよう変化させる．これまで正系のまま変化させているので $\boldsymbol{b}$ の x_2 成分は正の値をとることがわかる．したがって最後に $\boldsymbol{b}$ を $\boldsymbol{e}_1(=\boldsymbol{a})$ とも $-\boldsymbol{e}_1$ とも交差しないように x_3 軸に関して回転させて $\boldsymbol{e}_2$ に移す． ■

二つの平面ベクトル $\boldsymbol{f}=(f_1, f_2)$，$\boldsymbol{g}=(g_1, g_2)$ が（この順に）正系をなすとは，行列式 $\begin{vmatrix} \boldsymbol{f} \\ \boldsymbol{g} \end{vmatrix} = f_1g_2 - f_2g_1$ が正のときをいう．

さて，この節を終える前に次のことを確認する．平面ベクトル $\boldsymbol{a}=(a_1, a_2)$，$\boldsymbol{b}=(b_1, b_2) \in \boldsymbol{R}^2$ に対して，$\boldsymbol{a}, \boldsymbol{b}$ で張られる平行四辺形の面積は

$$|a_1b_2 - a_2b_1| = \left\{ \det \begin{pmatrix} (\boldsymbol{a}, \boldsymbol{a}) & (\boldsymbol{a}, \boldsymbol{b}) \\ (\boldsymbol{b}, \boldsymbol{a}) & (\boldsymbol{b}, \boldsymbol{b}) \end{pmatrix} \right\}^{1/2}$$

で与えられる．

1.2　曲線

空間 $\boldsymbol{R}^3$ の C^k 級曲線とは，ある区間 I から $\boldsymbol{R}^3$ への写像 $\mathbf{c}: I \to \boldsymbol{R}^3$ のことで，$\mathbf{c}(t) = (c_1(t), c_2(t), c_3(t))$ と表すとき，各成分関数 $c_i(t)$ が変数 t の C^k 級微分可能な関数であるときをいう．t を曲線のパラメータという．各 $t \in I$ に対して，ベクトル

$$\mathbf{c}'(t) = (c_1'(t), c_2'(t), c_3'(t))$$

は，零ベクトルでなければ，点 $\mathbf{c}(t)$ において曲線 $\mathbf{c}$ に接するベクトル（**接ベクトル**という）である．

$$\frac{d\mathbf{c}(t)}{dt} = \left(\frac{dc_1(t)}{dt}, \frac{dc_2(t)}{dt}, \frac{dc_3(t)}{dt} \right)$$

とも表す．区間 I で $\mathbf{c}' \neq \mathbf{0}$ のとき，$\mathbf{c}: I \to \boldsymbol{R}^3$ を**正則曲線**という．また区間 I が開区間でない場合には，I を含むある開区間で定義される C^k 級写像として

拡張できることを仮定している．C^k 級曲線を有限個つなぎ合わせた連続曲線を**区分的に C^k 級曲線**という．以下断らなければ，必要な階数 k について，C^k 級の滑らかさを仮定する．

連続曲線 $\boldsymbol{c}(t)$ $(\alpha \leq t \leq \beta)$ に対して，始点 $\boldsymbol{c}(\alpha)$ と終点 $\boldsymbol{c}(\beta)$ が一致しているとき，$\boldsymbol{c}$ を**閉曲線**という．さらに自分自身と途中で交わることがないとき，すなわち $\alpha < s < t < \beta$ ならば $\boldsymbol{c}(s) \neq \boldsymbol{c}(t)$ となるとき，$\boldsymbol{c}$ を**単純閉曲線**とよぶ．

微分法の公式 $(f+g)' = f' + g'$, $(fg)' = f'g + fg'$ から，ベクトル値関数の微分法の公式が成り立つ．

命題 1.2.1　(i) $\dfrac{d}{dt}(\boldsymbol{a}(t) + \boldsymbol{b}(t)) = \dfrac{d}{dt}\boldsymbol{a}(t) + \dfrac{d}{dt}\boldsymbol{b}(t)$

(ii) $\dfrac{d}{dt}(f(t)\boldsymbol{a}(t)) = \dfrac{df(t)}{dt}\boldsymbol{a}(t) + f(t)\dfrac{d}{dt}\boldsymbol{a}(t)$

(iii) $\dfrac{d}{dt}(\boldsymbol{a}(t), \boldsymbol{b}(t)) = \left(\dfrac{d}{dt}\boldsymbol{a}(t), \boldsymbol{b}(t)\right) + \left(\boldsymbol{a}(t), \dfrac{d}{dt}\boldsymbol{b}(t)\right)$

(iv) $\dfrac{d}{dt}(\boldsymbol{a}(t) \times \boldsymbol{b}(t)) = \dfrac{d}{dt}\boldsymbol{a}(t) \times \boldsymbol{b}(t) + \boldsymbol{a}(t) \times \dfrac{d}{dt}\boldsymbol{b}(t)$

証明

$$\boldsymbol{a}(t) = a_1(t)\boldsymbol{e}_1 + a_2(t)\boldsymbol{e}_2 + a_3(t)\boldsymbol{e}_3$$

$$\boldsymbol{b}(t) = b_1(t)\boldsymbol{e}_1 + b_2(t)\boldsymbol{e}_2 + b_3(t)\boldsymbol{e}_3$$

とおく．(i), (ii) の検証は省略する．(iii) については，

$$\begin{aligned}
\frac{d}{dt}(\boldsymbol{a}(t), \boldsymbol{b}(t)) &= \frac{d}{dt}(a_1(t)b_1(t) + a_2(t)b_2(t) + a_3(t)b_3(t)) \\
&= \left(\frac{da_1(t)}{dt}b_1(t) + \frac{da_2(t)}{dt}b_2(t) + \frac{da_3(t)}{dt}b_3(t)\right) \\
&\quad + \left(a_1(t)\frac{db_1(t)}{dt} + a_2(t)\frac{db_2(t)}{dt} + a_3(t)\frac{db_3(t)}{dt}\right) \\
&= \left(\frac{d\boldsymbol{a}(t)}{dt}, \boldsymbol{b}(t)\right) + \left(\boldsymbol{a}(t), \frac{d\boldsymbol{b}(t)}{dt}\right)
\end{aligned}$$

次にベクトル積 $\boldsymbol{a} \times \boldsymbol{b}$ の $\boldsymbol{e}_1$ の係数は $a_2(t)b_3(t) - a_3(t)b_2(t)$ より，$\dfrac{d}{dt}(\boldsymbol{a} \times \boldsymbol{b})$ の $\boldsymbol{e}_1$ の係数は

$$\left(\frac{da_2(t)}{dt}b_3(t)-\frac{da_3(t)}{dt}b_2(t)\right)+\left(a_2(t)\frac{db_3(t)}{dt}-a_3(t)\frac{db_2(t)}{dt}\right)$$

であるから，$\dfrac{d\boldsymbol{a}(t)}{dt}\times\boldsymbol{b}$ と $\boldsymbol{a}\times\dfrac{d\boldsymbol{b}(t)}{dt}$ の和の $\boldsymbol{e}_1$ の係数と一致する．同様に $\boldsymbol{e}_2,\boldsymbol{e}_3$ の係数についても一致することがわかり，(iv) が成り立つことが確かめられる． ■

補題 1.2.2 ベクトル $\boldsymbol{a}(t)$ の長さが一定ならば，ベクトル $\boldsymbol{a}(t)$ とその接ベクトル $\boldsymbol{a}'(t)$ はつねに直交している．逆にベクトル $\boldsymbol{a}(t)$ とその接ベクトル $\boldsymbol{a}'(t)$ がつねに直交しているならば，ベクトル $\boldsymbol{a}(t)$ の長さは一定である．

証明 これは

$$\left(\frac{d}{dt}\boldsymbol{a}(t),\boldsymbol{a}(t)\right)=\frac{1}{2}\frac{d}{dt}(\boldsymbol{a}(t),\boldsymbol{a}(t))$$

から明らかである． ■

この補題で述べた事実は今後しばしば用いられる．

◆**例 1.2.3** 惑星運動を考える．太陽を原点 O とするときの惑星 P の位置ベクトル $\overrightarrow{OP}$ を $\boldsymbol{r}$ で表す．惑星の運動は次の方程式に従うことが知られている．

$$\frac{d^2\boldsymbol{r}}{dt^2}=-\frac{b\,\boldsymbol{r}}{\|\boldsymbol{r}\|^3}$$

ただし b は正の定数である．速度ベクトル $\dfrac{d\boldsymbol{r}}{dt}$ を $\boldsymbol{v}$ で表す．このとき，$\frac{1}{2}\boldsymbol{r}\times\boldsymbol{v}$ を原点の周りの面積速度という．その大きさが，動径が通過した部分の面積の変化率を表す．

運動方程式は中心力をもとにした運動を表しているので面積速度は一定である．実際

$$\begin{aligned}\frac{d}{dt}\left(\frac{1}{2}\boldsymbol{r}\times\boldsymbol{v}\right)&=\frac{1}{2}\left(\frac{d\boldsymbol{r}}{dt}\times\boldsymbol{v}+\boldsymbol{r}\times\frac{d\boldsymbol{v}}{dt}\right)\\&=\frac{1}{2}\left(\boldsymbol{v}\times\boldsymbol{v}+\boldsymbol{r}\times\left(-\frac{b\,\boldsymbol{r}}{\|\boldsymbol{r}\|^3}\right)\right)\end{aligned}$$

$$= \frac{1}{2}\left(\boldsymbol{v} \times \boldsymbol{v} - \frac{b}{\|\boldsymbol{r}\|^3}\boldsymbol{r} \times \boldsymbol{r}\right)$$
$$= \boldsymbol{0}$$

となる．

さて，定ベクトル $\frac{1}{2}\,\boldsymbol{r} \times \boldsymbol{v}$ を $\boldsymbol{q}$ とおく．$\boldsymbol{r}$ と $\boldsymbol{q}$ はつねに直交しているので惑星は $\boldsymbol{q}$ に垂直な平面 Π 上を運動している．$r = \|\boldsymbol{r}\|$ とおいて，命題 1.1.2 の (vi) を使って

$$\begin{aligned}
\frac{d}{dt}\boldsymbol{v} \times \boldsymbol{q} &= \frac{d^2\boldsymbol{r}}{dt^2} \times \boldsymbol{q} = -\frac{b}{2r^3}\boldsymbol{r} \times (\boldsymbol{r} \times \boldsymbol{v}) = -\frac{b}{2r^3}((\boldsymbol{r}, \boldsymbol{v})\,\boldsymbol{r} - (\boldsymbol{r}, \boldsymbol{r})\,\boldsymbol{v}) \\
&= -\frac{b}{2r^3}\left(\frac{1}{2}\frac{d(\boldsymbol{r}, \boldsymbol{r})}{dt}\,\boldsymbol{r} - (\boldsymbol{r}, \boldsymbol{r})\,\boldsymbol{v}\right) = -\frac{b}{2r^3}\left(r\,\frac{dr}{dt}\,\boldsymbol{r} - r^2\boldsymbol{v}\right) \\
&= \frac{b}{2}\left(-\frac{1}{r^2}\frac{dr}{dt}\,\boldsymbol{r} + \frac{1}{r}\,\frac{d\boldsymbol{r}}{dt}\right) = \frac{b}{2}\frac{d}{dt}\left(\frac{\boldsymbol{r}}{r}\right)
\end{aligned}$$

となる．よって

$$\frac{d}{dt}\boldsymbol{v} \times \boldsymbol{q} = \frac{b}{2}\frac{d}{dt}\left(\frac{\boldsymbol{r}}{r}\right)$$

が従い，両辺積分して

$$\boldsymbol{v}(t) \times \boldsymbol{q} = \frac{b}{2}\left(\frac{\boldsymbol{r}(t)}{\|\boldsymbol{r}(t)\|} + e\,\boldsymbol{p}\right) \tag{1.2}$$

が得られる．ここで $e\,\boldsymbol{p}$ は定ベクトルで，e は定数，$\boldsymbol{p}$ は単位ベクトルとした．$\boldsymbol{v} \times \boldsymbol{q}$ と $\boldsymbol{r}$ はともに $\boldsymbol{q}$ と直交するので，$\boldsymbol{p}$ は $\boldsymbol{q}$ と直交し，平面 Π 上にある．ここで命題 1.1.2 (v) を使って

$$(\boldsymbol{r}, \boldsymbol{v} \times \boldsymbol{q}) = (\boldsymbol{q}, \boldsymbol{r} \times \boldsymbol{v}) = (\boldsymbol{q}, 2\boldsymbol{q}) = 2\|\boldsymbol{q}\|^2$$

となることに注意して，(1.2) の右辺，左辺それぞれとベクトル $\boldsymbol{r}$ との内積をとって

$$2\|\boldsymbol{q}\|^2 = \frac{b}{2}(1 + e\cos\theta)r$$

を得る．ただし $(\boldsymbol{r}, \boldsymbol{p}) = r\cos\theta$ とおいた．以上から惑星の軌道は，極座標 (r, θ) による方程式

$$r = \frac{a}{1 + e\cos\theta} \tag{1.3}$$

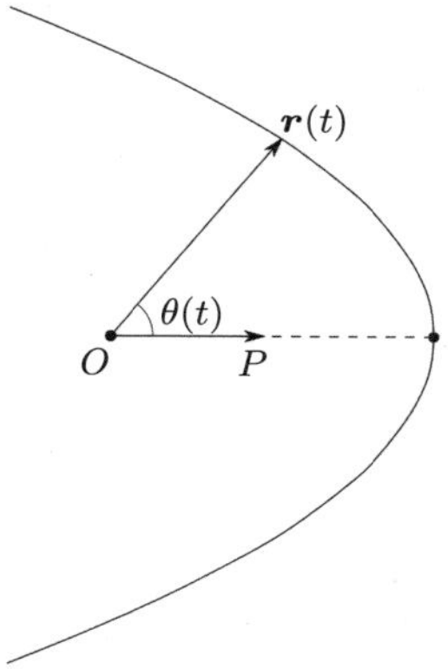

図 1.7　惑星の運動

を満たす．ここに $a = \dfrac{4\|\boldsymbol{q}\|^2}{b}$ とした．極座標が $(a, 0)$ である点 A を通り，始線 OX に垂直な直線を ℓ とする．点 P から ℓ に下ろした垂線を PH と表すとき，離心率

$$e = \frac{OP}{PH}$$

の値が一定であるような点 P の軌跡は 2 次曲線になる．(1.3) がその 2 次曲線の極方程式である．2 次曲線の極方程式において次のことが成り立つ（図 1.7）．

(i)　$0 < e < 1$ のとき，(1.3) は O を焦点の一つとする楕円を表す．

(ii)　$e = 1$ のとき，(1.3) は O を焦点とする放物線を表す．

(iii)　$e > 1$ のとき，(1.3) は O を焦点の一つとする双曲線を表す．ここで運動の初めの速さと位置を v_0, $\boldsymbol{r}_0$ とすると，e は次のように与えられる．

$$e^2 - 1 = \frac{4\|\boldsymbol{q}\|^2}{b^2}\left(v_0^2 - 2\frac{b}{\|\boldsymbol{r}_0\|}\right)$$

さて，曲線 $\boldsymbol{c} : [\alpha, \beta] \to \boldsymbol{R}^3$ を考える．$[\alpha, \beta]$ 上の関数 f を曲線 $\boldsymbol{c}$ 上の関数と考えて，その積分を

$$\int_{\boldsymbol{c}} f ds = \int_\alpha^\beta f(t)\|\boldsymbol{c}'(t)\|dt$$

と定める．

区間 $[\gamma,\delta]$ 上の C^∞ 級関数 $\phi(s)$ が $[\gamma,\delta]$ を $[\alpha,\beta]$ に移し，$[\gamma,\delta]$ 上つねに $\phi'(s)>0$，またはつねに $\phi'(s)<0$ を満たすとする．このとき，

$$\tilde{\boldsymbol{c}}(s) := \boldsymbol{c}(\phi(s)), \quad s \in [\gamma,\delta]$$

とおいて，パラメータ表示された滑らかな曲線 $\tilde{\boldsymbol{c}}:[\gamma,\delta]\to \boldsymbol{R}^3$ を得る．$\tilde{\boldsymbol{c}}$ を $\boldsymbol{c}$ のパラメータ変換 $t=\phi(s)$ によって得られた曲線とよぶ．$t=\phi(s)$ は $\phi'(s)>0$ のときには $\boldsymbol{c}$ の進行方向を保つパラメータ変換であり，$\phi'(s)<0$ のときには向きを逆にするパラメータ変換である．$\phi(\alpha)=\gamma$，$\phi(\beta)=\delta$ のとき向きを保つパラメータ変換であり，$\phi(\alpha)=\delta$，$\phi(\beta)=\gamma$ のとき向きを逆にするパラメータ変換となっている．$\phi'(s)>0$ のとき，

$$\begin{aligned}\int_\gamma^\delta f(\phi(s))\|\tilde{\boldsymbol{c}}'(s)\|\,ds &= \int_\gamma^\delta f(\phi(s))\|\boldsymbol{c}'(\phi(s))\|\phi'(s)\,ds \\ &= \int_\alpha^\beta f(t)\|\boldsymbol{c}'(t)\|\,dt\end{aligned}$$

となり，$\phi'(s)<0$ のときも，

$$\begin{aligned}\int_\gamma^\delta f(\phi(s))\|\tilde{\boldsymbol{c}}'(s)\|\,ds &= -\int_\gamma^\delta f(\phi(s))\|\boldsymbol{c}'(\phi(s))\|\phi'(s)\,ds \\ &= \int_\alpha^\beta f(t)\|\boldsymbol{c}'(t)\|\,dt\end{aligned}$$

となる．このように曲線 $\boldsymbol{c}$ 上の関数の積分の値は，パラメータの変換によって変わらない．

特に $f=1$ を選んで，曲線 $\boldsymbol{c}:[\alpha,\beta]\to\boldsymbol{R}^3$ の**長さ**を

$$L(\boldsymbol{c}) = \int_\alpha^\beta \|\boldsymbol{c}'(t)\|dt = \int_\alpha^\beta \sqrt{c_1'(t)^2+c_2'(t)^2+c_3'(t)^2}\,dt$$

によって定義する．区分的に滑らかな曲線の場合も滑らかな曲線となっている部分での長さを足し合わせたものとして，その長さを定める．

次にパラメータ表示された正則曲線 $\boldsymbol{c}:[\alpha,\beta]\to\boldsymbol{R}^3$ を考える．すなわち $[\alpha,\beta]$ 上で $\boldsymbol{c}'\neq\boldsymbol{0}$ と仮定する．このとき，$\psi(t)=\displaystyle\int_\alpha^t\|\boldsymbol{c}'(u)\|du$ とおくと，

$\psi' = \|\boldsymbol{c}'\| > 0$ より，ψ は区間 $[\alpha, \beta]$ を区間 $[0, L(\boldsymbol{c})]$ に 1 対 1 に移し，ψ の逆関数 $\phi : [0, L(\boldsymbol{c})] \to [\alpha, \beta]$ が定まる．パラメータ変換 $t = \phi(s)$ によって得られる曲線 $\tilde{\boldsymbol{c}}(s) = \boldsymbol{c}(\phi(s))$ $(s \in [0, L(\boldsymbol{c})])$ を考えると，

$$\|\tilde{\boldsymbol{c}}'(s)\| = \left|\frac{d\phi}{ds}\right| \|\boldsymbol{c}'(\phi(s))\| = \frac{1}{\|\boldsymbol{c}'(\phi(s))\|}\|\boldsymbol{c}'(\phi(s))\| = 1$$

となる．このような向きを保つパラメータ変換によって，その接ベクトルがつねに単位の長さとなる曲線が得られる．

パラメータ表示された曲線 $\boldsymbol{c} : I \to \boldsymbol{R}^3$ が $\|\boldsymbol{c}'(t)\| = 1$ $(t \in I)$ を満たすとき，**弧長パラメータをもつ**という．$\boldsymbol{c}(t)$ を $\boldsymbol{R}^3$ 内を運動する点と考えると，$\|\boldsymbol{c}'\|$ は時刻 t での速さを表し，速さがつねに 1 であれば，ある点から別の点へ移動するのにかかる時間は道のり（弧長）と同じである．**単位の速さ**の曲線ともいう．

以上の説明は空間曲線に対して行ったが，平面曲線に対しても全く同様に当てはまる．

1.3　重積分の変数変換公式

合成関数（合成写像）の微分法を確認し，重積分の変数変換公式を説明する．

$z = f(x_1, x_2)$ を 2 変数の C^1 級関数，$x_1 = \phi_1(t)$，$x_2 = \phi_2(t)$ を 1 変数の C^1 級関数とするとき，合成関数 $z = f(\phi_1(t), \phi_2(t))$ は C^1 級の 1 変数関数で，その微分は次式で与えられる．

$$\frac{dz}{dt} = \frac{\partial z}{\partial x_1}\frac{d\phi_1}{dt} + \frac{\partial z}{\partial x_2}\frac{d\phi_2}{dt}$$

次に $z = f(u_1, u_2)$，$u_1 = \phi_1(x_1, x_2)$，$u_2 = \phi_2(x_1, x_2)$ をすべて C^1 級関数とするとき，合成関数 $z = f(\phi_1(x_1, x_2), \phi_2(x_1, x_2))$ も C^1 級の 2 変数関数で，(x_1, x_2 のいずれか一方を固定して 1 変数関数と考えて，上に述べた微分法を適用すれば）その偏微分は次式で与えられる．

$$\frac{\partial z}{\partial x_1} = \frac{\partial z}{\partial u_1}\frac{\partial \phi_1}{\partial x_1} + \frac{\partial z}{\partial u_2}\frac{\partial \phi_2}{\partial x_1}$$
$$\frac{\partial z}{\partial x_2} = \frac{\partial z}{\partial u_1}\frac{\partial \phi_1}{\partial x_2} + \frac{\partial z}{\partial u_2}\frac{\partial \phi_2}{\partial x_2}$$

これを行列の積で表現すると，

$$\left(\frac{\partial z}{\partial x_1}, \frac{\partial z}{\partial x_2}\right) = \left(\frac{\partial z}{\partial u_1}, \frac{\partial z}{\partial u_2}\right) \begin{pmatrix} \dfrac{\partial \phi_1}{\partial x_1} & \dfrac{\partial \phi_1}{\partial x_2} \\ \dfrac{\partial \phi_2}{\partial x_1} & \dfrac{\partial \phi_2}{\partial x_2} \end{pmatrix}$$

一般に $\boldsymbol{R}^n$ の開集合 V から $\boldsymbol{R}^m$ への C^1 級の写像

$$\Phi(x_1, \ldots, x_n) = (y_1(x_1, \ldots, x_n), \ldots, y_m(x_1, \ldots, x_n))$$

に対して，$(m \times n)$ 行列 $d\Phi$ を

$$d\Phi = \begin{pmatrix} \dfrac{\partial y_1}{\partial x_1} & \dfrac{\partial y_1}{\partial x_2} & \cdots & \dfrac{\partial y_1}{\partial x_n} \\ \dfrac{\partial y_2}{\partial x_1} & \dfrac{\partial y_2}{\partial x_2} & \cdots & \dfrac{\partial y_2}{\partial x_n} \\ & \cdots\cdots\cdots & & \\ \dfrac{\partial y_m}{\partial x_1} & \dfrac{\partial y_m}{\partial x_2} & \cdots & \dfrac{\partial y_m}{\partial x_n} \end{pmatrix}$$

によって定める．これを Φ の**ヤコビ行列**という．$\boldsymbol{R}^m$ の開集合 W から $\boldsymbol{R}^\ell$ への C^1 級の写像 $\Psi(y_1, \ldots, y_m) = (z_1(y_1, \ldots, y_m), \ldots, z_\ell(y_1, \ldots, y_m))$ に対して，$\Phi(V) \subset W$ となり，Φ と Ψ の合成写像 $\Psi \circ \Phi$ が定義できるとき，これも C^1 級写像で，次の連鎖律

$$d(\Psi \circ \Phi) = (d\Psi)(d\Phi)$$

が成り立つ．ここで右辺は行列の積である．

特に $\ell = m = n$ で Ψ が Φ の逆写像のとき，$\Psi \circ \Phi$ は V の恒等写像より $(d\Psi)(d\Phi)$ は単位行列となり，$d\Psi$ は $d\Phi$ の逆行列である．

さて，平面 $\boldsymbol{R}^2$ の開集合 Ω から $\boldsymbol{R}^2$ への C^1 級写像

$$\Phi : \Omega \to \boldsymbol{R}^2, \qquad \Phi(x_1, x_2) = (\phi_1(x_1, x_2), \phi_2(x_1, x_2))$$

を考える．Φ のヤコビ行列 $d\Phi$ の行列式 $\det d\Phi$ を Φ の**ヤコビアン**といい，J_Φ で表す．Φ が 1 対 1 写像で，ヤコビアン J_Φ がいたるところ 0 にはならないと

する．このとき Ω 内の有界閉領域 K と $\Phi(K)$ 上の連続関数 $f(y_1, y_2)$ に対して

$$\iint_{\Phi(K)} f(y_1, y_2)dy_1dy_2 = \iint_K f(\Phi(x_1, x_2))|J_\Phi(x_1, x_2)|dx_1dx_2 \qquad (1.4)$$

が成り立つ．これを重積分の変数変換公式という．J_Φ の代わりに $\dfrac{\partial(y_1, y_2)}{\partial(x_1, x_2)}$ を用いると，

$$\iint_{\Phi(K)} f(y_1, y_2)dy_1dy_2 = \iint_K f(\Phi(x_1, x_2))\left|\frac{\partial(y_1, y_2)}{\partial(x_1, x_2)}\right| dx_1dx_2$$

となる．

以下式 (1.4) が成り立つことの直感的な説明を行う．簡単のため K は長方形と仮定する．まず小さい長方形 $R = ABCD$ を考える．$A' = \Phi(A)$，$B' = \Phi(B)$，$C' = \Phi(C)$，$D' = \Phi(D)$ とおき，$A = (\alpha, \beta)$，$B = (\alpha + s, \beta)$，$C = (\alpha + s, \beta + t)$，$D = (\alpha, \beta + t)$ とすると，

$$\begin{aligned}
A' &= (\phi_1(\alpha, \beta), \phi_2(\alpha, \beta)) \\
B' &= (\phi_1(\alpha + s, \beta), \phi_2(\alpha + s, \beta)) \\
C' &= (\phi_1(\alpha + s, \beta + t), \phi_2(\alpha + s, \beta + t)) \\
D' &= (\phi_1(\alpha, \beta + t), \phi_2(\alpha, \beta + t))
\end{aligned}$$

である．ここで平均値の定理を適用すると，

$$\begin{aligned}
\phi_1(\alpha + s, \beta) - \phi_1(\alpha, \beta) &= s\ \frac{\partial \phi_1}{\partial x_1}(\alpha + \theta_1 s, \beta) \\
\phi_2(\alpha + s, \beta) - \phi_2(\alpha, \beta) &= s\ \frac{\partial \phi_2}{\partial x_1}(\alpha + \theta_2 s, \beta) \\
\phi_1(\alpha, \beta + t) - \phi_1(\alpha, \beta) &= t\ \frac{\partial \phi_1}{\partial x_2}(\alpha, \beta + \theta_3 t) \\
\phi_2(\alpha, \beta + t) - \phi_2(\alpha, \beta) &= t\ \frac{\partial \phi_2}{\partial x_2}(\alpha, \beta + \theta_4 t)
\end{aligned}$$

$$(0 < \theta_1, \theta_2, \theta_3, \theta_4 < 1)$$

となる．したがって s, t が十分小さいとき，像 $\Phi(R)$ の面積 $m(\Phi(R)) = \iint_{\Phi(R)} dy_1dy_2$ はベクトル $\overrightarrow{A'B'}$ と $\overrightarrow{A'D'}$ によって張られる平行四辺形 R' の面

積 $m(R')$，すなわち次の行列式の絶対値にほぼ等しい．

$$\det\begin{pmatrix} \phi_1(\alpha+s,\beta)-\phi_1(\alpha,\beta) & \phi_2(\alpha+s,\beta)-\phi_2(\alpha,\beta) \\ \phi_1(\alpha,\beta+t)-\phi_1(\alpha,\beta) & \phi_2(\alpha,\beta+t)-\phi_2(\alpha,\beta) \end{pmatrix}$$
$$=\det\begin{pmatrix} s\,\dfrac{\partial\phi_1}{\partial x_1}(\alpha+\theta_1 s,\beta) & s\,\dfrac{\partial\phi_2}{\partial x_1}(\alpha+\theta_2 s,\beta) \\ t\,\dfrac{\partial\phi_1}{\partial x_2}(\alpha,\beta+\theta_3 t) & t\,\dfrac{\partial\phi_2}{\partial x_2}(\alpha,\beta+\theta_4 t) \end{pmatrix}$$

さらにこの行列式の絶対値は $|stJ_\Phi(A)|$ にほぼ等しい．このように $\Phi(R)$ の面積 $m(\Phi(R))$ は，R の面積 $m(R)=|st|$ の $|J_\Phi(A)|$ 倍にほぼ等しい．

次に K の小長方形 $R_i=A_iB_iC_iD_i$ による分割 $\Delta=\{R_i\}$ を考える．$\Phi(R_i)$ を R'_i とおくと，$\Delta'=\{R'_i\}$ は $\Phi(K)$ の分割を与える．すべての R_i の直径の最大値を δ とするとき，δ が小さいならば，リーマン和 $\sum_i f(\Phi(A_i))|J_\Phi(A_i)|m(R_i)$ は $\sum_i f(A'_i)m(R'_i)$ にほぼ等しく，δ が 0 に収束するように分割 Δ を細かくしていくと，$\sum_i f(\Phi(A_i))J_\Phi(A_i)m(R_i)$ は積分 $\displaystyle\iint_K f(\Phi)|J_\Phi|dx_1dx_2$ に収束し，$\sum_i f(A'_i)m(R'_i)$ は積分 $\displaystyle\iint_{\Phi(K)} f dy_1dy_2$ に収束する．このようにして重積分の変数変換公式が示される．

上に述べた平面領域の積分の変数変換公式は，空間の場合でも同様に成り立つことを説明する．

空間 $\boldsymbol{R}^3$ の開集合 V から $\boldsymbol{R}^3$ への C^1 級写像 $\Phi: V\to\boldsymbol{R}^3$,

$$\Phi(x_1,x_2,x_3)=(\phi_1(x_1,x_2,x_3),\phi_2(x_1,x_2,x_3),\phi_3(x_1,x_2,x_3))$$

を考える．Φ のヤコビ行列 $d\Phi$ の行列式 $\det d\Phi$ を Φ のヤコビアンといい，J_Φ で表す．Φ が 1 対 1 写像で，ヤコビアン J_Φ がいたるところ 0 にはならないとする．このとき V 内の有界閉領域 K と $\Phi(K)$ 上の連続関数 $f(y_1,y_2,y_3)$ に対して

$$\iiint_{\Phi(K)} f(y_1,y_2,y_3)dy_1dy_2dy_3=\iiint_K f(\Phi(x_1,x_2,x_3))|J_\Phi|dx_1dx_2dx_3 \tag{1.5}$$

が成り立つ．J_Φ を $\dfrac{\partial(y_1 y_2 y_3)}{\partial(x_1 x_2 x_3)}$ と表して，

$$\begin{aligned}&\iiint_{\Phi(K)} f(y_1, y_2, y_3) dy_1 dy_2 dy_3 \\ &= \iiint_K f(\Phi(x_1, x_2, x_3)) \left| \frac{\partial(y_1 y_2 y_3)}{\partial(x_1 x_2 x_3)} \right| dx_1 dx_2 dx_3\end{aligned}$$

と表すことも多い．

◈例 1.3.1（**極座標変換**）

$$\Phi : (r, \theta) \to (x, y) = (r\cos\theta, r\sin\theta) \quad (0 < r,\ 0 \leq \theta < 2\pi)$$

を考える．このときヤコビアンは

$$J_\Phi = \det \begin{pmatrix} \cos\theta & -r\sin\theta \\ \sin\theta & r\cos\theta \end{pmatrix} = r$$

となるので，

$$\iint_{\Phi(K)} f(x, y) dxdy = \iint_K f(r\cos\theta, r\sin\theta)\, r\, drd\theta$$

が成り立つ．

◈例 1.3.2（**3 次元極座標変換**）

$$\Phi : (r, \theta, \phi) \to (x, y, z) = (r\sin\theta\cos\phi, r\sin\theta\sin\phi, r\cos\theta)$$
$$(r > 0,\ 0 \leq \theta \leq \pi,\ 0 \leq \phi \leq 2\pi)$$

を考える（図 1.8）．このときヤコビアンは

$$J_\Phi = \det \begin{pmatrix} \sin\theta\cos\phi & r\cos\theta\cos\phi & -r\sin\theta\sin\phi \\ \sin\theta\cos\phi & r\cos\theta\sin\phi & r\sin\theta\cos\phi \\ \cos\theta & -r\sin\theta & 0 \end{pmatrix} = r^2\sin\theta$$

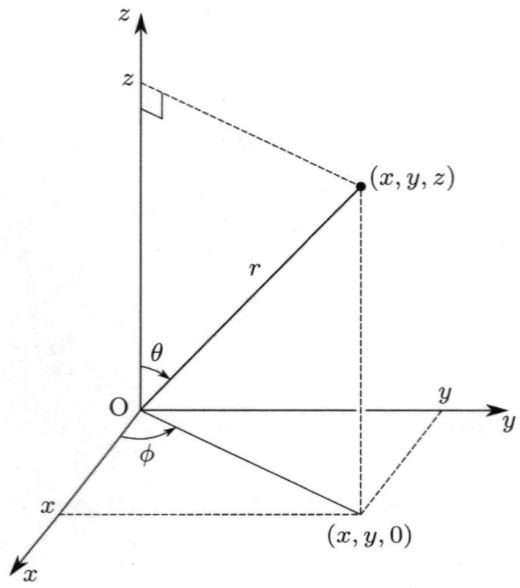

図 1.8 極座標

となるので，

$$\iiint_{\Phi(K)} f(x,y,z)dxdydz$$
$$= \iiint_K f(r\sin\theta\cos\phi, r\sin\theta\sin\phi, \cos\theta)\, r^2\sin\theta\, drd\theta d\phi$$

が成り立つ．

極座標を使って，半径 R の球体 $B(R) = \{(x,y,z) \mid x^2+y^2+z^2 \leq R^2\}$ の体積 $m(B(R))$ を求めると，

$$\begin{aligned} m(B(R)) &= \iiint_{B(R)} dxdydz \\ &= \iiint_{\{(r,\theta,\phi)\mid 0\leq r\leq R\}} r^2\sin\theta\, drd\theta d\phi \\ &= \int_0^{2\pi} d\phi \int_0^{\pi} \sin\theta\, d\theta \int_0^R r^2 dr \\ &= 2\pi\cdot 2\cdot\frac{R^3}{3} = \frac{4}{3}\pi R^3 \end{aligned}$$

となる．

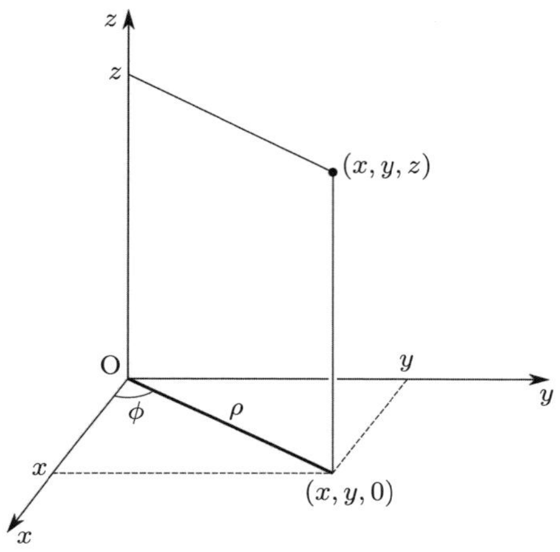

図 1.9 円柱座標

◆例 1.3.3（円柱座標変換）

$$\Phi : (\rho, \phi, z) \to (x, y, z) = (\rho\cos\phi, \rho\sin\phi, z)$$
$$(\rho,\ 0 \leq \phi \leq 2\pi,\ -\infty < z < +\infty)$$

における座標 (ρ, ϕ, z) を円柱座標とよぶ（図 1.9）．ヤコビアンを求めると

$$J_\Phi = \frac{\partial(x, y, z)}{\partial(\rho, \phi, z)} = \det\begin{pmatrix} \cos\phi & -\rho\sin\phi & 0 \\ \sin\phi & \rho\cos\phi & 0 \\ 0 & 0 & 1 \end{pmatrix} = \rho$$

となるので，積分の変換式は

$$\iiint_{\Phi(K)} f(x, y, z)\, dxdydz = \iiint_K f(\rho\cos\phi, \rho\sin\phi, z)\, \rho\, d\rho d\phi dz$$

となる．

◆例題 1.3.4 原点からの距離 r のみによって決まる関数 $q(r)$ を考える．広義積分

$$\frac{1}{4\pi}\iiint_{\boldsymbol{R}^3} \frac{|q(r)|}{r} dx_1 dx_2 dx_3 = \int_0^\infty |q(r)| r dr$$

が収束するとする．このとき，点 $P(p_1, p_2, p_3)$ に対して，$r_P = \|\boldsymbol{r} - \boldsymbol{r}(P)\| = \sqrt{(x_1-p_1)^2 + (x_2-p_2)^2 + (x_3-p_3)^3}$ とおくと，

$$\frac{1}{4\pi}\iiint_{\boldsymbol{R}^3} \frac{q(r)}{r_P}\,dx_1dx_2dx_3 = \frac{1}{r(P)}\int_0^{r(P)} q(r)r^2dr + \int_{r(P)}^{\infty} q(r)rdr$$

が成り立つ．

証明

$$g(P) = \iiint_{\boldsymbol{R}^3} \frac{q(r)}{r_P}\,dx_1dx_2dx_3$$

によって関数 g を定義する．このとき，原点中心の直交変換 Φ に対して，

$$\begin{aligned}
&\|\boldsymbol{r} - \boldsymbol{r}(\Phi(P))\| = \|\Phi^{-1}(\boldsymbol{r}) - \boldsymbol{r}(P)\| \\
&q(r) = q(r(\Phi^{-1}(\boldsymbol{r}))) \\
&|J_{\Phi^{-1}}| = |J_\Phi| = 1
\end{aligned}$$

に注意すると，(1.5) を使って

$$\begin{aligned}
g(\Phi(P)) &= \iiint_{\boldsymbol{R}^3} \frac{q(r)}{\|\boldsymbol{r} - \boldsymbol{r}(\Phi(P))\|}dx_1dx_2dx_3 \\
&= \iiint_{\boldsymbol{R}^3} \frac{q(r(\Phi^{-1}(\boldsymbol{r})))}{\|\Phi^{-1}(\boldsymbol{r}) - \boldsymbol{r}(P)\|}|J_{\Phi^{-1}}|dx_1dx_2dx_3 \\
&= \iiint_{\boldsymbol{R}^3} \frac{q(r)}{\|\boldsymbol{r} - \boldsymbol{r}(P)\|}dx_1dx_2dx_3 \\
&= g(P)
\end{aligned}$$

となる．このように g は直交変換で不変で，距離 r のみによって決まる関数であることがわかる．特に $P(p_1, p_2, p_3)$ に対して，$\Phi(P) = (0, 0, \rho)$ $(\rho = r(P))$ を満たす直交変換 Φ を選んで，

$$\begin{aligned}
g(P) &= g(0, 0, \rho) \\
&= \iiint_{\boldsymbol{R}^3} \frac{q(r)}{\sqrt{{x_1}^2 + {x_2}^2 + (x_3-\rho)^2}}dx_1dx_2dx_3 \\
&= 2\pi \iint_{[0,\infty)\times[0,\pi]} \frac{q(r)r^2\sin\theta}{\sqrt{r^2+\rho^2-2\rho r\cos\theta}}d\theta dr
\end{aligned}$$

$$= 2\pi \int_0^\infty \frac{q(r)r}{\rho} \left[\sqrt{r^2 + \rho^2 + 2\rho r t} \right]_{t=-1}^{t=1} dr$$
$$= 2\pi \int_0^\infty \frac{q(r)r}{\rho} (r + \rho - |r - \rho|) dr$$
$$= 4\pi \left(\frac{1}{\rho} \int_0^\rho q(r) r^2 dr + \int_\rho^\infty q(r) r dr \right)$$

となる．このように

$$\frac{1}{4\pi} \iiint_{\boldsymbol{R}^3} \frac{q(r)}{r_P} dx_1 dx_2 dx_3 = \frac{1}{r(P)} \int_0^{r(P)} q(r) r^2 dr + \int_{r(P)}^\infty q(r) r\, dr$$

が得られた． ■

1.4　曲面

この節では，曲面を定義し，曲面上の関数の積分について説明する．

まず陰関数定理を説明することから始める．

定理 1.4.1（**陰関数定理**）　領域で定義された C^1 級の関数 $f(x_1, x_2, x_3)$ が，点 $P(p_1, p_2, p_3)$ で $f(P) = 0$ かつ $\dfrac{\partial f}{\partial x_3}(P) \neq 0$ とする．このとき，平面の点 (p_1, p_2) の近傍で定義された C^1 級関数 $\phi(x_1, x_2)$ で，次の (i), (ii) を満たすものがただ一つ存在する．

(i)　$f(x_1, x_2, \phi(x_1, x_2)) = 0$

(ii)　$\phi(p_1, p_2) = p_3$

さらに次が成り立つ．

$$\frac{\partial \phi}{\partial x_i}(x_1, x_2) = -\frac{\dfrac{\partial f}{\partial x_i}(x_1, x_2, \phi(x_1, x_2))}{\dfrac{\partial f}{\partial x_3}(x_1, x_2, \phi(x_1, x_2))} \quad (i = 1, 2)$$

証明　$\dfrac{\partial f}{\partial x_3}(P) > 0$ と仮定する．$\dfrac{\partial f}{\partial x_3}$ は連続関数なので十分小さい $\beta > 0$ をと

ると，ある正の数 γ と δ があって，任意の点 $(x_1, x_2, x_3) \in [p_1 - \beta, p_1 + \beta] \times [p_2 - \beta, a_s + \beta] \times [p_3 - \beta, p_3 + \beta]$ において

$$\frac{\partial f}{\partial x_3}(x_1, x_2, x_3) \geq \gamma > 0, \quad \left|\frac{\partial f}{\partial x_1}(x_1, x_2, x_3)\right| \leq \delta, \quad \left|\frac{\partial f}{\partial x_2}(x_1, x_2, x_3)\right| \leq \delta \tag{1.6}$$

となる．2 点 $(p_1, p_2, p_3 - \beta)$, $(p_1, p_2, p_3 + \beta)$ を結ぶ線分 (p_1, p_2, t) $(t \in [p_3 - \beta, p_3 + \beta])$ 上で f は単調増加なので

$$f(p_1, p_2, p_3 - \beta) < f(p_1, p_2, p_3) = 0 < f(p_1, p_2, p_3 + \beta)$$

となる．f の連続性より，β を必要ならばさらに小さくとって，各点 $(x_1, x_2) \in [p_1 - \beta, p_1 + \beta] \times [p_2 - \beta, p_2 + \beta]$ に対して，

$$f(x_1, x_2, p_3 - \beta) < 0 < f(x_1, x_2, p_3 + \beta)$$

としてよい．2 点 $(x_1, x_2, p_3 - \beta)$, $(x_1, x_2, p_3 + \beta)$ を結ぶ線分 (x_1, x_2, t) $(t \in [p_3 - \beta, p_3 + \beta])$ 上で f は単調増加なので，

$$f(x_1, x_2, y) = 0$$

となる点 $y \in [p_3 - \beta, p_3 + \beta]$ がただ一つ存在する．この点を $\phi(x_1, x_2)$ と書くとき，$\phi(x_1, x_2)$ は次の式を満たす．

$$\begin{aligned} &\phi(p_1, p_2) = p_3 \\ &f(x_1, x_2, \phi(x_1, x_2)) = 0, \quad (x_1, x_2) \in [p_1 - \beta, p_1 + \beta] \times [p_2 - \beta, p_2 + \beta] \end{aligned}$$

次に $s_1, s_2 \to 0$ のとき，$\phi(x_1 + s_1, x_2 + s_2) \to \phi(x_1, x_2)$ となることを示したい．そのため $\Delta = \phi(x_1 + s_1, x_2 + s_2) - \phi(x_1, x_2)$ とおき，$|\Delta| < 2\beta$ に注意して，f に平均値の定理を適用すると，

$$\begin{aligned} &f(x_1 + s_1, x_2 + s_2, \phi(x_1, x_2) + \Delta) - f(x_1, x_2, \phi(x_1, x_2)) \\ &= s_1 \frac{\partial f}{\partial x_1}(x_1 + \theta s_1, x_2 + \theta s_2, \phi(x_1, x_2) + \theta\Delta) \\ &\quad + s_2 \frac{\partial f}{\partial x_2}(x_1 + \theta s_1, x_2 + \theta s_2, \phi(x_1, x_2) + \theta\Delta) \\ &\quad + \Delta \frac{\partial f}{\partial x_3}(x_1 + \theta s_1, x_2 + \theta s_2, \phi(x_1, x_2) + \theta\Delta) \end{aligned}$$

となる $\theta \in (0,1)$ が見つかる．このとき (1.6) と $f(x_1+s_1, x_2+s_2, \phi(x_1,x_2)+\Delta)=0$，$f(x_1,x_2,\phi(x_1,x_2))=0$ より，$\Delta \geq 0$ のとき

$$\begin{aligned}\Delta\gamma &\leq \Delta\frac{\partial f}{\partial x_3}(x_1+\theta s_1, x_2+\theta s_2, \phi(x_1,x_2)+\theta\Delta)\\ &= -s_1\frac{\partial f}{\partial x_1}(x_1+\theta s_1, x_2+\theta s_2, \phi(x_1,x_2)+\theta\Delta)\\ &\quad - s_2\frac{\partial f}{\partial x_2}(x_1+\theta s_1, x_2+\theta s_2, \phi(x_1,x_2)+\theta\Delta)\\ &\leq (|s_1|+|s_2|)\delta\end{aligned}$$

が成り立つ．同様に $\Delta < 0$ のとき

$$\Delta\gamma \geq -(|s_1|+|s_2|)\delta$$

が成り立つ．したがって $s_1, s_2 \to 0$ のとき，$\Delta \to 0$ となる．このように関数 ϕ が連続であることがわかる．さらに $s=s_1$，$s_2=0$ として

$$s\frac{\partial f}{\partial x_1}(x_1+\theta s, x_2, \phi(x_1,x_2)+\theta\Delta)+\Delta\frac{\partial f}{\partial x_3}(x_1+\theta s, x_2, \phi(x_1,x_2)+\theta t)=0$$

となる $\theta \in (0,1)$ が見つかる．これより

$$\frac{\phi(x_1+s,x_2)-\phi(x_1,x_2)}{s}=\frac{\Delta}{s}=-\frac{\dfrac{\partial f}{\partial x_1}(x_1+\theta s, x_2, \phi(x_1,x_2)+\theta\Delta)}{\dfrac{\partial f}{\partial x_3}(x_1+\theta s, x_2, \phi(x_1,x_2)+\theta\Delta)}$$

となり，

$$\begin{aligned}\frac{\partial\phi}{\partial x_1}(x_1,x_2) &= \lim_{s\to 0}\frac{\phi(x_1+s,x_2)-\phi(x_1,x_2)}{s}\\ &= -\frac{\dfrac{\partial f}{\partial x_1}(x_1,x_2,\phi(x_1,x_2))}{\dfrac{\partial f}{\partial x_3}(x_1,x_2,\phi(x_1,x_2))}\end{aligned}$$

が導かれる．同様に

$$\begin{aligned}\frac{\partial\phi}{\partial x_2}(x_1,x_2) &= \lim_{s\to 0}\frac{\phi(x_1,x_2+s)-\phi(x_1,x_2)}{s}\\ &= -\frac{\dfrac{\partial f}{\partial x_2}(x_1,x_2,\phi(x_1,x_2))}{\dfrac{\partial f}{\partial x_3}(x_1,x_2,\phi(x_1,x_2))}\end{aligned}$$

が得られる．さらに $\dfrac{\partial f}{\partial x_1}$, $\dfrac{\partial f}{\partial x_2}$, ϕ が連続関数より，$\dfrac{\partial \phi}{\partial x_1}$, $\dfrac{\partial \phi}{\partial x_2}$ ともに連続関数であることが従う．このように ϕ は C^1 級関数となる．$\dfrac{\partial f}{\partial x_3}(P) < 0$ のときの証明も同様なので省略する． ■

定理 1.4.1 において，f が C^k 級関数 $(k \geq 1)$ ならば ϕ も C^k 級関数であることに注意する（練習問題 1 の 4 参照）．

さて，領域上の滑らかな関数 f を考える．a を定数としたとき，$f(x_1, x_2, x_3) = a$ を満たす点 (x_1, x_2, x_3) の軌跡 S を（空集合でなければ）f の**等位面**という．a の値を変えれば，それに応じて等位面も変わる．S の点 $P(p_1, p_2, p_3)$ において，ベクトル

$$\nabla f(P) = \left(\frac{\partial f}{\partial x_1}(P), \frac{\partial f}{\partial x_2}(P), \frac{\partial f}{\partial x_3}(P)\right) \neq \mathbf{0}$$

とする．（ここで ∇ はナブラと読む．）このとき，$\dfrac{\partial f}{\partial x_1}(P)$, $\dfrac{\partial f}{\partial x_2}(P)$, $\dfrac{\partial f}{\partial x_3}(P)$ いずれかの値は 0 ではない．ここでは $\dfrac{\partial f}{\partial x_3}(P) \neq 0$ と仮定して議論を進める．このとき，陰関数定理より，S は点 $P(p_1, p_2, p_3)$ の近傍 U で

$$S \cap U = \{(x_1, x_2, \phi(x_1, x_2)) \mid (x_1, x_2) \in (p_1 - \beta, p_1 + \beta) \times (p_2 - \beta, p_2 + \beta)\} \tag{1.7}$$

となって，滑らかな関数 ϕ のグラフとして表現できる．ここで陰関数定理の証明の記号をそのまま使っている．

次に関数 f の等位面 S に含まれる曲線 $\boldsymbol{c} : I \to S$ を考える．$f(\boldsymbol{c}(t)) = a$ $(t \in I)$ より，

$$\begin{aligned}\frac{\partial f}{\partial x_1}(\boldsymbol{c}(t))\frac{dc_1(t)}{dt} + \frac{\partial f}{\partial x_2}(\boldsymbol{c}(t))\frac{dc_2(t)}{dt} + \frac{\partial f}{\partial x_3}(\boldsymbol{c}(t))\frac{dc_3(t)}{dt} &= \frac{df(\boldsymbol{c}(t))}{dt} \\ &= \frac{da}{dt} = 0\end{aligned}$$

となり，ベクトル $\nabla f(\boldsymbol{c}(t)) = \left(\dfrac{\partial f}{\partial x_1}(\boldsymbol{c}(t)), \dfrac{\partial f}{\partial x_2}(\boldsymbol{c}(t)), \dfrac{\partial f}{\partial x_3}(\boldsymbol{c}(t))\right)$ は点 $\boldsymbol{c}(t)$ で $\boldsymbol{c}$ の接ベクトル $\boldsymbol{c}'(t)$ と直交している（図 1.10 参照）．

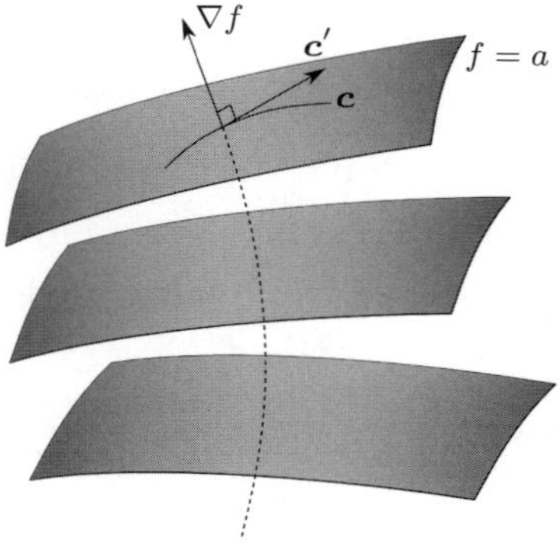

図 1.10 勾配ベクトルと等位面

等位面 S の点 $P(p_1,p_2,p_3)$ での**接平面の方程式**は

$$\frac{\partial f}{\partial x_1}(P)(x_1-p_1)+\frac{\partial f}{\partial x_2}(P)(x_2-p_2)+\frac{\partial f}{\partial x_3}(P)(x_3-p_3)=0$$

で与えられる．$(x_1-p_1, x_2-p_2, x_3-p_3)$ が等位面 S の点 $P(p_1,p_2,p_3)$ での**接ベクトル**である．接ベクトル全体を T_PS で表す．また，S の点 $P(p_1,p_2,p_3)$ での**法線の方程式**は

$$\frac{y_1-p_1}{\dfrac{\partial f}{\partial x_1}(P)}=\frac{y_2-p_2}{\dfrac{\partial f}{\partial x_2}(P)}=\frac{y_3-p_3}{\dfrac{\partial f}{\partial x_3}(P)}$$

で与えられ，単位法ベクトルは

$$\frac{1}{\sqrt{\frac{\partial f}{\partial x_1}(P)^2+\frac{\partial f}{\partial x_2}(P)^2+\frac{\partial f}{\partial x_3}(P)^2}}\left(\frac{\partial f}{\partial x_1}(P),\frac{\partial f}{\partial x_2}(P),\frac{\partial f}{\partial x_3}(P)\right)$$

あるいは

$$\frac{-1}{\sqrt{\frac{\partial f}{\partial x_1}(P)^2+\frac{\partial f}{\partial x_2}(P)^2+\frac{\partial f}{\partial x_3}(P)^2}}\left(\frac{\partial f}{\partial x_1}(P),\frac{\partial f}{\partial x_2}(P),\frac{\partial f}{\partial x_3}(P)\right)$$

で与えられる．

点 $P(p_1,p_2,p_3)$ の近傍で S が (1.7) のように表されているとすると，曲線 $\boldsymbol{c}_1(t)=(p_1+t,p_2,\phi(p_1+t,p_2))$ の $t=0$ での接ベクトル $\boldsymbol{c}_1'(0)=\left(1,0,\dfrac{\partial\phi}{\partial x_1}(p_1,p_2)\right)$

と曲線 $\boldsymbol{c}_2(s) = (p_1, p_2 + s, \phi(p_1, p_2 + s))$ の $s = 0$ での接ベクトル $\boldsymbol{c}_2'(0) = \left(0, 1, \dfrac{\partial \phi}{\partial x_2}(p_1, p_2)\right)$ は, 接ベクトル全体のなす2次元ベクトル空間 $T_P S$ の一つの基底を与え, 任意の接ベクトル $\boldsymbol{v}$ は, $\boldsymbol{v} = \alpha \boldsymbol{c}_1'(0) + \beta \boldsymbol{c}_2'(0)$ $(\alpha, \beta \in \boldsymbol{R})$ と一意的に表すことができる. 実際 S 内の曲線 $\boldsymbol{c}(t) = (p_1 + \alpha t, p_2 + \beta t, \phi(p_1 + \alpha t, p_2 + \beta t))$ を考えると, $\boldsymbol{c}'(0) = \alpha \boldsymbol{c}_1'(0) + \beta \boldsymbol{c}_2'(0)$ である. また単位法ベクトルは

$$\pm \frac{\boldsymbol{c}_1'(0) \times \boldsymbol{c}_2'(0)}{\|\boldsymbol{c}_1'(0) \times \boldsymbol{c}_2'(0)\|} = \pm \frac{\left(-\dfrac{\partial \phi}{\partial x_1}(P), -\dfrac{\partial \phi}{\partial x_2}(P), 1\right)}{\sqrt{\left(\dfrac{\partial \phi}{\partial x_1}(P)\right)^2 + \left(\dfrac{\partial \phi}{\partial x_2}(P)\right)^2 + 1}}$$

で与えられる.

さて, 曲面の定義を述べよう. 空間 $\boldsymbol{R}^3$ の集合 S が与えられている. S の各点に対して, その点を含む $\boldsymbol{R}^3$ の領域 B と, 平面 $\boldsymbol{R}^2$ の開集合 D から $\boldsymbol{R}^3$ への滑らかな写像 $\boldsymbol{\phi} = (\phi_1, \phi_2, \phi_3)$ が存在して, $\boldsymbol{\phi}$ は単射であり, その像 $\boldsymbol{\phi}(D)$ は S と B の共通部分 $S \cap B$ と一致し, さらに二つのベクトル

$$\frac{\partial \boldsymbol{\phi}}{\partial u_1} = \left(\frac{\partial \phi_1}{\partial u_1}, \frac{\partial \phi_2}{\partial u_1}, \frac{\partial \phi_3}{\partial u_1}\right)$$
$$\frac{\partial \boldsymbol{\phi}}{\partial u_2} = \left(\frac{\partial \phi_1}{\partial u_2}, \frac{\partial \phi_2}{\partial u_2}, \frac{\partial \phi_3}{\partial u_2}\right)$$

が D の各点 $\boldsymbol{u} = (u_1, u_2)$ で一次独立である, すなわち平行四辺形を張るとき, S を**曲面**という. この写像 $\boldsymbol{\phi} = (\phi_1, \phi_2, \phi_3)$ を S の**局所パラメータ表示**という. $S \cap B$ の各点 $\boldsymbol{x}$ に対し, D の点 $\boldsymbol{u}(\boldsymbol{x})$ が定まって, $\boldsymbol{x} = \boldsymbol{\phi}(\boldsymbol{u}(\boldsymbol{x})) = \boldsymbol{\phi}(u_1(\boldsymbol{x}), u_2(\boldsymbol{x}))$ となる. $\boldsymbol{u}(\boldsymbol{x}) = (u_1(\boldsymbol{x}), u_2(\boldsymbol{x}))$ を点 $\boldsymbol{x}$ の**局所座標**といい, $(D, \boldsymbol{u} = (u_1, u_2))$ を S の**局所座標系**という.

ベクトル $\dfrac{\partial \boldsymbol{\phi}}{\partial u_1}, \dfrac{\partial \boldsymbol{\phi}}{\partial u_2}$ が張るベクトル空間 $\left\{ t \dfrac{\partial \boldsymbol{\phi}}{\partial u_1} + s \dfrac{\partial \boldsymbol{\phi}}{\partial u_2} \;\middle|\; t, s \in \boldsymbol{R} \right\}$ を点 $\boldsymbol{x}$ に平行に移動した平面が, 曲面 S の点 $\boldsymbol{x} = \boldsymbol{\phi}(\boldsymbol{u})$ での**接平面**である. 接平面と接ベクトル全体のなすベクトル空間 $T_{\boldsymbol{x}} S = \left\{ t \dfrac{\partial \boldsymbol{\phi}}{\partial u_1} + s \dfrac{\partial \boldsymbol{\phi}}{\partial u_2} \;\middle|\; t, s \in \boldsymbol{R} \right\}$ を区別しないことが多い (図 1.11 参照).

さて, 接平面 $T_{\boldsymbol{x}} S$ に直交するベクトルを S の点 $\boldsymbol{x}$ での**法ベクトル**という. 長さ1の法ベクトルを単位法ベクトルという. その一つを $\boldsymbol{v}$ とすると $-\boldsymbol{v}$ も単

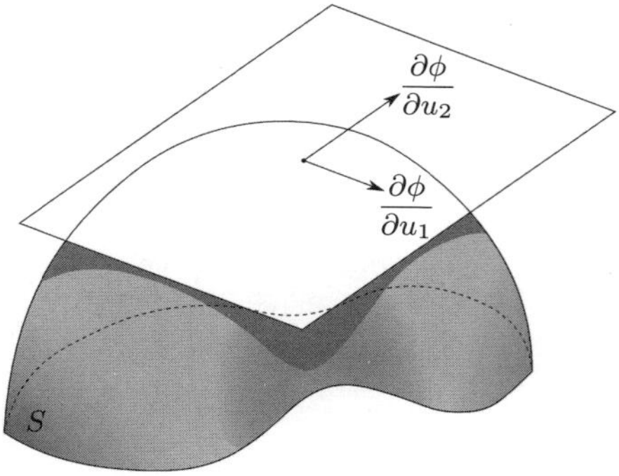

図 1.11　接平面

位法ベクトルである．ここでは

$$\boldsymbol{n}_S = \frac{\dfrac{\partial\boldsymbol{\phi}}{\partial u_1} \times \dfrac{\partial\boldsymbol{\phi}}{\partial u_2}}{\left\|\dfrac{\partial\boldsymbol{\phi}}{\partial u_1} \times \dfrac{\partial\boldsymbol{\phi}}{\partial u_2}\right\|}$$

を選ぶ．

ベクトル $\dfrac{\partial\boldsymbol{\phi}}{\partial u_1}$ と $\dfrac{\partial\boldsymbol{\phi}}{\partial u_2}$ が張る平行四辺形 $\left\{t\,\dfrac{\partial\boldsymbol{\phi}}{\partial u_1} + s\,\dfrac{\partial\boldsymbol{\phi}}{\partial u_2} \;\middle|\; 0 \leq t, s \leq 1\right\}$ の面積 $\sqrt{G(\boldsymbol{\phi})}$ は，

$$\left\|\frac{\partial\boldsymbol{\phi}}{\partial u_1} \times \frac{\partial\boldsymbol{\phi}}{\partial u_2}\right\| = \sqrt{\det\begin{pmatrix} \left(\dfrac{\partial\boldsymbol{\phi}}{\partial u_1}, \dfrac{\partial\boldsymbol{\phi}}{\partial u_1}\right) & \left(\dfrac{\partial\boldsymbol{\phi}}{\partial u_1}, \dfrac{\partial\boldsymbol{\phi}}{\partial u_2}\right) \\ \left(\dfrac{\partial\boldsymbol{\phi}}{\partial u_2}, \dfrac{\partial\boldsymbol{\phi}}{\partial u_1}\right) & \left(\dfrac{\partial\boldsymbol{\phi}}{\partial u_2}, \dfrac{\partial\boldsymbol{\phi}}{\partial u_2}\right) \end{pmatrix}}$$

で与えられ，$d\sigma_S = \sqrt{G(\boldsymbol{\phi})}du_1du_2$ を S の**面積素**という（(1.4) 参照）．

ここで平面の領域 R で定義された別の局所パラメータ表示 $\boldsymbol{\psi} : R \to S$ を考える．$\boldsymbol{\phi}(D) \cap \boldsymbol{\psi}(R) \neq \emptyset$ とする．$\boldsymbol{\phi}(D') = \boldsymbol{\phi}(D) \cap \boldsymbol{\psi}(R)$，$\boldsymbol{\psi}(R') = \boldsymbol{\phi}(D) \cap \boldsymbol{\psi}(R)$ となる D の開集合 D' と R の開集合 R' を考える．$(D, \boldsymbol{u} = (u_1, u_2))$ と $(R, \boldsymbol{v} = (v_1, v_2))$ をそれぞれ $\boldsymbol{\phi}$ と $\boldsymbol{\psi}$ が決める S の局所座標系とする．このとき，R' から D' への写像 $\boldsymbol{v} \to \boldsymbol{u}(\boldsymbol{\psi}(\boldsymbol{v}))$ が定まる．これを Ψ: $R' \to D'$ で表す．$\Psi = (h_1, h_2)$ は滑らかな写像である．すなわち h_1, h_2 は R' 上の滑ら

かな関数である．また D' から R' への写像 $\boldsymbol{u} \to \boldsymbol{v}(\boldsymbol{\phi}(\boldsymbol{u}))$ が定まる．これを $\Phi : D' \to R'$ で表すと，Ψ と Φ の合成 $\Phi \circ \Psi$ は R' の恒等写像となり，Φ と Ψ の合成 $\Psi \circ \Phi$ は D' の恒等写像となる．このように Ψ は Φ の，Φ は Ψ のそれぞれ逆写像となっている．さらに

$$\begin{pmatrix} \dfrac{\partial \boldsymbol{\psi}}{\partial v_1} \\ \dfrac{\partial \boldsymbol{\psi}}{\partial v_2} \end{pmatrix} = \begin{pmatrix} \dfrac{\partial h_1}{\partial v_1} & \dfrac{\partial h_2}{\partial v_1} \\ \dfrac{\partial h_1}{\partial v_2} & \dfrac{\partial h_2}{\partial v_2} \end{pmatrix} \begin{pmatrix} \dfrac{\partial \boldsymbol{\phi}}{\partial u_1}(\Psi) \\ \dfrac{\partial \boldsymbol{\phi}}{\partial u_2}(\Psi) \end{pmatrix}$$

より，

$$\frac{\partial \boldsymbol{\psi}}{\partial v_1} \times \frac{\partial \boldsymbol{\psi}}{\partial v_2} = J_\Psi \ \frac{\partial \boldsymbol{\phi}}{\partial u_1}(\Psi) \times \frac{\partial \boldsymbol{\phi}}{\partial u_2}(\Psi)$$

が成り立つ．ここで J_Ψ は Ψ のヤコビアンである（例題 1.1.5 参照）．重積分の変数変換公式 (1.4) から，D' 上の連続関数 g と R' の有界な領域 K に対して

$$\begin{aligned} \iint_K g(\Psi)\sqrt{G(\psi)}dv_1dv_2 &= \iint_K g(\Psi)\sqrt{G(\phi)}|J_\Psi|dv_1dv_2 \\ &= \iint_{\Psi(K)} g\sqrt{G(\phi)}du_1du_2 \end{aligned} \tag{1.8}$$

が得られる．$d\sigma_S = \sqrt{G(\boldsymbol{\phi})}du_1du_2$ を S の面積素とよぶ理由がこの式にある．これによって曲面上の関数の積分を定義することができる．

まず，S と空間 $\boldsymbol{R}^3$ の開集合の共通部分 Ω を S の開集合とよび，さらに弧状連結であるとき，すなわち Ω のどの二つの点に対してもそれらをつなぐ連続曲線が Ω の中に見つかるとき，S の**領域**という．また，いくつかの区分的に滑らかな単純閉曲線 $\boldsymbol{c}_1, \boldsymbol{c}_2, \ldots, \boldsymbol{c}_k$ で囲まれた有界な領域 Ω とその境界 $\partial\Omega = \boldsymbol{c}_1 \cup \cdots \cup \boldsymbol{c}_k$ を含めた部分 $\overline{\Omega} = \Omega \cup \partial\Omega$ を S の**正則閉領域**とよぶことにする．

次に局所パラメータ表示 $\boldsymbol{\phi} : D \to S$ が与えられているとする．$(D, \boldsymbol{u} = (u_1, u_2))$ を $\boldsymbol{\phi}(D)$ の局所座標系とする．S の有界な領域 Ω が $\boldsymbol{\phi}(D)$ に含まれるとき，連続関数 f に対して

$$\iint_\Omega f\, d\sigma_S = \iint_{\boldsymbol{u}(\Omega)} f(\phi)\sqrt{G(\boldsymbol{\phi})}du_1du_2$$

によって f の Ω 上の積分を定義する．

一つの局所パラメータ表示される部分に正則閉領域 $\overline{\Omega}$ が含まれるとは限らない．そのような場合には $\overline{\Omega}$ の分割を考える．

以下に述べる条件 (i) ～ (iv) を満たす正則閉領域の族 $\{\Delta_j : j = 1, 2, \ldots, F\}$ を $\overline{\Omega}$ の**三角形分割**という．

(i) 各 Δ_i は三角形領域である．すなわち，Δ_i の境界は，三つの滑らかな曲線 $\boldsymbol{c}_{i;1}(t)$ $(\alpha_1 \leq t \leq \beta_1)$, $\boldsymbol{c}_{i;2}(t)$ $(\alpha_2 \leq t \leq \beta_2)$, $\boldsymbol{c}_{i;3}(t)$ $(\alpha_3 \leq t \leq \beta_3)$ をつないでできる単純閉曲線からなり，さらに Δ_i は平面の閉円板 $\overline{B}$ と同相である，すなわち，全単射連続写像 $\Delta_i \to \overline{B}$ が存在する．三つの点 $\boldsymbol{c}_{i;1}(\alpha_1)(= \boldsymbol{c}_{i;3}(\beta_3))$，$\boldsymbol{c}_{i;2}(\alpha_2)(= \boldsymbol{c}_{i;1}(\beta_1))$，$\boldsymbol{c}_{i;3}(\alpha_3)(= \boldsymbol{c}_{i;2}(\beta_2))$ を Δ_i の**頂点**とよび，三つの曲線 $\boldsymbol{c}_{i;1}, \boldsymbol{c}_{i;2}, \boldsymbol{c}_{i;3}$ を Δ_i の**辺**とよぶ．

(ii) $\overline{\Omega}$ は $\{\Delta_i\}$ で被覆されている，すなわち $\overline{\Omega} = \Delta_1 \cup \Delta_2 \cup \cdots \cup \Delta_F$.

(iii) Δ_i と Δ_j の共通部分 $\Delta_i \cap \Delta_j$ は空集合でなければ，共通の一つの頂点か，または，共通の一つの辺である．

(iv) 各 Δ_i に対して，S の局所パラメータ表示 $\boldsymbol{\phi}_i : D_i \to S$ が見つかって，Δ_i は $\boldsymbol{\phi}_i(D_i)$ に含まれるようにできる．

このとき連続関数 f に対して

$$\iint_{\Omega} f \, d\sigma_S = \sum_{i=1}^{F} \iint_{\Delta_i} f \, d\sigma_S$$

によって f の積分を定義する．f を有界な可積分関数としてもよい．これは (1.8) により，分割の仕方や局所パラメータ表示の取り方によらないで決まることがわかる．なお Ω が非有界な場合でも同様に Ω 上の積分が定まる．ただしこのときは広義積分と理解する．また $f = 1$ の場合，$\displaystyle\iint_{\Omega} 1 \, d\sigma_S$ は Ω の**面積** $m(\Omega)$ を表す．

以下，S 上連続な単位法ベクトル $\boldsymbol{n}_S$ が与えられていると仮定する．$\boldsymbol{n}_S$ は曲面の各点にその点での接平面に直交する単位ベクトルを対応させる規則であるが，この対応はいつでも連続であると仮定する．このとき，点 $\boldsymbol{x}$ での単位接ベクトル $\boldsymbol{v}$ に対して，$\boldsymbol{v}$ と直交する，二つある単位接ベクトル $\boldsymbol{w}$ のうち，$\boldsymbol{v} \times \boldsymbol{w} = \boldsymbol{n}_S$ を満たすものをとり，それを $J_S\boldsymbol{v}$ と表す．$J_S\boldsymbol{v}$ は $\boldsymbol{v}$ を“正の方向

に”90度回転したベクトルと考える．このように $\boldsymbol{n}_S$ から接ベクトル空間に向きを定める．単位の長さとは限らない接ベクトル $\boldsymbol{v}$ に対しては，$\|\boldsymbol{v}\| J_S\left(\frac{\boldsymbol{v}}{\|\boldsymbol{v}\|}\right)$ を $J_S\boldsymbol{v}$ とおいて，$T_{\boldsymbol{x}}S$ の変換 J_S を定めると，すべての $\boldsymbol{v} \in T_{\boldsymbol{x}}S$ に対して，$\|J_S\boldsymbol{v}\| = \|\boldsymbol{v}\|$ が成り立ち，$J_S(J_S\boldsymbol{v}) = -\boldsymbol{v}$ となっている．S は単位法ベクトル（場）$\boldsymbol{n}_S$ によって**向きが与えられている**という．

いくつかの区分的に滑らかな単純閉曲線 $\boldsymbol{c}_i : [\alpha_i, \beta_i] \to S$ $(i = 1, 2, \ldots, n)$ によって囲まれた正則領域に対して，$J_S\boldsymbol{c}_i'(t)$ がいつも領域 Ω の内側を指して曲線 $\boldsymbol{c}_i$ は進行しているとする．このようにして曲面の向きを理解する．

また，平面の領域 D 上の局所パラメータ表示 $\boldsymbol{\phi} : D \to S$ に対して，

$$\boldsymbol{n}_S = \frac{1}{\sqrt{G(\phi)}} \frac{\partial \boldsymbol{\phi}}{\partial u_1} \times \frac{\partial \boldsymbol{\phi}}{\partial u_2} \quad \text{または，} \quad \boldsymbol{n}_S = -\frac{1}{\sqrt{G(\phi)}} \frac{\partial \boldsymbol{\phi}}{\partial u_1} \times \frac{\partial \boldsymbol{\phi}}{\partial u_2}$$

のいずれかが成り立つ．前者のとき，局所パラメータ表示 $\boldsymbol{\phi} : D \to S$ は $\boldsymbol{n}_S$ に**同調している**とよぶことにする．局所パラメータ表示は $\boldsymbol{n}_S$ に同調するかそうでないかの二つの組に分かれる．

曲面の中の正則閉領域 $\overline{\Omega} = \Omega \cup \partial\Omega$ において，Ω 自身は（$\boldsymbol{R}^3$ の中の有界な）曲面であり，$\partial\Omega$ はいくつかの区分的に滑らかな曲線からなる（曲面の中における）境界である．**区分的に滑らかな境界をもつコンパクトな曲面**ということもある．これに対して，$\boldsymbol{R}^3$ の中の有界閉集合である曲面を，**境界のないコンパクトな曲面**あるいは簡単に**閉曲面**という．たとえば以下に述べる楕円面や円環面は閉曲面であり，それぞれ $\boldsymbol{R}^3$ の有界閉領域の境界である．一方，一葉双曲面は空間を非有界な二つの領域に分ける．また二葉双曲面は非連結で，二つの連結な曲面からなる．

曲面をいくつか紹介してこの章を終える．以下 a, b, c を正の定数とする．

(i)　**楕円面**は，方程式

$$\frac{{x_1}^2}{a^2} + \frac{{x_2}^2}{b^2} + \frac{{x_3}^2}{c^2} = 1$$

で定義された曲面 S である（図1.12）．$a = b = c$ のとき球面 $S^2(1)$ である．局所パラメータ表示として点 $(0, 0, c)$ に関する**立体射影**

$$\boldsymbol{\phi}(u_1, u_2) = \left(\frac{2au_1}{1 + {u_1}^2 + {u_2}^2}, \frac{2bu_2}{1 + {u_1}^2 + {u_2}^2}, \frac{-c(1 - {u_1}^2 - {u_2}^2)}{1 + {u_1}^2 + {u_2}^2} \right)$$

がある．$\boldsymbol{\phi}(\boldsymbol{R}^2) = S \setminus \{(0,0,c)\}$ であり，$\boldsymbol{\phi}(0,0) = (0,0,-c)$, $\lim_{u_1,u_2\to\infty} \boldsymbol{\phi}(u_1,u_2) = (0,0,c)$ となっている．また，局所パラメータ表示として点 $(0,0,-c)$ に関する立体射影

$$\boldsymbol{\psi}(u_1,u_2) = \left(\frac{2au_1}{1+{u_1}^2+{u_2}^2}, \frac{2bu_2}{1+{u_1}^2+{u_2}^2}, \frac{c(1-{u_1}^2-{u_2}^2)}{1+{u_1}^2+{u_2}^2}\right)$$

を考えると，$\boldsymbol{\psi}(\boldsymbol{R}^2) = S \setminus \{(0,0,-c)\}$ であり，$\boldsymbol{\psi}(0,0) = (0,0,c)$, $\lim_{u_1,u_2\to\infty} \boldsymbol{\psi}(u_1,u_2) = (0,0,c)$ となっている．$S = \boldsymbol{\phi}(\boldsymbol{R}^2) \cup \boldsymbol{\psi}(\boldsymbol{R}^2)$ であり，S は二つの局所パラメータ表示 $\boldsymbol{\phi}, \boldsymbol{\psi}$ によって覆われることになる．S のどの点に関してもその点に関する**立体射影**が考えられる．また，別のパラメータ表示として，

$$\boldsymbol{\eta}(u_1,u_2) = (a\cos u_1 \cos u_2, b\sin u_1 \cos u_2, c\sin u_2)$$
$$(0 < u_1 < 2\pi, -\pi/2 < u_2 < \pi/2)$$

がある．

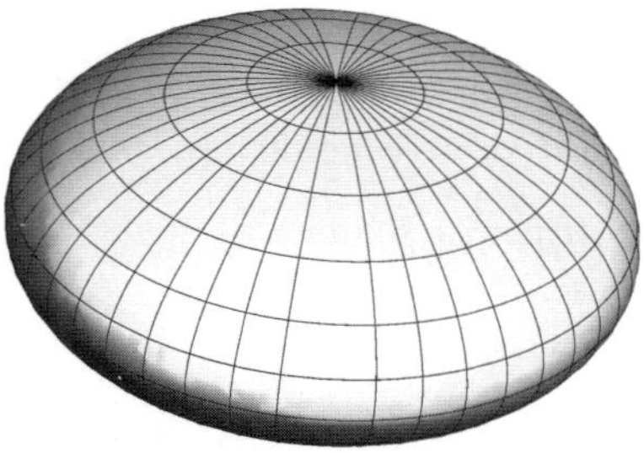

図 1.12 楕円面

(ii) **円環面**は，方程式

$$\left(\sqrt{{x_1}^2+{x_2}^2} - a\right)^2 + {x_3}^2 = b^2 \quad (a > b > 0)$$

で定義される曲面である（図 1.13）．局所パラメータ表示として

$$\boldsymbol{\phi}(u_1,u_2) = ((a+b\cos u_2)\cos u_1, (a+b\cos u_2)\sin u_1, b\sin u_2)$$
$$(0 < u_1, u_2 < 2\pi)$$

がある．

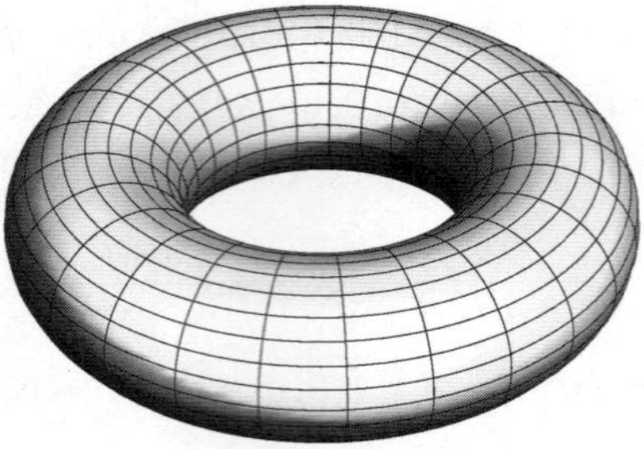

図 1.13　円環面

(iii)　**一葉双曲面**は，方程式

$$\frac{{x_1}^2}{a^2} + \frac{{x_2}^2}{b^2} - \frac{{x_3}^2}{c^2} = 1$$

で定義されている（図 1.14）．局所パラメータ表示として

$$\boldsymbol{\phi}(u_1, u_2) = (a\cos u_1 \cosh u_2, b\sin u_1 \cosh u_2, c\sinh u_2)$$
$$(0 < u_1 < 2\pi,\ -\infty < u_2 < +\infty)$$

がある．また

$$\begin{aligned}\boldsymbol{\psi}(u_1, u_2) &= (a(\cos u_1 - u_2 \sin u_1), b(\sin u_1 + u_2 \cos u_1), cu_2) \\ &= (a\cos u_1, b\sin u_1, 0) + u_2(-a\sin u_1, b\cos u_1, c)\end{aligned}$$
$$(0 < u_1 < 2\pi,\ -\infty < u_2 < +\infty)$$

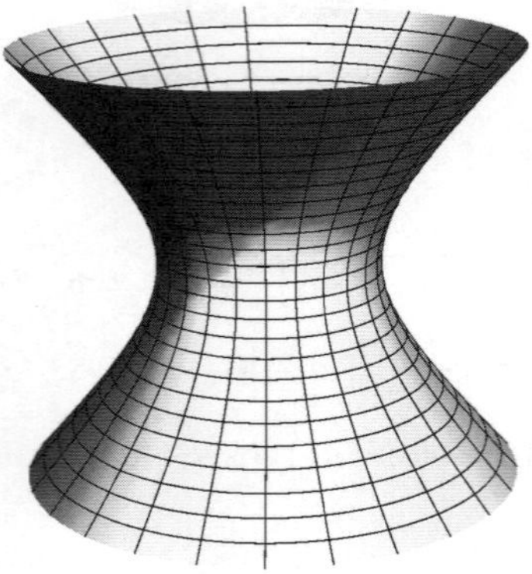

図 1.14　一葉双曲面

も局所パラメータ表示を与える．この表示では，各 u_1 を止めると $u_2 \to \boldsymbol{\psi}(u_1, u_2)$ は直線になっている．このような表現をもつ曲面を一般に線織面という（4.3 節参照）．

(iv)　**二葉双曲面**は，方程式

$$\frac{{x_1}^2}{a^2} + \frac{{x_2}^2}{b^2} - \frac{{x_3}^2}{c^2} + 1 = 0$$

で定義されている．局所パラメータ表示として

$$\boldsymbol{\phi}(u_1, u_2) = \left(u_1, u_2, \pm c\sqrt{\frac{{u_1}^2}{a^2} + \frac{{u_2}^2}{b^2} + 1}\right), \quad (u_1, u_2) \in \boldsymbol{R}^2$$

がある．

(v)　**双曲放物面**は，方程式

$$\frac{{x_1}^2}{a^2} - \frac{{x_2}^2}{b^2} - x_3 = 0$$

で定義されている（図 1.15）．局所パラメータ表示として

$$\begin{aligned}\boldsymbol{\phi}(u_1, u_2) &= (a(u_1 + u_2), bu_2, {u_1}^2 + 2u_1u_2) \\ &= (au_1, 0, {u_1}^2) + u_2(a, b, 2u_1)\end{aligned}$$

$$((u_1, u_2) \in \boldsymbol{R}^2)$$

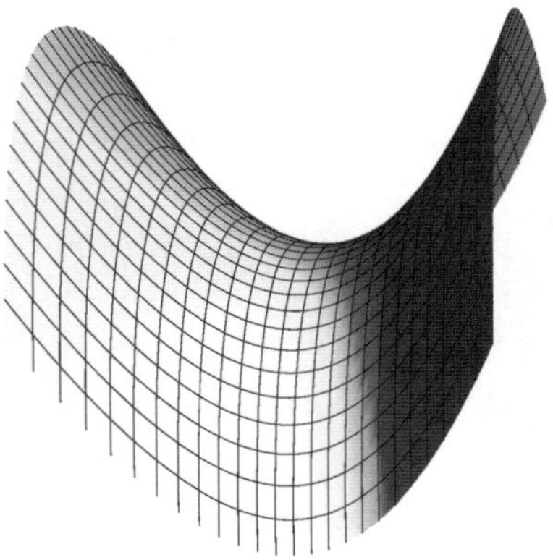

図 1.15　双曲放物面

がある．この表示では，各 u_1 を止めると $u_2 \to \boldsymbol{\phi}(u_1, u_2)$ は直線になっている．

(vi) **放物面**は，方程式

$$\frac{{x_1}^2}{a^2} + \frac{{x_2}^2}{b^2} - x_3 = 0$$

で定義される．

練習問題 1

1.　基本ベクトル $\boldsymbol{e}_1 = (1,0,0)$, $\boldsymbol{e}_2 = (0,1,0)$, $\boldsymbol{e}_3 = (0,0,1)$ に関して，以下の式が成り立つことを示せ．

(i) $\boldsymbol{e}_1 \times \boldsymbol{e}_1 = \boldsymbol{e}_2 \times \boldsymbol{e}_2 = \boldsymbol{e}_3 \times \boldsymbol{e}_3 = \boldsymbol{0}$

(ii) $\boldsymbol{e}_1 \times \boldsymbol{e}_2 = -\boldsymbol{e}_2 \times \boldsymbol{e}_1 = \boldsymbol{e}_3$

(iii) $\boldsymbol{e}_2 \times \boldsymbol{e}_3 = -\boldsymbol{e}_3 \times \boldsymbol{e}_2 = \boldsymbol{e}_1$

(iv) $\boldsymbol{e}_3 \times \boldsymbol{e}_1 = -\boldsymbol{e}_1 \times \boldsymbol{e}_3 = \boldsymbol{e}_2$

2.　ベクトル $\boldsymbol{a}, \boldsymbol{b}$ に対して，

$$\|\boldsymbol{a} \times \boldsymbol{b}\| \leq \frac{1}{2}\left(\|\boldsymbol{a}\|^2 + \|\boldsymbol{b}\|^2\right)$$

となることを示せ．さらに等号が成り立つのは，$\|\boldsymbol{a}\| = \|\boldsymbol{b}\|$ かつ $(\boldsymbol{a}, \boldsymbol{b}) = 0$ が成り立つとき，またそのときに限ることを示せ．

3.　連続曲線 $\boldsymbol{c} = (c_1, c_2, c_3) : [\alpha, \beta] \to \boldsymbol{R}^3$ に対して，積分

$$\int_\alpha^\beta \boldsymbol{c}(t)dt := \left(\int_\alpha^\beta c_1(t)dt, \int_\alpha^\beta c_2(t)dt, \int_\alpha^\beta c_3(t)dt\right)$$

と定める．以下のことを示せ．

(i) 定ベクトル $\boldsymbol{k}$ に対して，

$$\left(\boldsymbol{k}, \int_\alpha^\beta \boldsymbol{c}(t)dt\right) = \int_\alpha^\beta (\boldsymbol{k}, \boldsymbol{c}(t))dt$$

が成り立つ．

(ii)

$$\left\| \int_\alpha^\beta \boldsymbol{c}(t)dt \right\| \leq \int_\alpha^\beta \|\boldsymbol{c}(t)\|dt$$

が成り立つ．さらに，等号が成り立つのは，ある定ベクトル $\boldsymbol{k}$ と非負値関数 $\lambda(t)$ があって $\boldsymbol{c}(t) = \lambda(t)\boldsymbol{k}$ $(\alpha \leq t \leq \beta)$ となるとき，かつそのときに限る．

4.　定理 1.4.1 において，f が C^2 級関数ならば，ϕ も C^2 級関数で，2 次微分について次の式が成り立つことを示せ．ただし $f_{x_i} = \dfrac{\partial f}{\partial x_i}$，$f_{x_i x_j} = \dfrac{\partial^2 f}{\partial x_i \partial x_j}$ $(i, j = 1, 2, 3)$ とする．

$$\phi_{x_i x_j} = -\frac{1}{{f_{x_3}}^2}\left(f_{x_i x_j} - f_{x_i x_3} f_{x_j} f_{x_3} - f_{x_j x_3} f_{x_i} f_{x_3} + f_{x_3 x_3} f_{x_i} f_{x_j}\right)$$

5.　円環面 $T : (\sqrt{{x_1}^2 + {x_2}^2} - a)^2 + {x_3}^2 = b^2$ $(a > b > 0)$ を考える．

(i)　単位法ベクトル $\boldsymbol{n}_T$ を求めよ．

(ii)　T の面積および積分 $\displaystyle\iint_T {x_3}^2 d\sigma_T$ の値を求めよ．

第2章

ベクトル場の微分と積分

この章ではスカラー場の勾配ベクトル，ベクトル場の発散，回転などの微分演算，およびベクトル場の曲線に沿う線積分と曲面上の面積分を説明したあと，グリーンの定理とストークスの定理を解説する．

2.1　ベクトル場

3 次元空間の領域（連結開集合）を考える．領域の各点 $\boldsymbol{x}$ に対し，一つのベクトル $\boldsymbol{A}(\boldsymbol{x}) = (a_1(\boldsymbol{x}), a_2(\boldsymbol{x}), a_3(\boldsymbol{x}))$ を対応させる規則を領域上の**ベクトル場**という．$\boldsymbol{A}(\boldsymbol{x})$, $a_i(\boldsymbol{x})$ $(i = 1, 2, 3)$ を単に $\boldsymbol{A}$, a_i と表す．a_i $(i = 1, 2, 3)$ は（スカラー値）関数で，$\boldsymbol{A}$ の第 i 成分という．ベクトル場 $\boldsymbol{A} = (a_1, a_2, a_3)$ と $\boldsymbol{B} = (b_1, b_2, b_3)$ の加法 $\boldsymbol{A} + \boldsymbol{B}$ および，スカラー α とベクトル場 $\boldsymbol{A}$ の積 $\alpha\boldsymbol{A}$ が次のように自然に定まる．

$$\boldsymbol{A} + \boldsymbol{B} = (a_1 + b_1, a_2 + b_2, a_3 + b_3)$$

$$\alpha\boldsymbol{A} = (\alpha a_1, \alpha a_2, \alpha a_3)$$

さらに関数 f に対して，

$$f\boldsymbol{A} = (fa_1, fa_2, fa_3)$$

によってベクトル場 $f\boldsymbol{A}$ が定まる．すなわち領域の各点 $\boldsymbol{x}$ に対し，ベクトル $(f\boldsymbol{A})(\boldsymbol{x}) = (f(\boldsymbol{x})a_1(\boldsymbol{x}), f(\boldsymbol{x})a_2(\boldsymbol{x}), f(\boldsymbol{x})a_3(\boldsymbol{x}))$ が決まる．成分が C^k 級関

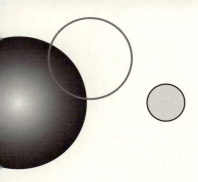

数のとき，C^k 級ベクトル場という．C^∞ 級関数のとき，C^∞ 級ベクトル場，あるいは滑らかなベクトル場という．以下，特に断らなければ，必要な階数 k について C^k 級の滑らかさを仮定する．また，数に値をとる関数のことをその定義されている領域も込めてスカラー場とよぶ．

曲線 $\boldsymbol{c}(t)$ が $\boldsymbol{A}(\boldsymbol{c}(t)) = \boldsymbol{c}'(t)$ を満たすとき，ベクトル場 $\boldsymbol{A}$ の**流線**という．$\boldsymbol{A} \neq \boldsymbol{0}$ のところでは各点を通って必ず 1 本の流線があり，この速度ベクトルが $\boldsymbol{A}$ で表されている（定理 2.8.4，例 2.8.5 参照）．

◆**例 2.1.1**　原点に関する位置ベクトル $\boldsymbol{r}$，点 P に関する位置ベクトル $\boldsymbol{r}_P = \boldsymbol{r} - \boldsymbol{r}(P)$ などは空間全体で定義された滑らかなベクトル場であるとみなすことができる．

◆**例 2.1.2**　点 P に点電荷 q_P を固定して考える．位置ベクトル $\boldsymbol{r}$ の点に電荷 q があるとき，点電荷 q_P から点電荷 q に働く電気力ベクトルは

$$\boldsymbol{F}(\boldsymbol{r}) = \frac{q\,q_P}{4\pi\varepsilon_0}\frac{\boldsymbol{r} - \boldsymbol{r}(P)}{\|\boldsymbol{r} - \boldsymbol{r}(P)\|^3}$$

で与えられ，その大きさは

$$\frac{q\,q_P}{4\pi\varepsilon_0\|\boldsymbol{r} - \boldsymbol{r}(P)\|^2}$$

である（**クーロンの法則**）．ここで ε_0 はある正の定数である．

$$\boldsymbol{E}(\boldsymbol{r}) = \frac{q_P}{4\pi\varepsilon_0}\frac{\boldsymbol{r} - \boldsymbol{r}(P)}{\|\boldsymbol{r} - \boldsymbol{r}(P)\|^3}$$

を点 P における点電荷 q_P による**電場**という．$\boldsymbol{R}^3$ から点 P を除いた領域 $\boldsymbol{R}^3 \setminus \{P\}$ 上の滑らかなベクトル場である．点 P ではその大きさが無限大に発散し，定義されてはいない．

複数の点電荷による電場も考えられる．N 個の点 P_i $(i = 1, 2, \ldots, N)$ にそれぞれ点電荷 q_i があるとき，位置ベクトル $\boldsymbol{r}$ の点における電場は，電気力ベクトルの合成則から導かれる重ね合わせの原理より，

$$\boldsymbol{E}(\boldsymbol{r}) = \sum_{i=1}^{N}\frac{q_i}{4\pi\varepsilon_0}\frac{\boldsymbol{r} - \boldsymbol{r}(P_i)}{\|\boldsymbol{r} - \boldsymbol{r}(P_i)\|^3}$$

となる．これは $\boldsymbol{R}^3 \setminus \{P_1, \ldots, P_N\}$ において定義された滑らかなベクトル場である．

たとえば点 $(0, -a, 0)$ と点 $(0, a, 0)$ にそれぞれ同じ大きさの点電荷 q があるとき，点 $\boldsymbol{x} = (x_1, x_2, x_3)$ における電場は

$$\begin{aligned}
&\boldsymbol{E}(x_1, x_2, x_3) \\
&= \frac{q}{4\pi\varepsilon_0}\left\{\frac{(x_1, x_2 + a, x_3)}{({x_1}^2 + (x_2 + a)^2 + {x_3}^2)^{3/2}} + \frac{(x_1, x_2 - a, x_3)}{({x_1}^2 + (x_2 - a)^2 + {x_3}^2)^{3/2}}\right\}
\end{aligned}$$

となる．流線の様子を図 2.1 に描いている．点 $(0, -a, 0)$ と点 $(0, a, 0)$ にそれぞれ同じ大きさで逆符号の点電荷 $q, -q$ があるとき，点 $\boldsymbol{x} = (x_1, x_2, x_3)$ における電場は

$$\begin{aligned}
&\boldsymbol{E}(x_1, x_2, x_3) \\
&= \frac{q}{4\pi\varepsilon_0}\left\{\frac{(x_1, x_2 + a, x_3)}{({x_1}^2 + (x_2 + a)^2 + {x_3}^2)^{3/2}} - \frac{(x_1, x_2 - a, x_3)}{({x_1}^2 + (x_2 - a)^2 + {x_3}^2)^{3/2}}\right\}
\end{aligned}$$

となる．流線の様子を図 2.2 に描いている．

さて，電荷が空間内のある領域 V に連続的に分布しているとき，点 $\boldsymbol{x}$ における電荷密度を $q(\boldsymbol{x})$ とすると，電荷の総量は $Q = \iiint_V q\, dx_1 dx_2 dx_3$ と表すことができる．この電荷の総量による位置ベクトル $\boldsymbol{r}$ の点における電場は

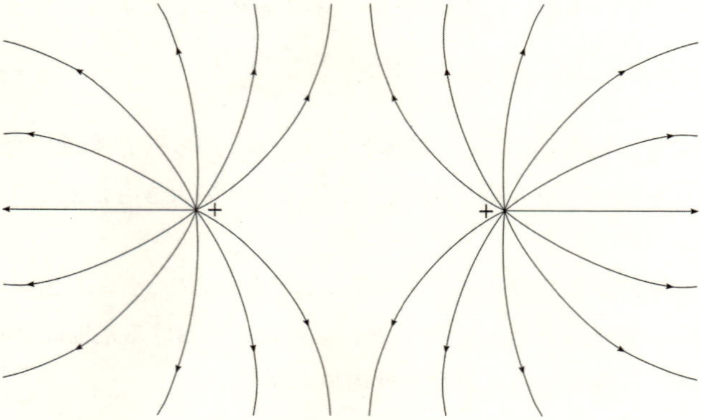

図 2.1 電場 ++

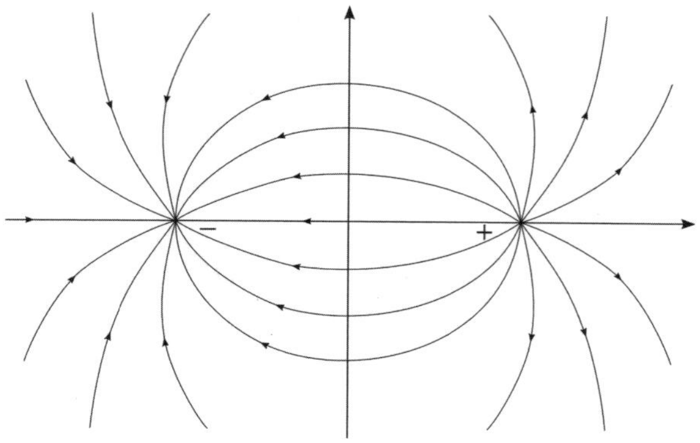

図 2.2 電場 +−

$$\boldsymbol{E}(\boldsymbol{r}) = \iiint_V \frac{q(\boldsymbol{x})}{4\pi\varepsilon_0} \frac{\boldsymbol{r}-\boldsymbol{x}}{\|\boldsymbol{r}-\boldsymbol{x}\|^3} dx_1 dx_2 dx_3$$

で与えられる．q がある領域で滑らかであるならば $\boldsymbol{E}$ もその領域で滑らかである（3.3 節参照）．

2.2 勾配ベクトル

C^1 級関数 f に対して，

$$\operatorname{grad} f = \left(\frac{\partial f}{\partial x_1}, \frac{\partial f}{\partial x_2}, \frac{\partial f}{\partial x_3}\right)$$

によってベクトル場が定まる．これを関数 f の**勾配ベクトル**という．∇f と表すことも多い．

単位ベクトル $\boldsymbol{a} = (a_1, a_2, a_3)$ に対して，$\dfrac{d}{dt} f(\boldsymbol{x} + t\boldsymbol{a})|_{t=0}$ を関数 f の点 $\boldsymbol{x}$ における，$\boldsymbol{a}$ 方向への**方向微分係数**という．合成関数の微分法により

$$\frac{d}{dt} f(\boldsymbol{x} + t\boldsymbol{a})|_{t=0} = a_1 \frac{\partial f}{\partial x_1}(\boldsymbol{x}) + a_2 \frac{\partial f}{\partial x_2}(\boldsymbol{x}) + a_3 \frac{\partial f}{\partial x_3}(\boldsymbol{x}) = (\boldsymbol{a}, \operatorname{grad} f(\boldsymbol{x}))$$

となる．さらに $\operatorname{grad} f(\boldsymbol{x}) \neq \boldsymbol{0}$ のとき，

$$\begin{aligned}(\boldsymbol{a}, \operatorname{grad} f(\boldsymbol{x})) &\leq \|\operatorname{grad} f(\boldsymbol{x}))\| \\ &= \left(\frac{\operatorname{grad} f(\boldsymbol{x})}{\|\operatorname{grad} f(\boldsymbol{x})\|}, \operatorname{grad} f(\boldsymbol{x})\right)\end{aligned}$$

となる．これからわかるように $\mathrm{grad}\, f$ は f が最も大きく増加する方向とその大きささを表しているベクトルである．

ここで演算則を述べる．

命題 2.2.1 (i) 関数 f, g に対して，

$$\mathrm{grad}(f+g) = \mathrm{grad}\, f + \mathrm{grad}\, g$$

$$\mathrm{grad}(fg) = g\,\mathrm{grad}\, f + f\,\mathrm{grad}\, g$$

が成り立つ．

(ii) 1 変数関数 $\eta(t)$ に対して，合成関数 $\eta(f)$ が定まるとき，

$$\mathrm{grad}\, \eta(f) = \eta'(f)\,\mathrm{grad}\, f$$

が成り立つ．これは合成関数の微分法の特別な場合である．

◆**例題 2.2.2** スカラー場 f が，領域上 $\mathrm{grad}\, f = \mathbf{0}$ を満たすならば，f は定数でなければならない．

証明 $\boldsymbol{c}(t)$ $(\alpha \leq t \leq \beta)$ を f が定義されている領域 V 内の滑らかな曲線とする．このとき，

$$\frac{d}{dt} f(\boldsymbol{c}(t)) = (\mathrm{grad}\, f(\boldsymbol{c}(t)), \boldsymbol{c}'(t)) = 0$$

より $f(\boldsymbol{c}(t))$ は一定で，特に曲線の始点と終点での f の値は一致する．領域は（弧状）連結開集合のことであるから，V の任意の 2 点に対して，それらをつなぐ V 内の滑らかな曲線が存在する．したがって f は V 上一定である． ■

ここで条件付き最大値・最小値問題において有用なラグランジュの未定乗数法を述べる．

定理 2.2.3 **(ラグランジュの未定乗数法)** $\boldsymbol{R}^3$ の有界閉領域 $\overline{V}\,(= V \cup \partial V)$ 上の C^1 級関数 f と C^1 級関数 g が与えられている．λ をパラメータとして

$$h_\lambda(x_1, x_2, x_3) = g(x_1, x_2, x_3) + \lambda f(x_1, x_2, x_3)$$

とおく．条件

$$f(x_1, x_2, x_3) = 0$$

のもとでの関数 g の最大値，あるいは最小値を与える点 $P(p_1, p_2, p_3)$ は次の (i), (ii), (iii) のいずれかの点である．

(i) V の境界 ∂V の点 P で，$f(P) = 0$ を満たす．

(ii) $f(P) = 0$ を満たし，$\operatorname{grad} f(P) = \mathbf{0}$ を満たす．

(iii) $f(P) = 0$ を満たし，$\operatorname{grad} f(P) \neq \mathbf{0}$ で，ある λ があって P は h_λ の**臨界点**である，すなわち $\operatorname{grad} h_\lambda(P) = \mathbf{0}$ を満たす．

証明 $f(X) = 0$ を満たす点 X の集まりを S とする．S の点 $P(p_1, p_2, p_3)$ に対して，$g(P)$ が S 上での最大値あるいは最小値であると仮定する．さらに $\operatorname{grad} f(P) \neq \mathbf{0}$ と仮定する．このとき，定理 1.4.1（陰関数定理）より S は P の近傍で曲面となっている．S の点 P での接ベクトル $\boldsymbol{v}$ をとって，ベクトル $\operatorname{grad} g(P)$ を次のように分解することができる．

$$\operatorname{grad} g(P) = \left(\operatorname{grad} g(P), \frac{\operatorname{grad} f(P)}{\|\operatorname{grad} f(P)\|}\right) \frac{\operatorname{grad} f(P)}{\|\operatorname{grad} f(P)\|} + \boldsymbol{v}$$

ここで $\dfrac{\operatorname{grad} f(P)}{\|\operatorname{grad} f(P)\|}$ は S の点 P での単位法ベクトルである．このとき $\boldsymbol{v} \neq \mathbf{0}$ とすると，$\boldsymbol{c}(0) = P$，$\boldsymbol{c}'(0) = \boldsymbol{v}$ を満たす S の中の曲線 $\boldsymbol{c}(t)$ $(-\epsilon < t < \epsilon)$ が見つかる．これに沿って g の変化をみると，

$$\frac{d}{dt} g(\boldsymbol{c}(t))|_{t=0} = (\operatorname{grad} g(P), \boldsymbol{c}'(0)) = (\operatorname{grad} g(P), \boldsymbol{v}) = (\boldsymbol{v}, \boldsymbol{v}) > 0$$

となる．したがって $t < 0$ ならば $g(\boldsymbol{c}(t)) < g(P)$ であり，$t > 0$ ならば $g(\boldsymbol{c}(t)) > g(P)$ となって，g は P で（S 上での）最大値も最小値もとらないことがわかる．よって仮定から $\boldsymbol{v} = \mathbf{0}$ でなければならない．このように $\operatorname{grad} g(P)$ は $\operatorname{grad} f(P)$ と平行となり，$\lambda = -\left(\operatorname{grad} g(P), \dfrac{\operatorname{grad} f(P)}{\|\operatorname{grad} f(P)\|^2}\right)$ と選べばよい． ■

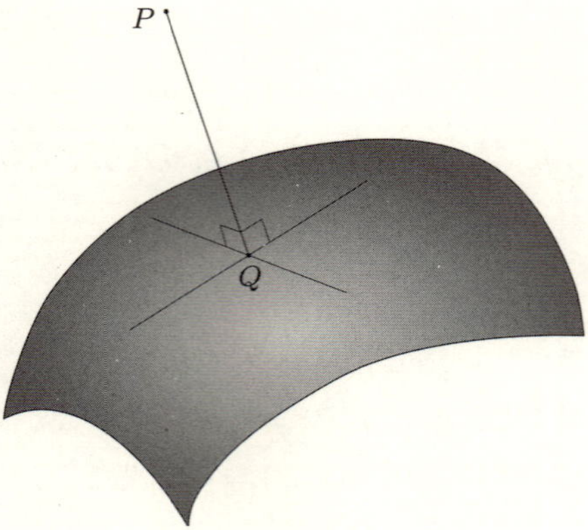

図 2.3 曲面への最短線

◆**例 2.2.4** 領域 V 上の関数 f に対して，$S = \{(x_1, x_2, x_3) \in V \mid f(x_1, x_2, x_3) = 0\}$ とおく．f は C^1 級とする．点 $P(p_1, p_2, p_3)$ を固定し，S の点のうち点 P への距離が最短になるもの，したがって距離の 2 乗 $g(x_1, x_2, x_3) = (x_1 - p_1)^2 + (x_2 - p_2)^2 + (x_3 - p_3)^2$ の S における最小値を与える点を（存在すると仮定して）Q とする．このとき，$\mathrm{grad}\, f(Q) \neq \mathbf{0}$ ならば $\mathrm{grad}\, g(Q)$ は $\mathrm{grad}\, f(Q)$ と平行となる．すなわち Q に関する P の位置ベクトル $\overrightarrow{QP}$ が接平面 $T_Q S$ と直交し，曲面 S の点 Q での法ベクトルとなる（図 2.3）．

2.3 ベクトル場の発散

点 $\boldsymbol{x}$ において，単位ベクトル $\boldsymbol{a} = (a_1, a_2, a_3)$ が与えられたとき，ベクトル場 $\boldsymbol{F} = (f_1, f_2, f_3)$ の $\boldsymbol{a}$ の方向への方向微分は

$$
\begin{aligned}
&\frac{d}{dt}\boldsymbol{F}(\boldsymbol{x} + t\boldsymbol{a})|_{t=0} \\
&= \frac{d}{dt}f_1(\boldsymbol{x} + t\boldsymbol{a})|_{t=0}\, \boldsymbol{e}_1 + \frac{d}{dt}f_2(\boldsymbol{x} + t\boldsymbol{a})|_{t=0}\, \boldsymbol{e}_2 + \frac{d}{dt}f_3(\boldsymbol{x} + t\boldsymbol{a})|_{t=0}\, \boldsymbol{e}_3 \\
&= a_1 \frac{\partial \boldsymbol{F}}{\partial x_1}(\boldsymbol{x}) + a_2 \frac{\partial \boldsymbol{F}}{\partial x_2}(\boldsymbol{x}) + a_3 \frac{\partial \boldsymbol{F}}{\partial x_3}(\boldsymbol{x})
\end{aligned}
$$

となる．この式で

$$\frac{\partial \boldsymbol{F}}{\partial x_1} = \frac{\partial f_1}{\partial x_1}\boldsymbol{e}_1 + \frac{\partial f_2}{\partial x_1}\boldsymbol{e}_2 + \frac{\partial f_3}{\partial x_1}\boldsymbol{e}_3$$
$$\frac{\partial \boldsymbol{F}}{\partial x_2} = \frac{\partial f_1}{\partial x_2}\boldsymbol{e}_1 + \frac{\partial f_2}{\partial x_2}\boldsymbol{e}_2 + \frac{\partial f_3}{\partial x_2}\boldsymbol{e}_3$$
$$\frac{\partial \boldsymbol{F}}{\partial x_3} = \frac{\partial f_1}{\partial x_3}\boldsymbol{e}_1 + \frac{\partial f_2}{\partial x_3}\boldsymbol{e}_2 + \frac{\partial f_3}{\partial x_3}\boldsymbol{e}_3$$

とおいた．この右辺にある 9 個の関数の作る行列

$$d\boldsymbol{F} = \begin{pmatrix} \dfrac{\partial f_1}{\partial x_1} & \dfrac{\partial f_1}{\partial x_2} & \dfrac{\partial f_1}{\partial x_3} \\ \dfrac{\partial f_2}{\partial x_1} & \dfrac{\partial f_2}{\partial x_2} & \dfrac{\partial f_2}{\partial x_3} \\ \dfrac{\partial f_3}{\partial x_1} & \dfrac{\partial f_3}{\partial x_2} & \dfrac{\partial f_3}{\partial x_3} \end{pmatrix}$$

は，ベクトル場 $\boldsymbol{F}$ をそれが定義されている領域 V から $\boldsymbol{R}^3$ への写像

$$\boldsymbol{F} : \Omega \to \boldsymbol{R}^3, \qquad \boldsymbol{F}(\boldsymbol{x}) = (f_1(\boldsymbol{x}), f_2(\boldsymbol{x}), f_3(\boldsymbol{x}))$$

と考えるときのヤコビ行列である．$\boldsymbol{F}$ が勾配ベクトルの場合，すなわち $\boldsymbol{F} = \nabla f$ のとき，$f_1 = \dfrac{\partial f}{\partial x_1}$, $f_2 = \dfrac{\partial f}{\partial x_2}$, $f_3 = \dfrac{\partial f}{\partial x_3}$ であるから

$$d\nabla f = \begin{pmatrix} \dfrac{\partial^2 f}{\partial x_1^2} & \dfrac{\partial^2 f}{\partial x_1 \partial x_2} & \dfrac{\partial^2 f}{\partial x_1 \partial x_3} \\ \dfrac{\partial^2 f}{\partial x_2 \partial x_1} & \dfrac{\partial^2 f}{\partial x_2^2} & \dfrac{\partial^2 f}{\partial x_2 \partial x_3} \\ \dfrac{\partial^2 f}{\partial x_3 \partial x_1} & \dfrac{\partial^2 f}{\partial x_3 \partial x_2} & \dfrac{\partial^2 f}{\partial x_3^2} \end{pmatrix}$$

となって $d\nabla f$ は対称行列である．これを関数 f の**ヘッセ行列**という．

さて，行列 $d\boldsymbol{F}$ の対角成分上の要素の和，すなわちトレースをベクトル場 $\boldsymbol{F} = (f_1, f_2, f_3)$ の**発散**といい，$\operatorname{div} \boldsymbol{F}$ と表す．すなわち，

$$\operatorname{div} \boldsymbol{F} = \frac{\partial f_1}{\partial x_1} + \frac{\partial f_2}{\partial x_2} + \frac{\partial f_3}{\partial x_3}$$

と定める．ここで演算の規則を述べる．

命題 2.3.1 ベクトル場 $\boldsymbol{F}, \boldsymbol{G}$ とスカラー場 f に対して，以下の等式が成り立つ．

(i) $\operatorname{div}(\boldsymbol{F}+\boldsymbol{G}) = \operatorname{div}\boldsymbol{F} + \operatorname{div}\boldsymbol{G}$

(ii) $\operatorname{div} f\boldsymbol{G} = (\operatorname{grad} f, \boldsymbol{G}) + f \operatorname{div}\boldsymbol{G}$

証明 (i) は定義より明らかである．(ii) を確認する．$\boldsymbol{G} = (g_1, g_2, g_3)$ とする．このとき，

$$\begin{aligned}\operatorname{div} fG &= \frac{\partial f g_1}{\partial x_1} + \frac{\partial f g_2}{\partial x_2} + \frac{\partial f g_3}{\partial x_3} \\ &= \frac{\partial f}{\partial x_1}\, g_1 + \frac{\partial f}{\partial x_2}\, g_2 + \frac{\partial f}{\partial x_3}\, g_3 + f\left(\frac{\partial g_1}{\partial x_1} + \frac{\partial g_2}{\partial x_2} + \frac{\partial g_3}{\partial x_3}\right) \\ &= (\operatorname{grad} f, \boldsymbol{G}) + f \operatorname{div}\boldsymbol{G}\end{aligned}$$

となる． ■

$\boldsymbol{F} = \operatorname{grad} f$ のとき，

$$\operatorname{div}\boldsymbol{F} = \operatorname{div}\operatorname{grad} f = \frac{\partial^2 f}{\partial x_1^2} + \frac{\partial^2 f}{\partial x_2^2} + \frac{\partial^2 f}{\partial x_3^2}$$

となる． $\operatorname{div}\operatorname{grad} f$ あるいは $\operatorname{div}\nabla f$ を Δf と書く．Δf は f のヘッセ行列 $d\nabla f$ のトレースである．

$$\Delta = \frac{\partial^2}{\partial x_1^2} + \frac{\partial^2}{\partial x_2^2} + \frac{\partial^2}{\partial x_3^2}$$

を**ラプラス作用素**といい，Δf を f の**ラプラシアン**という．$\Delta f = 0$ を**ラプラスの方程式**といい，この方程式の解を**調和関数**という．スカラー場 q が与えられているとき，$\Delta f = -q$ を**ポアソンの方程式**という．

◆**例 2.3.2** $\boldsymbol{E}$ を電場，ϕ を電位（スカラーポテンシャル），ρ を電荷密度とすれば，

$$\boldsymbol{E} = -\operatorname{grad}\phi, \qquad \rho = \operatorname{div}\boldsymbol{E} = -\Delta\phi$$

すなわち，ポアソンの方程式 $\Delta\phi = -\rho$ が成り立つ．電荷のないところでは $\Delta\phi = 0$ となり，これはラプラスの方程式である．

◆例題 2.3.3　$\boldsymbol{r}_P = \boldsymbol{r} - \boldsymbol{r}(P)$ を定点 $P(p_1, p_2, p_3)$ に関する位置ベクトルとし，r_P を P への距離 $\|\boldsymbol{r}_P\| = \sqrt{(x_1-p_1)^2+(x_2-p_2)^2+(x_3-p_3)^2}$ とする．次のベクトル場の発散を求めよ．

(i)　$\boldsymbol{E} = \operatorname{grad} r_P$

(ii)　$\boldsymbol{F} = \dfrac{1}{2}\operatorname{grad} {r_P}^2$

(iii)　$\boldsymbol{G} = -\operatorname{grad}\left(\dfrac{1}{r_P}\right)$

証明　$\operatorname{grad} r_P = \dfrac{1}{r_P}(x_1-p_1, x_2-p_2, x_3-p_3)$ より $\operatorname{div}\boldsymbol{E} = \dfrac{2}{r_P}$ となる．次にスカラー場 $\dfrac{1}{2}r_P^2$ のヘッセ行列は単位行列となり，特にトレースは3である．したがって $\operatorname{div}\boldsymbol{F} = 3$ となる．最後に $\boldsymbol{G} = -\operatorname{grad}\left(\dfrac{1}{r_P}\right)$ を成分で表すと，

$$\boldsymbol{G}(\boldsymbol{x}) = \left(\frac{x_1-p_1}{r_P(\boldsymbol{x})^3}, \frac{x_2-p_2}{r_P(\boldsymbol{x})^3}, \frac{x_3-p_3}{r_P(\boldsymbol{x})^3}\right)$$

となる．したがって

$$\begin{aligned}\operatorname{div}\boldsymbol{G} &= \frac{\partial}{\partial x_1}\left(\frac{x_1-p_1}{r_P(\boldsymbol{x})^3}\right) + \frac{\partial}{\partial x_2}\left(\frac{x_2-p_2}{r_P(\boldsymbol{x})^3}\right) + \frac{\partial}{\partial x_3}\left(\frac{x_3-p_3}{r_P(\boldsymbol{x})^3}\right)\\ &= \frac{3}{r_P(\boldsymbol{x})^3} - \frac{3}{r_P(\boldsymbol{x})^5}\left((x_1-p_1)^2+(x_2-p_2)^2+(x_3-p_3)^2\right)\\ &= 0\end{aligned}$$

■

ベクトル場 $\operatorname{grad}\dfrac{1}{2}r_P^2$ は空間 $\boldsymbol{R}^3$ 全体で定義されているが，ベクトル場 $\operatorname{grad} r_P$ と $-\operatorname{grad}\left(\dfrac{1}{r_P}\right)$ は，$\boldsymbol{R}^3$ から点 P を除いた領域で定義されている． 一般に $(0,\infty)$ 上の C^2 級関数 $\eta(t)$ に対して，$\eta(r_P)$ の勾配ベクトルとラプラシアンは次で与えられる．

$$\operatorname{grad}\eta(r_P) = \eta'(r_P)\operatorname{grad} r_P = \frac{\eta'(r_P)}{r_P}\boldsymbol{r}_P$$

$$\operatorname{div}\operatorname{grad}\eta(r_P) = \eta''(r_P) + \frac{2\eta'(r_P)}{r_P}$$

◆**例題 2.3.4** q を $[0,+\infty)$ 上の連続関数として，定数 a に対して，

$$g_a(r) = \int_r^a q(t)t\,dt + \frac{1}{r}\int_0^r q(t)t^2\,dt$$

とおく．このとき，$g_a(r)$ はポアソン方程式

$$\Delta g_a(r) = -q(r)$$

を満たす．さらに広義積分 $\int_0^\infty |q(t)|t\,dt$ が有限の値であるならば，

$$g_\infty(r) = \int_r^\infty q(t)t\,dt + \frac{1}{r}\int_0^r q(t)t^2\,dt \tag{2.1}$$

も同じポアソン方程式の解である．これは，無限遠方で 0 に近づいていくただ一つの解で

$$g_\infty(r(P)) = \frac{1}{4\pi}\iiint_{\boldsymbol{R}^3} \frac{q(r)}{r_P}dx_1dx_2dx_3$$

と表される（例題 1.3.4 参照）．

証明 実際

$$\Delta g_a(r) = {g_a}''(r) + \frac{2}{r}\,{g_a}'(r) = -q(r)$$

が成り立つ．$q_\infty(r)$ についても同様である．さらに $r \to \infty$ のとき，$g_\infty(r)$ は 0 に収束する．なぜならば，任意の正の数 ε に対して，大きい数 b をとると $\displaystyle\int_b^\infty |q(t)|tdt < \varepsilon/2$ となり，$\displaystyle\frac{1}{r_\varepsilon}\int_0^b |q(t)|t^2dt < \varepsilon/2$ を満たす十分大きい r_ε をとると，$r \geq r_\varepsilon$ を満たすすべての r に対して，

$$\begin{aligned}\left|\frac{1}{r}\int_0^r q(t)t^2dt\right| &= \left|\frac{1}{r}\int_0^b q(t)t^2dt + \frac{1}{r}\int_b^r q(t)t^2dt\right| \\ &\leq \frac{1}{r_\varepsilon}\int_0^b |q(t)|t^2dt + \int_b^r |q(t)|tdt \\ &\leq \frac{1}{r_\varepsilon}\int_0^b |q(t)|t^2dt + \int_b^\infty |q(t)|tdt \\ &\leq \varepsilon/2 + \varepsilon/2 = \varepsilon\end{aligned}$$

となるからである．これは $\lim_{r\to\infty} g_\infty(r) = 0$ を示している．

また，関数 f が同じポアソン方程式を満たし，$r \to \infty$ のとき $f(\boldsymbol{r})$ が 0 に収束するならば，$h(\boldsymbol{r}) = g_\infty(\boldsymbol{r}) - f(\boldsymbol{r})$ は，$r \to \infty$ のとき 0 に収束する $\boldsymbol{R}^3$ 上の調和関数である．ところが後述の調和関数に関する最大値・最小値の原理（定理 3.2.6，系 3.2.7）から h は恒等的に 0 であることがわかる．このようにして解の一意性が示される． ■

◆**例 2.3.5**　半径 a の球体の内側に全電荷 Q が一様に分布しているときの静電場 $\boldsymbol{E}(\boldsymbol{r})$ と電位 ϕ を求める．$q(r) = \dfrac{3Q}{4\pi\varepsilon_0 a^3}\,(0 \le r \le a)$，$q(r) = 0\,(a \le r)$ とおく．（q は $r = a$ で連続ではないが）(2.1) に入れて計算すると，電位は

$$\phi(r) = \begin{cases} -\dfrac{Q}{8\pi\varepsilon_0 a^3} r^2 + \dfrac{3Q}{8\pi\varepsilon_0 a} & (0 \le r \le a) \\ \dfrac{Q}{4\pi\varepsilon_0}\dfrac{1}{r} & (a \le r) \end{cases}$$

で与えられる．静電場は

$$\boldsymbol{E}(\boldsymbol{r}) = \begin{cases} -\dfrac{Q}{4\pi\varepsilon_0 a^3}\,\boldsymbol{r} & (0 \le r \le a) \\ -\dfrac{Q}{4\pi\varepsilon_0}\dfrac{\boldsymbol{r}}{r^3} & (a \le r) \end{cases}$$

である．$r \ge a$ においては，$\boldsymbol{E}$ は全電荷 Q が中心 O に点電荷として集中している電場と同じであることに注意する（例 2.1.2 参照）．また，$\boldsymbol{E}(\boldsymbol{r})$ は球面 $S^2(a)$ において連続ではあるが，微分可能ではない．

$\boldsymbol{R}^3$ 上の滑らかなスカラー場 q に対して，ポアソン方程式

$$\Delta f = -q \tag{2.2}$$

を考える．もし二つの解 f_1, f_2 があれば，$f_1 - f_2$ は調和関数となる．また，解 f_1 に調和関数 h を加えた $f_1 + h$ も同じポアソン方程式の解である．上の例題 2.3.4 で述べたように，もし q がある点からの距離のみによって決まる関数ならば，確かに上の方程式の解を見つけることができる．実はこのような関数に限らずどのような q に対しても (2.2) の解が豊富に存在することがわかる（補題

3.4.2 参照). その証明において, 次に紹介する調和関数の豊富さを示す一つの事実が重要な役割を果たす.

命題 2.3.6 K を $\boldsymbol{R}^3$ の有界閉集合とし, その補集合 $\boldsymbol{R}^3 \setminus K$ は一つの非有界な領域からなると仮定する. このとき, K を含むある開集合で定義された調和関数 h, 任意の正の整数 m, n に対して, $\displaystyle\sum_{i,j,k=0,1,\ldots,m} \left| \frac{\partial^{i+j+k}(h_n - h)}{\partial x_1^i \partial x_2^j \partial x_3^k} \right|$ の K における最大値が $\dfrac{1}{n}$ を超えないような, $\boldsymbol{R}^3$ 全体で定義された調和関数 h_n が存在する.

h_n を調和な多項式としてもよいことが知られている (たとえば [4] 参照). 2次多項式 $x_1x_2 + x_2x_3 + x_3x_1$, 3次多項式 $x_1^2(x_2 - x_3) + x_2^2(x_3 - x_1) + x_3^2(x_1 - x_2)$, $x_1^3 + x_2^3 + x_3^3 - 3(x_1x_2^2 + x_2x_3^2 + x_3x_1^2)$ などは調和関数である.

2.4 ベクトル場の回転

ベクトル場の回転を定義することから始める.

空間内の領域上のベクトル場 $\boldsymbol{A} = (a_1, a_2, a_3)$ に対して次のように定まるベクトル場を $\boldsymbol{A}$ の**回転**とよび, $\mathrm{rot}\,\boldsymbol{A}$ と表す.

$$\mathrm{rot}\,\boldsymbol{A} = \left(\frac{\partial a_3}{\partial x_2} - \frac{\partial a_2}{\partial x_3}, \frac{\partial a_1}{\partial x_3} - \frac{\partial a_3}{\partial x_1}, \frac{\partial a_2}{\partial x_1} - \frac{\partial a_1}{\partial x_2} \right)$$

$\mathrm{curl}\,\boldsymbol{A}$ という記号を用いることもある.

次のように形式的に行列式の記号を借りて

$$\begin{aligned}
\mathrm{rot}\,\boldsymbol{A} &= \begin{vmatrix} \boldsymbol{e}_1 & \boldsymbol{e}_2 & \boldsymbol{e}_3 \\ \dfrac{\partial}{\partial x_1} & \dfrac{\partial}{\partial x_2} & \dfrac{\partial}{\partial x_3} \\ a_1 & a_2 & a_3 \end{vmatrix} \\
&= \begin{vmatrix} \dfrac{\partial}{\partial x_2} & \dfrac{\partial}{\partial x_3} \\ a_2 & a_3 \end{vmatrix} \boldsymbol{e}_1 + \begin{vmatrix} \dfrac{\partial}{\partial x_3} & \dfrac{\partial}{\partial x_1} \\ a_3 & a_1 \end{vmatrix} \boldsymbol{e}_2 + \begin{vmatrix} \dfrac{\partial}{\partial x_1} & \dfrac{\partial}{\partial x_2} \\ a_1 & a_2 \end{vmatrix} \boldsymbol{e}_3 \\
&= \left(\frac{\partial a_3}{\partial x_2} - \frac{\partial a_2}{\partial x_3} \right) \boldsymbol{e}_1 + \left(\frac{\partial a_1}{\partial x_3} - \frac{\partial a_3}{\partial x_1} \right) \boldsymbol{e}_2 + \left(\frac{\partial a_2}{\partial x_1} - \frac{\partial a_1}{\partial x_2} \right) \boldsymbol{e}_3
\end{aligned}$$

と表すことができる．ここで $\dfrac{\partial}{\partial x_2}a_1 = \dfrac{\partial a_1}{\partial x_2}$ などと解釈している．

まず，演算の規則を述べる．

命題 2.4.1　スカラー場 f とベクトル場 $\boldsymbol{A}, \boldsymbol{B}$ に対して，以下の等式が成り立つ．

(i) $\mathrm{rot}\,(\boldsymbol{A}+\boldsymbol{B}) = \mathrm{rot}\,\boldsymbol{A} + \mathrm{rot}\,\boldsymbol{B}$

(ii) $\mathrm{rot}(f\boldsymbol{A}) = f\,\mathrm{rot}\,\boldsymbol{A} + (\mathrm{grad}\,f)\times\boldsymbol{A}$

証明　(i) の検証は省略して，(ii) を確認すると，

$$
\begin{aligned}
\mathrm{rot}(f\boldsymbol{A}) &= \begin{vmatrix} \boldsymbol{e}_1 & \boldsymbol{e}_2 & \boldsymbol{e}_3 \\ \dfrac{\partial}{\partial x_1} & \dfrac{\partial}{\partial x_2} & \dfrac{\partial}{\partial x_3} \\ fa_1 & fa_2 & fa_3 \end{vmatrix} \\
&= \begin{vmatrix} \dfrac{\partial}{\partial x_2} & \dfrac{\partial}{\partial x_3} \\ fa_2 & fa_3 \end{vmatrix} \boldsymbol{e}_1 + \begin{vmatrix} \dfrac{\partial}{\partial x_3} & \dfrac{\partial}{\partial x_1} \\ fa_3 & fa_1 \end{vmatrix} \boldsymbol{e}_2 + \begin{vmatrix} \dfrac{\partial}{\partial x_1} & \dfrac{\partial}{\partial x_2} \\ fa_1 & fa_2 \end{vmatrix} \boldsymbol{e}_3 \\
&= f \begin{vmatrix} \boldsymbol{e}_1 & \boldsymbol{e}_2 & \boldsymbol{e}_3 \\ \dfrac{\partial}{\partial x_1} & \dfrac{\partial}{\partial x_2} & \dfrac{\partial}{\partial x_3} \\ a_1 & a_2 & a_3 \end{vmatrix} + \begin{vmatrix} \boldsymbol{e}_1 & \boldsymbol{e}_2 & \boldsymbol{e}_3 \\ \dfrac{\partial f}{\partial x_1} & \dfrac{\partial f}{\partial x_2} & \dfrac{\partial f}{\partial x_3} \\ a_1 & a_2 & a_3 \end{vmatrix} \\
&= f\,\mathrm{rot}\,\boldsymbol{A} + (\mathrm{grad}\,f)\times\boldsymbol{A}
\end{aligned}
$$

となる．■

◆**例 2.4.2**　定ベクトル $\boldsymbol{a} = (a_1, a_2, a_3)$ と，定点 $Q(q_1, q_2, q_3)$ に関する位置ベクトル $\boldsymbol{r}_Q = (x_1 - q_1, x_2 - q_2, x_3 - q_3)$ との外積によって定義されるベクトル場 $\boldsymbol{a}\times\boldsymbol{r}_Q$ に対して，

$$\mathrm{rot}(\boldsymbol{a}\times\boldsymbol{r}_Q) = 2\boldsymbol{a}$$

である．実際 $\boldsymbol{a}\times\boldsymbol{r}_Q$ を求めると，

$$\begin{aligned}\boldsymbol{a} \times \boldsymbol{r}_Q = (&a_2(x_3 - q_3) - a_3(x_2 - q_2), a_3(x_1 - q_1) - a_1(x_3 - q_3),\\ &a_1(x_2 - q_2) - a_2(x_1 - q_1))\end{aligned}$$

であるから，

$$\operatorname{rot}(\boldsymbol{a} \times \boldsymbol{r}_Q) = \begin{vmatrix} \boldsymbol{e}_1 & \boldsymbol{e}_2 & \boldsymbol{e}_3 \\ \dfrac{\partial}{\partial x_1} & \dfrac{\partial}{\partial x_2} & \dfrac{\partial}{\partial x_3} \\ a_2x_3 - a_3x_2 & a_3x_1 - a_1x_3 & a_1x_2 - a_2x_1 \end{vmatrix} = 2\boldsymbol{a}$$

となる．

3 次行列 $A = \begin{pmatrix} 0 & a_3 & -a_2 \\ -a_3 & 0 & a_1 \\ a_2 & -a_1 & 0 \end{pmatrix}$ とおいて

$$\boldsymbol{a} \times \boldsymbol{r}_Q = (\boldsymbol{r} - \boldsymbol{r}(Q))\, A$$

と表すこともできる（例 2.8.5 参照）．

さて，点 Q を通り，$\boldsymbol{a}$ の方向の直線を L とする．このとき，空間の点 P に対し，ベクトル場 $\boldsymbol{a} \times \boldsymbol{r}_Q$ の流線 $\boldsymbol{c}_P$ で $\boldsymbol{c}_P(0) = P$ を満たすものは，

$$\boldsymbol{b} = \boldsymbol{r}(P) - \boldsymbol{r}(Q), \quad \boldsymbol{c} = \frac{\boldsymbol{a}}{\|\boldsymbol{a}\|} \times \left(\boldsymbol{b} - \frac{(\boldsymbol{b}, \boldsymbol{a})}{(\boldsymbol{a}, \boldsymbol{a})}\boldsymbol{a}\right)$$

とおいて，次のように与えられる．

$$\boldsymbol{c}_P(t) = \cos(\|\boldsymbol{a}\|t) \left(\boldsymbol{b} - \frac{(\boldsymbol{b}, \boldsymbol{a})}{(\boldsymbol{a}, \boldsymbol{a})}\boldsymbol{a}\right) + \sin(\|\boldsymbol{a}\|t)\, \boldsymbol{c} + \frac{(\boldsymbol{b}, \boldsymbol{a})}{(\boldsymbol{a}, \boldsymbol{a})}\boldsymbol{a} + \boldsymbol{r}(Q)$$

実際 $\left(\boldsymbol{a}, \boldsymbol{b} - \dfrac{(\boldsymbol{b}, \boldsymbol{a})}{(\boldsymbol{a}, \boldsymbol{a})}\boldsymbol{a}\right) = 0$, $\boldsymbol{a} \times \boldsymbol{c} = -\|\boldsymbol{a}\| \left(\boldsymbol{b} - \dfrac{(\boldsymbol{b}, \boldsymbol{a})}{(\boldsymbol{a}, \boldsymbol{a})}\boldsymbol{a}\right)$（命題 1.1.2 (vi) 参照）に注意すると，$\boldsymbol{c}_P(t)$ は，$\boldsymbol{c}_P(0) = P$ かつ

$$\boldsymbol{c}'_P(t) = \boldsymbol{a} \times (\boldsymbol{c}_P(t) - \boldsymbol{r}(Q)) \quad (-\infty < t < +\infty)$$

を満たす．$\boldsymbol{c}_P(t)$ は，角速度 $\|\boldsymbol{a}\|$ で直線 L の周りを回転する質点の運動を表す（図 2.4）．右ねじを $\boldsymbol{c}_P$ の回転する向きに回すとき，ベクトル $\boldsymbol{a}$ がねじの進む方向となっている．$\boldsymbol{a}$ を**角速度ベクトル**という．

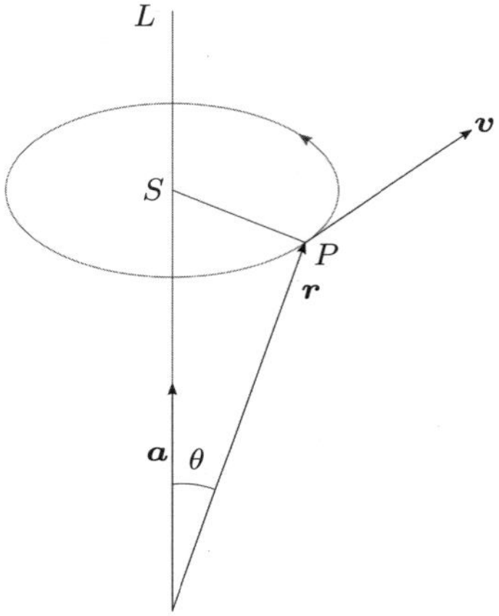

図 2.4 回転軸をもつベクトル場

◆**例 2.4.3** ベクトル場 $\boldsymbol{A} = (x_2x_3, x_3x_1, x_1x_2)$ の発散と回転を求めると，$\operatorname{div}\boldsymbol{A} = 0$ で，かつ

$$\begin{aligned}
\operatorname{rot}\boldsymbol{A} &= \begin{vmatrix} \boldsymbol{e}_1 & \boldsymbol{e}_2 & \boldsymbol{e}_3 \\ \dfrac{\partial}{\partial x_1} & \dfrac{\partial}{\partial x_2} & \dfrac{\partial}{\partial x_3} \\ x_2x_3 & x_3x_1 & x_1x_2 \end{vmatrix} \\
&= \left(\frac{\partial(x_1x_2)}{\partial x_2} - \frac{\partial(x_3x_1)}{\partial x_3}\right)\boldsymbol{e}_1 + \left(\frac{\partial(x_2x_3)}{\partial x_3} - \frac{\partial(x_1x_2)}{\partial x_1}\right)\boldsymbol{e}_2 \\
&\quad + \left(\frac{\partial(x_3x_1)}{\partial x_1} - \frac{\partial(x_2x_3)}{\partial x_2}\right)\boldsymbol{e}_3 \\
&= (x_1 - x_1)\boldsymbol{e}_1 + (x_2 - x_2)\boldsymbol{e}_2 + (x_3 - x_3)\boldsymbol{e}_3 \\
&= \boldsymbol{0}
\end{aligned}$$

である（練習問題 2 の 1 参照）．

◆**例 2.4.4** ベクトル場 $\boldsymbol{B} = (u(x_1, x_2), v(x_1, x_2), 0)$ に対して $\operatorname{div}\boldsymbol{B} = \dfrac{\partial \mathrm{u}}{\partial \mathrm{x}_1} + \dfrac{\partial \mathrm{v}}{\partial \mathrm{x}_2}$，$\operatorname{rot}\boldsymbol{B} = \left(0, 0, \dfrac{\partial \mathrm{v}}{\partial \mathrm{x}_1} - \dfrac{\partial \mathrm{u}}{\partial \mathrm{x}_2}\right)$ となる．したがって方程式 $\operatorname{div}\boldsymbol{B} = 0$ かつ $\operatorname{rot}\boldsymbol{B} = \boldsymbol{0}$ は，コーシー－リーマン方程式

$$\frac{\partial u}{\partial x_1} + \frac{\partial v}{\partial x_2} = 0$$
$$\frac{\partial u}{\partial x_2} - \frac{\partial v}{\partial x_1} = 0$$

のことである．よく知られているように，この方程式が満たされていることと，$f(z) = u(z) + \sqrt{-1}\,v(z)$ $(z = x_1 + \sqrt{-1}\,x_2)$ が複素解析関数（正則関数）であることが同値となる．また，このとき $f(z)$ は複素微分可能で，

$$\frac{df}{dz} = \frac{\partial u}{\partial x_1} + \sqrt{-1}\frac{\partial v}{\partial x_1} = \frac{\partial v}{\partial x_2} - \sqrt{-1}\frac{\partial u}{\partial x_2}$$

で計算される．

さて，ベクトル場 $\boldsymbol{F} = (f_1, f_2, f_3)$ は，点 P の近くで

$$\boldsymbol{F}(P + \boldsymbol{x}) = \boldsymbol{F}(P) + (x_1, x_2, x_3)d\boldsymbol{F}(P) + \boldsymbol{o}(\boldsymbol{x})$$

と表すことができる．ただし $\boldsymbol{o}(\boldsymbol{x})$ は $\|\boldsymbol{o}(\boldsymbol{x})\| = o(\|\boldsymbol{x}\|)$ となるベクトルである．ここで o（スモールオウ）はランダウの記号である．次に

$$\mathcal{S}(d\boldsymbol{F}) = \frac{1}{2}(d\boldsymbol{F} + (d\boldsymbol{F})^T)$$
$$= \frac{1}{2}\begin{pmatrix} 2\frac{\partial f_1}{\partial x_1} & \frac{\partial f_2}{\partial x_1} + \frac{\partial f_1}{\partial x_2} & \frac{\partial f_3}{\partial x_1} + \frac{\partial f_1}{\partial x_3} \\ \frac{\partial f_1}{\partial x_2} + \frac{\partial f_2}{\partial x_1} & 2\frac{\partial f_2}{\partial x_2} & \frac{\partial f_3}{\partial x_2} + \frac{\partial f_2}{\partial x_3} \\ \frac{\partial f_1}{\partial x_3} + \frac{\partial f_3}{\partial x_1} & \frac{\partial f_2}{\partial x_3} + \frac{\partial f_3}{\partial x_2} & 2\frac{\partial f_3}{\partial x_3} \end{pmatrix}$$
$$\mathcal{A}(d\boldsymbol{F}) = \frac{1}{2}(d\boldsymbol{F} - (d\boldsymbol{F})^T)$$
$$= \frac{1}{2}\begin{pmatrix} 0 & \frac{\partial f_1}{\partial x_2} - \frac{\partial f_2}{\partial x_1} & \frac{\partial f_1}{\partial x_3} - \frac{\partial f_3}{\partial x_1} \\ \frac{\partial f_2}{\partial x_1} - \frac{\partial f_1}{\partial x_2} & 0 & \frac{\partial f_2}{\partial x_3} - \frac{\partial f_3}{\partial x_2} \\ \frac{\partial f_3}{\partial x_1} - \frac{\partial f_1}{\partial x_3} & \frac{\partial f_3}{\partial x_2} - \frac{\partial f_2}{\partial x_3} & 0 \end{pmatrix}$$

とおき，$d\boldsymbol{F} = \mathcal{S}(d\boldsymbol{F}) + \mathcal{A}(d\boldsymbol{F})$ と分解する．このとき，直接の計算から

$$(x_1, x_2, x_3)\mathcal{A}(d\boldsymbol{F}(P)) = \frac{1}{2}(x_1, x_2, x_3) \times \mathrm{rot}\,\boldsymbol{F}(P)$$

を確かめることができる．このベクトル場の流線は，回転軸 $\mathrm{rot}\,\boldsymbol{F}(P)$ のまわりの角速度 $\|\mathrm{rot}\,\boldsymbol{F}(P)\|/2$ の回転運動を表している（例 2.4.2 参照）．特にこの流線が表す流れによって領域が移動するとき体積の変化は現れない．

また，$\mathcal{A}(d\boldsymbol{F}(P)) = \begin{pmatrix} 0 & -a_3 & a_2 \\ a_3 & 0 & -a_1 \\ -a_2 & a_1 & 0 \end{pmatrix}$ とおき，

$$\begin{aligned} v_1(\boldsymbol{x}) &= \frac{1}{3}(a_1x_2^2 + a_1x_3^2 - a_3x_1x_3 - a_2x_1x_2) \\ v_2(\boldsymbol{x}) &= \frac{1}{3}(a_2x_1^2 + a_2x_3^2 - a_1x_1x_2 - a_3x_2x_3) \\ v_3(\boldsymbol{x}) &= \frac{1}{3}(a_3x_1^2 + a_3x_2^2 - a_1x_1x_3 - a_2x_2x_3) \end{aligned}$$

とすると，ベクトル場 $\boldsymbol{V} = (v_1, v_2, v_3)$ は

$$\mathrm{rot}\,\boldsymbol{V}(x_1, x_2, x_3) = (x_1, x_2, x_3)\mathcal{A}(d\boldsymbol{F}(P))$$

を満たす．さらに $\mathcal{S}(d\boldsymbol{F}(P)) = \begin{pmatrix} b_1 & b_4 & b_6 \\ b_4 & b_2 & b_5 \\ b_6 & b_5 & b_3 \end{pmatrix}$ とおき，

$$g(x_1, x_2, x_3) = \frac{1}{2}b_1x_1^2 + \frac{1}{2}b_2x_2^2 + \frac{1}{2}b_3x_3^2 + b_4x_1x_2 + b_5x_2x_3 + b_6x_3x_1$$

とすると，関数 g は

$$\mathrm{grad}\,g(x_1, x_2, x_3) = (x_1, x_2, x_3)\mathcal{S}(d\boldsymbol{F}(P))$$

を満たす．このようにベクトル場 $\boldsymbol{F} = (f_1, f_2, f_3)$ は点 P の近くで

$$\boldsymbol{F}(P + \boldsymbol{x}) = \boldsymbol{F}(P) + \mathrm{grad}\,g(x_1, x_2, x_3) + \mathrm{rot}\,\boldsymbol{V}(x_1, x_2, x_3) + \boldsymbol{o}(\boldsymbol{x})$$

と表すことができる．特に $\mathrm{div}\,\boldsymbol{F}(P + \boldsymbol{x}) = \mathrm{div}\,\mathrm{grad}\,g(\boldsymbol{x}) + o(1)$ である．$\mathrm{grad}\,g$ の流線によって表される流れによって領域が移動するとき伸縮が起こり体積の変化が現れる（例 2.8.5，練習問題 3 の 3 参照）．

命題 2.4.5　以下の等式が成り立つ.

(i) $\mathrm{div}(\boldsymbol{A}\times\boldsymbol{B}) = (\mathrm{rot}\,\boldsymbol{A},\boldsymbol{B}) - (\boldsymbol{A},\mathrm{rot}\,\boldsymbol{B})$

(ii) $\mathrm{rot}\,\mathrm{rot}\,\boldsymbol{A} = \mathrm{grad}\,\mathrm{div}\,\boldsymbol{A} - \Delta\boldsymbol{A}$

証明　定義に従って (i) を検証すると,

$$
\begin{aligned}
&\mathrm{div}(\boldsymbol{A}\times\boldsymbol{B})\\
&= \frac{\partial}{\partial x_1}(a_2b_3 - a_3b_2) + \frac{\partial}{\partial x_2}(a_3b_1 - a_1b_3) + \frac{\partial}{\partial x_3}(a_1b_2 - a_2b_1)\\
&= \left(\frac{\partial a_3}{\partial x_2} - \frac{\partial a_2}{\partial x_3}\right)b_1 + \left(\frac{\partial a_1}{\partial x_3} - \frac{\partial a_3}{\partial x_1}\right)b_2 + \left(\frac{\partial a_2}{\partial x_1} - \frac{\partial a_1}{\partial x_2}\right)b_3\\
&\quad -a_1\left(\frac{\partial b_3}{\partial x_2} - \frac{\partial b_2}{\partial x_3}\right) - a_2\left(\frac{\partial b_1}{\partial x_3} - \frac{\partial b_3}{\partial x_1}\right) - a_3\left(\frac{\partial b_2}{\partial x_1} - \frac{\partial b_1}{\partial x_2}\right)\\
&= (\mathrm{rot}\,\boldsymbol{A},\boldsymbol{B}) - (\boldsymbol{A},\mathrm{rot}\,\boldsymbol{B})
\end{aligned}
$$

次に (ii) を検証する.

$$
\begin{aligned}
(\mathrm{rot}\,\mathrm{rot}\,\boldsymbol{A},\boldsymbol{e}_1) &= \frac{\partial}{\partial x_2}\left(\frac{\partial a_2}{\partial x_1} - \frac{\partial a_1}{\partial x_2}\right) - \frac{\partial}{\partial x_3}\left(\frac{\partial a_1}{\partial x_3} - \frac{\partial a_3}{\partial x_1}\right)\\
&= \frac{\partial}{\partial x_1}\left(\frac{\partial a_1}{\partial x_1} + \frac{\partial a_2}{\partial x_2} + \frac{\partial a_3}{\partial x_3}\right) - \left(\frac{\partial^2 a_1}{\partial {x_1}^2} + \frac{\partial^2 a_1}{\partial {x_2}^2} + \frac{\partial^2 a_1}{\partial {x_3}^2}\right)\\
&= (\mathrm{grad}\,\mathrm{div}\,\boldsymbol{A} - \Delta\boldsymbol{A},\boldsymbol{e}_1)
\end{aligned}
$$

となる. 同様に

$$
(\mathrm{rot}\,\mathrm{rot}\,\boldsymbol{A},\boldsymbol{e}_2) = (\mathrm{grad}\,\mathrm{div}\,\boldsymbol{A} - \Delta\boldsymbol{A},\boldsymbol{e}_2)
$$
$$
(\mathrm{rot}\,\mathrm{rot}\,\boldsymbol{A},\boldsymbol{e}_3) = (\mathrm{grad}\,\mathrm{div}\,\boldsymbol{A} - \Delta\boldsymbol{A},\boldsymbol{e}_3)
$$

となり, $\mathrm{rot}\,\mathrm{rot}\,\boldsymbol{A} = \mathrm{grad}\,\mathrm{div}\,\boldsymbol{A} - \Delta\boldsymbol{A}$ が成り立つ. ■

次の演算の規則は, それぞれの定義から直ちに確かめられることであるが, 重要である.

定理 2.4.6　(i) 任意のスカラー場 f に対して, $\mathrm{rot}\,\mathrm{grad}\,f = \mathbf{0}$ が成り立つ.

(ii) 任意のベクトル場 $\boldsymbol{F}$ に対して，$\operatorname{div}\operatorname{rot}\boldsymbol{F} = 0$ が成り立つ．

証明 (i) については，f のヘッセ行列 $d\nabla f$ は対称行列であるから，$\mathcal{A}(d\nabla f) = 0$ であり，したがって $\operatorname{rot}\nabla f = 0$ が従う．(ii) については，定義に従って直接計算すればよい． ■

命題 2.4.7 V を凸な領域とする．すなわち，V の任意の 2 点を結ぶ線分が V に含まれるとする．

(i) V 上のベクトル場 $A = (a_1, a_2, a_3)$ が $\operatorname{rot}\boldsymbol{A} = \boldsymbol{0}$ を満たすならば，$\operatorname{grad} f = \boldsymbol{A}$ となる V 上のスカラー場 f が存在する．

(ii) V 上のベクトル場 $B = (b_1, b_2, b_3)$ が $\operatorname{div}\boldsymbol{B} = 0$ を満たすならば，$\operatorname{rot}\boldsymbol{F} = \boldsymbol{B}$ となる V 上のベクトル場 $\boldsymbol{F}$ が存在する．

証明 V は原点を含むとしてよい．(i) から始める．

$$f(\boldsymbol{x}) = \int_0^1 (a_1(t\boldsymbol{x})x_1 + a_2(t\boldsymbol{x})x_2 + a_3(t\boldsymbol{x})x_3)dt$$

とおく．条件 $\dfrac{\partial a_2}{\partial x_1} = \dfrac{\partial a_1}{\partial x_2}$，$\dfrac{\partial a_3}{\partial x_1} = \dfrac{\partial a_1}{\partial x_3}$ より，

$$\begin{aligned}
&\frac{\partial f}{\partial x_1}(\boldsymbol{x}) \\
&= \int_0^1 a_1(t\boldsymbol{x})dt + \int_0^1 t\left(\frac{\partial a_1}{\partial x_1}(t\boldsymbol{x})x_1 + \frac{\partial a_2}{\partial x_1}(t\boldsymbol{x})x_2 + \frac{\partial a_3}{\partial x_1}(t\boldsymbol{x})x_3\right)dt \\
&= \int_0^1 a_1(t\boldsymbol{x})dt + \int_0^1 t\left(\frac{\partial a_1}{\partial x_1}(t\boldsymbol{x})x_1 + \frac{\partial a_1}{\partial x_2}(t\boldsymbol{x})x_2 + \frac{\partial a_1}{\partial x_3}(t\boldsymbol{x})x_3\right)dt \\
&= \int_0^1 a_1(t\boldsymbol{x})dt + \int_0^1 t\frac{d}{dt}a_1(t\boldsymbol{x})dt \\
&= \int_0^1 a_1(t\boldsymbol{x})dt + [ta_1(t\boldsymbol{x})]_0^1 - \int_0^1 a_1(t\boldsymbol{x})dt \\
&= a_1(\boldsymbol{x})
\end{aligned}$$

同様に $\dfrac{\partial f}{\partial x_2}(\boldsymbol{x}) = a_2(\boldsymbol{x})$，$\dfrac{\partial f}{\partial x_3}(\boldsymbol{x}) = a_3(\boldsymbol{x})$ が得られる．このように $\operatorname{grad} f =$

$\boldsymbol{A}$ が確かめられる．

次に (ii) を示す．

$$f_1(\boldsymbol{x}) = \int_0^1 t\left(x_3 b_2(t\boldsymbol{x}) - x_2 b_3(t\boldsymbol{x})\right) dt$$
$$f_2(\boldsymbol{x}) = \int_0^1 t\left(x_1 b_3(t\boldsymbol{x}) - x_3 b_1(t\boldsymbol{x})\right) dt$$
$$f_3(\boldsymbol{x}) = \int_0^1 t\left(x_2 b_1(t\boldsymbol{x}) - x_1 b_2(t\boldsymbol{x})\right) dt$$

とおく．条件 $\dfrac{\partial b_1}{\partial x_1} + \dfrac{\partial b_2}{\partial x_2} + \dfrac{\partial b_3}{\partial x_3} = 0$ を使えば，

$$\begin{aligned}
&\frac{\partial f_2}{\partial x_1} - \frac{\partial f_1}{\partial x_2} \\
&= \int_0^1 \left\{ -t^2 x_3 \left(\frac{\partial b_1}{\partial x_1} + \frac{\partial b_2}{\partial x_2} \right) + t^2 \left(x_1 \frac{\partial b_3}{\partial x_1} + x_2 \frac{\partial b_3}{\partial x_2} \right) + 2t b_3(t\boldsymbol{x}) \right\} dt \\
&= \int_0^1 \left\{ t^2 \left(x_1 \frac{\partial b_3}{\partial x_1} + x_2 \frac{\partial b_3}{\partial x_2} + x_3 \frac{\partial b_3}{\partial x_3} \right) + 2t b_3(t\boldsymbol{x}) \right\} dt \\
&= \int_0^1 \left(t^2 \frac{d}{dt} b_3(t\boldsymbol{x}) + 2t b_3(t\boldsymbol{x}) \right) dt \\
&= \left[t^2 b_3(t\boldsymbol{x}) \right]_0^1 = b_3(\boldsymbol{x})
\end{aligned}$$

となる．同様にして $\dfrac{\partial f_3}{\partial x_2} - \dfrac{\partial f_2}{\partial x_3} = b_1(\boldsymbol{x})$，$\dfrac{\partial f_1}{\partial x_3} - \dfrac{\partial f_3}{\partial x_1} = b_2(\boldsymbol{x})$ を得るから，ベクトル場 $\boldsymbol{F} = (f_1, f_2, f_3)$ は $\operatorname{rot} \boldsymbol{F} = \boldsymbol{B}$ を満たす． ■

系 2.4.8　(i)　$\boldsymbol{R}^3$ 上のベクトル場 $\boldsymbol{A} = (a_1, a_2, a_3)$ が $\operatorname{rot} \boldsymbol{A} = \boldsymbol{0}$ を満たすならば，あるスカラー場 f があって，$\boldsymbol{A} = \operatorname{grad} f$ と表せる．

(ii)　$\boldsymbol{R}^3$ 上のベクトル場 $\boldsymbol{B} = (b_1, b_2, b_3)$ が $\operatorname{div} \boldsymbol{B} = 0$ を満たすならば，あるベクトル場 $\boldsymbol{F}$ があって，$\boldsymbol{B} = \operatorname{rot} \boldsymbol{F}$ と表せる．

2.5　ベクトル場の線積分

空間の領域におけるベクトル場の線積分を定義することから始める．

領域 V 内の滑らかな曲線 $\boldsymbol{c} = (c_1, c_2, c_3) : [\alpha, \beta] \to V$ とベクトル場 $\boldsymbol{A} = (a_1, a_2, a_3)$ を考える．曲線 $\boldsymbol{c}$ に沿ったベクトル場 $\boldsymbol{A}$ の**線積分**を

$$\begin{aligned}\int_{\boldsymbol{c}} \boldsymbol{A} &:= \int_\alpha^\beta (\boldsymbol{A}, \boldsymbol{c}'(t))\, dt \\ &= \int_\alpha^\beta a_1(\boldsymbol{c}(t))c_1'(t) + a_2(\boldsymbol{c}(t))c_2'(t) + a_3(\boldsymbol{c}(t))c_3'(t)\, dt\end{aligned}$$

によって定義する．曲線 $\boldsymbol{c}$ に沿ったベクトル場 $\boldsymbol{A}$ の線積分を表すとき，

$$\int_{\boldsymbol{c}} a_1 dx_1 + a_2 dx_2 + a_3 dx_3$$

という記号もよく使うので，ここで述べておく．

さて，パラメータを $t = t(s)$ $(\gamma \le s \le \delta)$ によって s に変える．このとき $dt/ds > 0$ ならば，曲線 $\hat{\boldsymbol{c}}(s) = \boldsymbol{c}(t(s))$ に沿うベクトル場 $\boldsymbol{A}$ の線積分は

$$\begin{aligned}\int_{\hat{\boldsymbol{c}}} \boldsymbol{A} &= \int_\gamma^\delta (\boldsymbol{A}, \hat{\boldsymbol{c}}'(s)) ds = \int_\gamma^\delta (\boldsymbol{A}, \boldsymbol{c}'(t)) \frac{dt}{ds}\, ds \\ &= \int_\alpha^\beta (\boldsymbol{A}, \boldsymbol{c}'(t)) dt = \int_{\boldsymbol{c}} \boldsymbol{A}\end{aligned}$$

となる．一方 $dt/ds < 0$ とすると，

$$\begin{aligned}\int_{\hat{\boldsymbol{c}}} \boldsymbol{A} &= \int_\gamma^\delta (\boldsymbol{A}, \hat{\boldsymbol{c}}'(s)) ds = \int_\gamma^\delta (\boldsymbol{A}, \boldsymbol{c}'(t)) \frac{dt}{ds}\, ds \\ &= \int_\beta^\alpha (\boldsymbol{A}, \boldsymbol{c}'(t)) dt = -\int_{\boldsymbol{c}} \boldsymbol{A}\end{aligned}$$

となる．このように

> 線積分の値は曲線の向きを変えないパラメータの変換によって変わらない．
> 曲線の向きを逆にすると線積分の値は符号だけ変わる．

たとえば曲線 $\boldsymbol{c}$ と向きを逆にして進む曲線として $\boldsymbol{c}^-(s) = \boldsymbol{c}(\alpha + \beta - s)$ $(\alpha \le s \le \beta)$ を考えると

$$\int_{\boldsymbol{c}^-} \boldsymbol{A} = -\int_{\boldsymbol{c}} \boldsymbol{A}$$

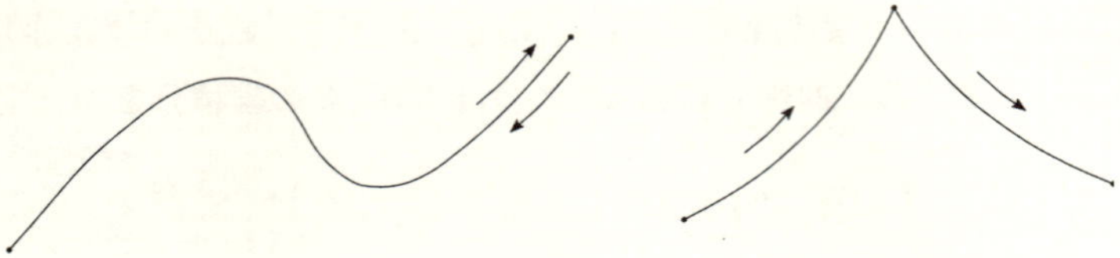

図 2.5 曲線と向き

が成り立つ（図 2.5 参照）．また，曲線 $\boldsymbol{c}_1$ の終点を始点とする曲線 $\boldsymbol{c}_2$ を考え，$\boldsymbol{c}_1$ と $\boldsymbol{c}_2$ をつないでできる曲線を $\boldsymbol{c}_1 \star \boldsymbol{c}_2$ と表すと，

$$\int_{\boldsymbol{c}_1 \star \boldsymbol{c}_2} \boldsymbol{A} = \int_{\boldsymbol{c}_1} \boldsymbol{A} + \int_{\boldsymbol{c}_2} \boldsymbol{A}$$

となる（図 2.5 参照）．滑らかな曲線をいくつかつないでできる連続曲線を**区分的に滑らかな曲線**という．このような曲線に対しても，滑らかなところでの線積分を足し合わせることによって線積分が定まる．たとえば折れ線は区分的に滑らかな曲線である．

◆例 2.5.1 $\boldsymbol{F}$ が力の場ならば，線積分 $\int_{\boldsymbol{c}} \boldsymbol{F}$ は，質点が曲線の始点から終点まで曲線に沿って動くときに力 $\boldsymbol{F}$ がなす仕事を表す．仕事は質点の描く曲線の軌跡と向きだけに依存し，その上の動き方（速さ）にはよらない．

◆例 2.5.2 ベクトル場 $\boldsymbol{A} = 2(x_1, x_2, x_3)$ の曲線 $\boldsymbol{c}(t) = (\cos t, \sin t, t^2)$ $(0 \leq t \leq 2\pi)$ に沿う線積分を求める．まず $\boldsymbol{c}'(t) = (-\sin t, \cos t, 2t)$ より，$(\boldsymbol{A}(\boldsymbol{c}(t)), \boldsymbol{c}'(t)) = 2\cos t \cdot (-\sin t) + 2\sin t \cdot (\cos t) + 2t^2 \cdot 2t = 4t^3$ となって，

$$\int_{\boldsymbol{c}} \boldsymbol{A} = \int_0^{2\pi} 4t^3 dt = 16\pi^4$$

となる．

◆例 2.5.3 $\boldsymbol{R}^3 \setminus \{(0, 0, x_3) \mid x_3 \in \boldsymbol{R}\}$ 上

$$f_1 = \frac{-x_2}{x_1^2 + x_2^2}, \quad f_2 = \frac{x_1}{x_1^2 + x_2^2}, \quad f_3 = 0$$

で与えられるベクトル場 $\boldsymbol{F} = (f_1, f_2, f_3)$ を考える．点 $(1,0,0)$ と点 $P(p_1, p_2, p_3)$（ただし $p_1 > 0$ とする）を結ぶ曲線として，

$$\boldsymbol{c}_1(t) = (1 + (p_1 - 1)t, 0, 0) \quad (0 \leq t \leq 1)$$
$$\boldsymbol{c}_2(t) = (p_1, p_2 t, 0) \quad (0 \leq t \leq 1)$$
$$\boldsymbol{c}_3(t) = (p_1, p_2, p_3 t) \quad (0 \leq t \leq 1)$$

をこの順でつないでできる曲線 $\boldsymbol{c} = \boldsymbol{c}_1 \star \boldsymbol{c}_2 \star \boldsymbol{c}_3$ を選ぶ．このとき線積分 $\int_{\boldsymbol{c}} \boldsymbol{F}$ を求めると，

$$\begin{aligned}
\int_{\boldsymbol{c}} \boldsymbol{F} &= \int_{\boldsymbol{c}_1} \boldsymbol{F} + \int_{\boldsymbol{c}_2} \boldsymbol{F} + \int_{\boldsymbol{c}_3} \boldsymbol{F} \\
&= \int_0^1 f_1(1 + (p_1 - 1)t, 0, 0)(p_1 - 1)dt + \int_0^1 f_2(p_1, p_2 t, 0) p_2 dt \\
&= \int_0^1 \frac{p_2^2}{p_1^2 + (p_2 t)^2} dt \\
&= \arctan\left(\frac{p_2}{p_1}\right)
\end{aligned}$$

となる．また，円周 $\boldsymbol{c}_4(t) = (R\cos t, R\sin t, 0)$ $(0 \leq t \leq 2\pi)$ に沿った線積分 $\int_{\boldsymbol{c}_4} \boldsymbol{F}$ を求めると，

$$\begin{aligned}
\int_{\boldsymbol{c}_4} \boldsymbol{F} &= \int_0^{2\pi} \frac{(-R\sin t)^2}{(R\cos t)^2 + (R\sin t)^2} + \frac{(R\cos t)^2}{(R\cos t)^2 + (R\sin t)^2} dt \\
&= \int_0^{2\pi} dt = 2\pi
\end{aligned}$$

となり，特に 0 ではない．これから，この円周を含むどのような領域でも F は決して関数の勾配ベクトルとはならないことがわかる．実際，次の定理が成り立つ．

定理 2.5.4　領域 V 上定義されたベクトル場 $\boldsymbol{A}$ に対して，次の三つの条件は互いに同値である．

(i)　$\boldsymbol{A} = \operatorname{grad} f$ となるスカラー場 $f : V \to \boldsymbol{R}$ が存在する．

(ii) V に含まれる任意の区分的に滑らかな曲線 $\boldsymbol{c}:[\alpha,\beta]\to V$ に沿う $\boldsymbol{A}$ の線積分 $\int_{\boldsymbol{c}}\boldsymbol{A}$ は，$\boldsymbol{c}$ の始点 $\boldsymbol{c}(\alpha)$ と終点 $\boldsymbol{c}(\beta)$ のみにより決まり $\boldsymbol{c}$ にはよらない．

(iii) V に含まれる任意の区分的に滑らかな閉曲線（始点と終点が一致する曲線）$\boldsymbol{c}$ に対して，

$$\int_{\boldsymbol{c}}\boldsymbol{A}=0$$

が成り立つ．

証明　まず，勾配ベクトル $\boldsymbol{A}=\operatorname{grad} f$ の場合を考える．このとき，

$$\begin{aligned}\int_{\boldsymbol{c}}\operatorname{grad} f&=\int_\alpha^\beta(\operatorname{grad} f,\boldsymbol{c}'(t))\,dt=\int_\alpha^\beta\frac{d}{dt}f(\boldsymbol{c}(t))dt\\&=f(\boldsymbol{c}(\beta))-f(\boldsymbol{c}(\alpha))\end{aligned}$$

となる．このように線積分の値は曲線の終点 $\boldsymbol{c}(\beta)$ と始点 $\boldsymbol{c}(\alpha)$ での関数 f の値の差となり，曲線の取り方にはよらないことがわかる．特に始点と終点が一致している閉曲線に沿う線積分の値はつねに0であることがわかる．

次に (ii) から (i) を示す．領域内の点 $P(p_1,p_2,p_3)$ を一つ固定し，V の点 $X(x_1,x_2,x_3)$ に対して P と X を結ぶ区分的に滑らかな曲線 $\boldsymbol{c}=(c_1,c_2,c_3):[\alpha,\beta]\to V$ をとり，$f(X)=\int_{\boldsymbol{c}}\boldsymbol{A}$ とおく．このとき，仮定から $f(X)$ は P と X を結ぶ曲線の取り方にはよらない．さらに $\boldsymbol{A}=\operatorname{grad} f$ が従う．実際 $X(x_1,x_2,x_3)$ に対して，上のような P と X を結ぶ区分的に滑らかな曲線 $\boldsymbol{c}$ を一つとり，次に正の数 ε に対して，

$$\boldsymbol{c}_\varepsilon(t)=\begin{cases}\boldsymbol{c}(t) & (t\in[\alpha,\beta])\\(x_1+t-\beta,x_2,x_3) & (t\in[\beta,\beta+\varepsilon])\end{cases}$$

とおいて，曲線 $\boldsymbol{c}_\varepsilon$ を定める．このとき，f の定義より

$$\begin{aligned}f(x_1+\varepsilon,x_2,x_3)-f(x_1,x_2,x_3)&=\int_{\boldsymbol{c}_\varepsilon}\boldsymbol{A}-\int_{\boldsymbol{c}}\boldsymbol{A}\\&=\int_b^{b+\varepsilon}a_1(x_1+t-b,x_2,x_3)dt\end{aligned}$$

となり，

$$\frac{\partial f}{\partial x_1}(X) = \lim_{\varepsilon \to 0} \frac{f(x_1+\varepsilon, x_2, x_3) - f(x_1, x_2, x_3)}{\varepsilon} = a_1(X)$$

が従う．同様に $\dfrac{\partial f}{\partial x_2}(X) = a_2(X)$, $\dfrac{\partial f}{\partial x_3}(X) = a_3(X)$ が確認でき，$\mathrm{grad}\, f = \boldsymbol{A}$ となる． ■

ベクトル場 $\boldsymbol{A}$ の曲線 $\boldsymbol{c}(t)$ $(\alpha \leq t \leq \beta)$ に沿う線積分 $\int_{\boldsymbol{c}} \boldsymbol{A}$ はその定義より $\int_{\boldsymbol{c}} (\boldsymbol{A}, d\boldsymbol{r})$ と表してもよい．$\boldsymbol{r}$ は原点に関する位置ベクトルを表す．この記号に現れる内積 $(\boldsymbol{A}, d\boldsymbol{r})$ をベクトルに値をとる外積 $\boldsymbol{A} \times d\boldsymbol{r}$ に換えることによって，ベクトルに値をとる積分が次のように定まる．

$$\begin{aligned}\int_{\boldsymbol{c}} \boldsymbol{A} \times d\boldsymbol{r} &:= \int_\alpha^\beta \boldsymbol{A}(\boldsymbol{c}(t)) \times \boldsymbol{c}'(t) dt \\ &= \int_\alpha^\beta (a_1(\boldsymbol{c}(t)), a_2(\boldsymbol{c}(t)), a_3(\boldsymbol{c}(t))) \times (c_1'(t), c_2'(t), c_3'(t)) dt\end{aligned}$$

線積分 $\int_{\boldsymbol{c}} \boldsymbol{A}$ と同様に，$\int_{\boldsymbol{c}} \boldsymbol{A} \times d\boldsymbol{r}$ も曲線の向きを変えないパラメータ変換の下では変化はなく，向きを変えるパラメータ変換の下では逆向きのベクトルになる．

◆**例題 2.5.5** 動く電荷（電流）は磁場を作るが，強さ I の電流が導線（曲線）$\boldsymbol{c}$ に流れているとき，磁場は（導線の外の）点 P で

$$\boldsymbol{F} = c_0 I \int_{\boldsymbol{c}} \frac{\boldsymbol{r} - \boldsymbol{r}(P)}{\|\boldsymbol{r} - \boldsymbol{r}(P)\|^3} \times d\boldsymbol{r}$$

によって与えられる（**ビオ - サバールの法則**）．ここで c_0 は正の定数である．このとき，曲線 $\boldsymbol{c}$ の軌跡 $\boldsymbol{c}([\alpha, \beta])$ を除く領域 V において，

$$\boldsymbol{A}(P) = c_0 I \int_\alpha^\beta \frac{\boldsymbol{c}'(t)}{\|\boldsymbol{c}(t) - \boldsymbol{r}(P)\|} dt, \quad P \in V$$

とおいてベクトル場 $\boldsymbol{A}$ を定めると，

$$\boldsymbol{F} = \mathrm{rot}\, \boldsymbol{A}$$

が成り立つ．特に $\boldsymbol{F}$ は

$$\operatorname{div} \boldsymbol{F} = \operatorname{div} \operatorname{rot} \boldsymbol{A} = 0$$

を満たす．

証明 定義より $\boldsymbol{A}$ の第 i 成分 a_i $(i = 1, 2, 3)$ は

$$a_i(P) = c_0 I \int_\alpha^\beta \frac{c_i'(t)}{\|\boldsymbol{c}(t) - \boldsymbol{r}(P)\|} dt$$

である．したがって $\operatorname{rot} \boldsymbol{A}$ の第 1 成分，第 2 成分，第 3 成分はそれぞれ次のように与えられる．

$$\begin{aligned}
\frac{\partial a_3}{\partial p_2} - \frac{\partial a_2}{\partial p_3} &= c_0 I \int_\alpha^\beta \frac{c_3'(t)(c_2(t) - p_2)}{\|\boldsymbol{c}(t) - \boldsymbol{r}(P)\|^3} - \frac{c_2'(t)(c_3(t) - p_3)}{\|\boldsymbol{c}(t) - \boldsymbol{r}(P)\|^3} dt \\
\frac{\partial a_1}{\partial p_3} - \frac{\partial a_3}{\partial p_1} &= c_0 I \int_\alpha^\beta \frac{c_1'(t)(c_3(t) - p_3)}{\|\boldsymbol{c}(t) - \boldsymbol{r}(P)\|^3} - \frac{c_3'(t)(c_1(t) - p_1)}{\|\boldsymbol{c}(t) - \boldsymbol{r}(P)\|^3} dt \\
\frac{\partial a_2}{\partial p_1} - \frac{\partial a_1}{\partial p_2} &= c_0 I \int_\alpha^\beta \frac{c_2'(t)(c_1(t) - p_1)}{\|\boldsymbol{c}(t) - \boldsymbol{r}(P)\|^3} - \frac{c_1'(t)(c_2(t) - p_2)}{\|\boldsymbol{c}(t) - \boldsymbol{r}(P)\|^3} dt
\end{aligned}$$

これから

$$\operatorname{rot} \boldsymbol{A} = c_0 I \int_\alpha^\beta \frac{\boldsymbol{c}(t) - \boldsymbol{r}(P)}{\|\boldsymbol{c}(t) - \boldsymbol{r}(P)\|^3} \times \mathbf{c}'(t)\, dt = \boldsymbol{F}$$

が従う． ■

例題 2.5.5 で述べたベクトル場は，曲線が無限に伸びた場合でもうまく定義できる場合がある．$\boldsymbol{c}$ が x_3 軸で与えられている場合，すなわち $\boldsymbol{c}(t) = (0, 0, t)$ $(-\infty < t < +\infty)$ の場合に磁場 $\boldsymbol{F}$ を求めてみると，

$$\begin{aligned}
&\frac{\boldsymbol{r} - \boldsymbol{r}(P)}{\|\boldsymbol{r} - \boldsymbol{r}(P)\|^3} \times \mathbf{c}'(t) \\
&= \left(\frac{-p_2}{(p_1^2 + p_2^2 + (p_3 - t)^2)^{3/2}}, \frac{p_1}{(p_1^2 + p_2^2 + (p_3 - t)^2)^{3/2}}, 0 \right)
\end{aligned}$$

となり，

$$\int_{-\infty}^{+\infty} \frac{dt}{(p_1^2+p_2^2+(p_3-t)^2)^{3/2}} = 2\int_0^{+\infty} \frac{dt}{(p_1^2+p_2^2+t^2)^{3/2}}$$
$$= 2\left[\frac{t}{(p_1^2+p_2^2)\sqrt{p_1^2+p_2^2+t^2}}\right]_0^{+\infty}$$
$$= \frac{2}{p_1^2+p_2^2}$$

より，$\boldsymbol{F}$ は

$$\boldsymbol{F} = 2c_0\, I\left(\frac{-p_2}{p_1^2+p_2^2}, \frac{p_1}{p_1^2+p_2^2}, 0\right)$$

で与えられる．$\boldsymbol{F}$ は $\boldsymbol{R}^3$ から x_3 軸を除いた領域で定義されていて，$\mathrm{div}\,\boldsymbol{F} = 0$ を満たす（例 2.5.3，例 2.6.6 参照）．

2.6　平面ベクトル場に対するグリーンの定理

この節では平面の領域で定義されたスカラー場やベクトル場を考える．スカラー場 f の勾配ベクトル，ベクトル場 $\boldsymbol{A} = (a_1, a_2)$ の発散はそれぞれ

$$\mathrm{grad}\, f = \left(\frac{\partial f}{\partial x_1}, \frac{\partial f}{\partial x_2}\right)$$

$$\mathrm{div}\,\boldsymbol{A} = \frac{\partial a_1}{\partial x_1} + \frac{\partial a_2}{\partial x_2}$$

によって定義される．空間の場合と同様に曲線 $\mathbf{c} = (c_1(t), c_2(t))$ $(\alpha \leq t \leq \beta)$ に沿った線積分が次のように定義される．

$$\int_{\mathbf{c}} \boldsymbol{A} := \int_\alpha^\beta (\boldsymbol{A}, \mathbf{c}'(t))\; dt = \int_\alpha^\beta a_1(\mathbf{c}(t)){c_1}'(t) + a_2(\mathbf{c}(t)){c_2}'(t)\; dt$$

◆例 2.6.1

$$a_1(x_1, x_2) = x_2, \quad a_2(x_1, x_2) = x_1$$

を成分にもつベクトル場 $\boldsymbol{A} = (a_1, a_2)$ を考える．点 $(0,0)$ と $(1,1)$ をつなぐ三つの曲線

$$c_1(t) = (t, t^2) \qquad (0 \le t \le 1)$$

$$c_2(t) = (t, t) \qquad (0 \le t \le 1)$$

$$c_3(t) = \begin{cases} (t, 0) & (0 \le t \le 1) \\ (1, t-1) & (1 \le t \le 2) \end{cases}$$

を考え，それらに沿う $\boldsymbol{A}$ の線積分を求めてみると，

$$\int_{c_1} \boldsymbol{A} = \int_0^1 3t^2 dt = 1, \quad \int_{c_2} \boldsymbol{A} = \int_0^1 2t dt = 1, \quad \int_{c_3} \boldsymbol{A} = \int_1^2 dt = 1$$

となって，すべて一致している．実際 $f(x_1, x_2) = x_1 x_2$ とおいて，$\boldsymbol{A} = \mathrm{grad}\, f$ であるから，曲線 $\boldsymbol{c}(t)$ $(\alpha \le t \le \beta)$ に対して $\int_{\boldsymbol{c}} \boldsymbol{A} = f(\boldsymbol{c}(\beta)) - f(\boldsymbol{c}(\alpha))$ となる．

空間ベクトル場のときと同様に定理 2.5.4 が成り立つ．ここに改めて述べる．

定理 2.6.2　平面の領域 D 上定義されたベクトル場 $\boldsymbol{A}$ に対して，次の三つの条件は互いに同値である．

(i) $\boldsymbol{A} = \mathrm{grad}\, f$ となるスカラー場 $f : D \to \boldsymbol{R}$ が存在する．

(ii) D に含まれる任意の区分的に滑らかな曲線 $\boldsymbol{c} : [\alpha, \beta] \to D$ に沿う $\boldsymbol{A}$ の線積分 $\int_{\boldsymbol{c}} \boldsymbol{A}$ は，$\boldsymbol{c}$ の両端 $\boldsymbol{c}(\alpha), \boldsymbol{c}(\beta)$ のみにより決まり $\boldsymbol{c}$ にはよらない．

(iii) D 内の任意の区分的に滑らかな閉曲線 $\boldsymbol{c}$ に対して，

$$\int_{\boldsymbol{c}} \boldsymbol{A} = 0$$

が成り立つ．

次にグリーンの定理を述べ，証明する．

定理 2.6.3（**グリーンの定理**）　平面内の領域において定義されたベクトル場 $\boldsymbol{A} = (a_1, a_2)$ と区分的に滑らかな単純閉曲線 $\boldsymbol{c}_1, \ldots, \boldsymbol{c}_k$ で囲まれた正則閉領域

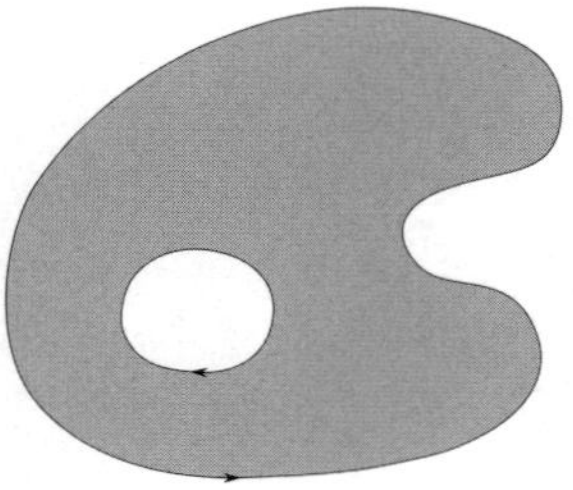

図 2.6　グリーンの定理

$\overline{D} = D \cup \partial D$ を考える．各 $\boldsymbol{c_i}$ は D をつねに左手に見て進む方向に向きが付いているとする（図 2.6）．このとき，

$$\iint_D \left(\frac{\partial a_2}{\partial x_1} - \frac{\partial a_1}{\partial x_2} \right) dx_1 dx_2 = \int_{\partial D} \boldsymbol{A}$$

が成り立つ．

ここで $\boldsymbol{c}_i(t) = (c_{i;1}(t), c_{i;2}(t))$ $(\alpha_i \leq t \leq \beta_i)$ とするとき，

$$\int_{\partial D} \boldsymbol{A} = \sum_{i=1}^{k} \int_{\boldsymbol{c}_i} \boldsymbol{A} = \sum_{i=1}^{k} \int_{\alpha_i}^{\beta_i} a_1(\boldsymbol{c}_i(t)) {c_{i;1}}'(t) + a_2(\boldsymbol{c}_i(t)) {c_{i;2}}'(t)\ dt$$

とおいた．

証明　$\boldsymbol{A}_1 = (a_1, 0)$，$\boldsymbol{A}_2 = (0, a_2)$ とおいて，

$$\iint_D \left(-\frac{\partial a_1}{\partial x_2} \right) dx_1 dx_2 = \int_{\partial D} \boldsymbol{A}_1 \tag{2.3}$$

$$\iint_D \left(\frac{\partial a_2}{\partial x_1} \right) dx_1 dx_2 = \int_{\partial D} \boldsymbol{A}_2 \tag{2.4}$$

を示す．まず式 (2.3) を示すために，閉領域 $\overline{D}$ 内に x_2 座標軸に平行な線分を何本か引くことによって，$\overline{D}$ を有限個の次のような形の領域 D_m $(m = 1, 2, \ldots, M)$ に分割する（図 2.7）．

$$D_m = \{(x_1, x_2) \mid g_m(x_1) \leq x_2 \leq f_m(x_1),\ \gamma_m \leq x_1 \leq \delta_m\}$$

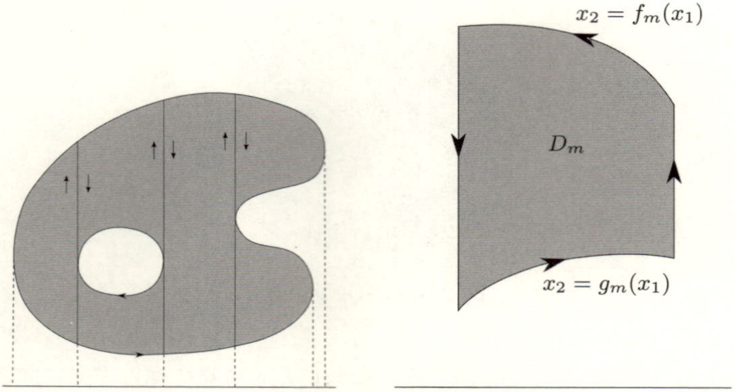

図 2.7　領域の分割

ここで f_m, g_m は区間 $[\gamma_m, \delta_m]$ 上で区分的に滑らかな関数で，つねに $f_m(x_1) < g_m(x_1)$ とする．このとき，逐次積分より

$$\begin{aligned}
&\iint_{D_m} \left(-\frac{\partial a_1}{\partial x_2}\right) dx_1 dx_2 \\
&= \int_{\gamma_m}^{\delta_m} \left(\int_{g_m(x_1)}^{f_m(x_1)} \left(-\frac{\partial a_1}{\partial x_2}\right) dx_2 \right) dx_1 \\
&= \int_{\gamma_m}^{\delta_m} a_1(x_1, g_m(x_1)) dx_1 - \int_{\gamma_m}^{\delta_m} a_1(x_1, f_m(x_1)) dx_1 \\
&= \int_{\partial D_m} \boldsymbol{A}_1
\end{aligned}$$

が得られる．

$$\iint_D \left(-\frac{\partial a_1}{\partial x_2}\right) dx_1 dx_2 = \sum_{m=1}^{M} \iint_{D_m} \left(-\frac{\partial a_1}{\partial x_2}\right) dx_1 dx_2$$

$$\int_{\partial D} \boldsymbol{A}_1 = \sum_{m=1}^{M} \int_{\partial D_m} \boldsymbol{A}_1$$

であるから，(2.3) が導かれる．

さらに閉領域 $\overline{D}$ 内に x_1 座標軸に平行な線分を何本か描くことによって，$\overline{D}$ を有限個の次のような形の領域 R_n $(n = 1, 2, \ldots, N)$ に分割する．

$$R_n = \{(x_1, x_2) \mid \phi_n(x_2) \le x_1 \le \psi_n(x_2),\ \epsilon_n \le x_2 \le \zeta_n\}$$

このとき

$$\sum_{n=1}^{N} \int_{\partial R_n} \boldsymbol{A}_2 = \int_{\partial D} \boldsymbol{A}_2$$

に注意して，上と同様の議論により (2.4) を導くことができる．以上で定理が示された． ■

さて，グリーンの定理の簡単な応用を述べる．

◆例 2.6.4

$$b_1(x_1, x_2) = -x_2, \quad b_2(x_1, x_2) = x_1$$

を成分にもつベクトル場 $\boldsymbol{B} = (b_1, b_2)$ を考える．$\boldsymbol{B}$ は $\boldsymbol{R}^2$ 全体で定義されたベクトル場で

$$\frac{\partial b_2}{\partial x_1} - \frac{\partial b_1}{\partial x_2} = 2$$

を満たしている．したがっていくつかの区分的に滑らかな単純閉曲線で囲まれた領域 D について，その面積 $m(D)$ は

$$m(D) = \frac{1}{2} \iint_D \left(\frac{\partial b_2}{\partial x_1} - \frac{\partial b_1}{\partial x_2} \right) dx_1 dx_2 = \frac{1}{2} \int_{\partial D} -x_2 dx_1 + x_1 dx_2$$

となって線積分で与えられる．また，

$$b_1(x_1, x_2) = -x_2, \quad b_2(x_1, x_2) = 0$$

を成分にもつベクトル場を考えることにより，

$$m(D) = \int_{\partial D} -x_2 dx_1$$

が得られ，同様に

$$b_1(x_1, x_2) = 0, \quad b_2(x_1, x_2) = x_1$$

を成分にもつベクトル場を考えることにより，

$$m(D) = \int_{\partial D} x_1 dx_2$$

が得られる.

たとえば，楕円 $\dfrac{x^2}{a^2}+\dfrac{y^2}{b^2}=1$ で囲まれる領域 D に適用してみると，

$$(c_1(t), c_2(t)) = (a\cos t, b\sin t) \quad (0 \le t \le 2\pi)$$

とパラメータ表示して，

$$m(D) = \frac{1}{2}\int_0^{2\pi} (-b\sin t)(-a\sin t) + (a\cos t)(b\cos t)dt = \pi ab$$

である.

次にアステロイド ${x_1}^{2/3}+{x_2}^{2/3}=a^{2/3}$ で囲まれた領域の面積 M を求める. 次の三つの曲線 $\boldsymbol{c}_1(t)=(t,0)$ $(0\le t\le 1)$，$\boldsymbol{c}_2(t)=(a\cos^3 t, a\sin^3 t)$ $(0\le t\le \pi/2)$，$\boldsymbol{c}_3(t)=(0,1-t)$ $(0\le t\le 1)$ をつないでできる区分的に滑らかな閉曲線によって囲まれた図形の面積は

$$\frac{1}{2}\sum_{i=1}^{3}\int_{\boldsymbol{c}_i} -x_2dx_1 + x_1dx_2 = \frac{3a^2}{2}\int_0^{\pi/2}\cos^2 t\ \sin^2 t\ dt = \frac{3a^2}{32}$$

となるので，これを 4 倍して $M=\dfrac{3a^2}{8}$ であることがわかる.

さて, 平面の領域 D を考える. 任意の区分的に滑らかな単純閉曲線 $\boldsymbol{c}:[\alpha,\beta]\to D$ に対して，$\boldsymbol{c}$ が囲む部分がつねに D に含まれているとき，領域 D は**単連結**であるという. たとえば，円板や平面から半直線を除いて得られる領域は単連結である. しかし円板から小さな円板を除いてできる円環領域や，平面から点，あるいは有界線分を除いたような領域は単連結ではない. また，平面の領域 D が単連結であることと，D が円板 $B=\{(u_1,u_2)\mid {u_1}^2+{u_2}^2\le 1\}$ と同相であること，すなわち，D から B への全単射写像 $F:D\to B$ で，F および逆写像 $F^{-1}:B\to D$ がともに連続であるものが存在することとは同値であることが知られている.

別の表現もある. 領域 D 内の二つの連続閉曲線 $\boldsymbol{c}_0:[0,1]\to D$，$\boldsymbol{c}_1:[0,1]\to D$ に対して，$H(t,0)=\boldsymbol{c}_0(t)$，$H(t,1)=\boldsymbol{c}_1(t)$ $(0\le t\le 1)$，$H(0,s)=H(1,s)$ $(0\le s\le 1)$ を満たす連続写像 $H:[0,1]\times[0,1]\to D$ が存在すると

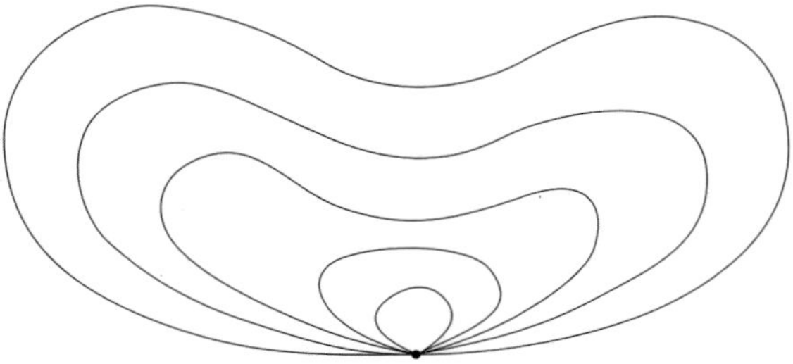

図 2.8　閉曲線の連続変形

き，$\boldsymbol{c}_0$ は $\boldsymbol{c}_1$ へ（領域 D において）連続的に変形できるという（図 2.8）．任意の連続閉曲線 $\boldsymbol{c} : [0,1] \to D$ が一つの点への定置写像に連続変形できるとき，D は単連結であるという．

この定義に従えば，平面内の領域に限らず，空間の領域が単連結であることを定義することができる．たとえば球体や，球体からその内部の小さな球体を除いた領域，したがって二つの球面で囲まれた領域などは単連結である．しかし円環面（図 1.13 参照）で囲まれた領域

$$\{(x_1, x_2, x_3) \mid (\sqrt{{x_1}^2 + {x_2}^2} - a)^2 + {x_3}^2 \leq b^2\} \quad (0 < b < a)$$

は単連結ではない．この領域内の円周 $(a\cos u, a\sin u, 0)$ $(0 \leq u \leq 2\pi)$ はこの領域内で連続的変形により 1 点に収縮することはできない（ことが知られている）．

定理 2.6.5　平面の単連結な領域 D 上のスカラー場の組 f_1, f_2 に対して，次の二つの命題は同値である．

(i)　D 上のスカラー場 g が存在して，$f_1 = \dfrac{\partial g}{\partial x_1}$，$f_2 = \dfrac{\partial g}{\partial x_2}$ が成り立つ．

(ii)　D において $\dfrac{\partial f_2}{\partial x_1} = \dfrac{\partial f_1}{\partial x_2}$ が成り立つ．

証明　(i) から (ii) を導くには，$\dfrac{\partial^2 g}{\partial x_1 \partial x_2} = \dfrac{\partial^2 g}{\partial x_2 \partial x_1}$ に注意すればよい．

(ii) を仮定する．$\boldsymbol{F} = (f_1, f_2)$ とおく．$\boldsymbol{F} = \operatorname{grad} g$ となる関数 g を見つけたい．そのために，D の 1 点 $P(p_1, p_2)$ を固定し，点 $X(x_1, x_2)$ に対して P と

X を結ぶ曲線 $\boldsymbol{c}: I \to D$ をとり，線積分 $\int_{\boldsymbol{c}} \boldsymbol{F}$ を考えると，この値は曲線の取り方によらずに決まることがわかり，その値を $g(X)$ として関数を定めることになる．実際 P と X を結ぶほかの曲線 $\hat{\boldsymbol{c}}: I \to D$ をとり，$\hat{\boldsymbol{c}}$ を逆に進む曲線を $\hat{\boldsymbol{c}}^-$ と表す．このとき，もし区分的に滑らかな閉曲線 $\boldsymbol{c} \star (\hat{\boldsymbol{c}}^-)$ が一つの領域 R を囲んでいるならば，D が単連結であることにより，R は D の中に収まり，したがってグリーンの定理と (ii) の仮定から

$$\int_{\boldsymbol{c}} \boldsymbol{F} - \int_{\hat{\boldsymbol{c}}} \boldsymbol{F} = \int_{\boldsymbol{c} \star (\hat{\boldsymbol{c}}^-)} \boldsymbol{F} = \iint_R \left(\frac{\partial f_2}{\partial x_1} - \frac{\partial f_1}{\partial x_2} \right) dx_1 dx_2 = 0$$

となり，$\displaystyle\int_{\boldsymbol{c}} \boldsymbol{F} = \int_{\hat{\boldsymbol{c}}} \boldsymbol{F}$ が従う．$\boldsymbol{c} \star (\hat{\boldsymbol{c}}^-)$ がいくつかの領域を囲んでいるならば，曲線を適当に分割して，それぞれに上の結論を適用することによって $\displaystyle\int_{\boldsymbol{c}} \boldsymbol{F} = \int_{\hat{\boldsymbol{c}}} \boldsymbol{F}$ が導かれる．g が $\boldsymbol{F} = \operatorname{grad} g$ を満たすことをみるには，定理 2.5.4 の証明を参照すればよい． ■

◆例 2.6.6

$$f_1(x_1, x_2) = \frac{-x_2}{{x_1}^2 + {x_2}^2}, \quad f_2(x_1, x_2) = \frac{x_1}{{x_1}^2 + {x_2}^2}$$

を成分にもつベクトル場 $\boldsymbol{F} = (f_1, f_2)$ を考える．$\boldsymbol{R}^2$ から原点 $(0, 0)$ を除いた領域で定義されたベクトル場であり，その領域で

$$\operatorname{div} \boldsymbol{F} = \frac{\partial f_1}{\partial x_1} + \frac{\partial f_2}{\partial x_2} = 0, \quad \frac{\partial f_2}{\partial x_1} = \frac{\partial f_1}{\partial x_2}$$

を満たしている．

さて，平面上の点 P と P から出る半直線 L を定めると，平面上の任意の点 X の位置は，PX の長さ r と，L から半直線 PX へ測った角 θ で決まる．このとき，二つの数の組 (r, θ) を点 X の極座標といい，定点 P を極，半直線 L を始線，角 θ を偏角という．極座標が与えられると，その点はただ一つに定まる．しかし，ある点が与えられたとき，その点の極座標は一通りには定まらない．一般に極座標では，n を整数とするとき，(r, θ) と $(r, \theta + 2\pi n)$ は同じ点を表すから，ある点 X の極座標は一通りには定まらない．しかし θ の値の範囲を $\alpha \leq \theta < \alpha + 2\pi$ と制限すると，ただ一通りに定まる．

（座標）平面の定点として原点 O をとって極座標を考え，直交座標 (x_1, x_2) との関係を確認する．$\beta \in \boldsymbol{R}$ に対して，半直線 $L = \{t(\cos\beta, \sin\beta) \mid t \geq 0\}$ を平面から除いて得られる単連結領域 $\boldsymbol{R}^2 \setminus L$ を考えると，ここに極座標 (r, θ) $(0 < \theta < 2\pi)$ が導入され，

$$\operatorname{grad} r = \left(\frac{x_1}{\sqrt{x_1^2 + x_2^2}}, \frac{x_2}{\sqrt{x_1^2 + x_2^2}} \right)$$
$$\operatorname{grad} \theta = \left(\frac{-x_2}{x_1^2 + x_2^2}, \frac{x_1}{x_1^2 + x_2^2} \right)$$

となる．このように $\boldsymbol{R}^2 \setminus L$ において $\operatorname{grad}\theta = \boldsymbol{F}$ である．

◆**例題 2.6.7**　平面上の定点 $P(p_1, p_2)$ を除いて得られる領域 $\boldsymbol{R}^2 \setminus \{P\}$ において定義されたベクトル場

$$\boldsymbol{F}_P = \left(\frac{-(x_2 - p_2)}{(x_1 - p_1)^2 + (x_2 - p_2)^2}, \frac{x_1 - p_1}{(x_1 - p_1)^2 + (x_2 - p_2)^2} \right)$$

を考える．このとき，$\boldsymbol{R}^2 \setminus \{P\}$ の中の任意の区分的に滑らかな閉曲線 $\boldsymbol{c}(t)$ $(\alpha \leq t \leq \beta)$ に対して，ある整数 n が存在して，

$$\frac{1}{2\pi} \int_{\boldsymbol{c}} \boldsymbol{F}_P = n$$

が成り立つ．

証明　簡単のため定点は原点 O であるとする．$\boldsymbol{c}(\alpha) = \rho(\cos\theta, \sin\theta)$ と表す．ただし $\rho > 0, \theta \in \boldsymbol{R}$ とする．このとき $\rho(\alpha) = \rho$ を満たす，連続で区分的に滑らかな正値関数 $\rho\colon [\alpha, \beta] \to (0, +\infty)$，および $\theta(\alpha) = \theta$ を満たす，連続で区分的に滑らかな関数 $\theta\colon [\alpha, \beta] \to (-\infty, +\infty)$ が存在して，

$$\boldsymbol{c}(t) = \rho(t)(\cos\theta(t), \sin\theta(t)) \quad (\alpha \leq t \leq \beta)$$

と表すことができる．$\alpha = \alpha_0 < \alpha_1 < \cdots < \alpha_k = \beta$ となる点列 $\{\alpha_i\}$ をとると，各小区間 $[\alpha_{i-1}, \alpha_i]$ では，$\rho(t)$ と $\theta(t)$ は滑らかであると仮定することができる．このとき，$[\alpha_{i-1}, \alpha_i]$ において，$\boldsymbol{c}'(t) = \rho'(t)(\cos\theta(t), \sin\theta(t)) +$

$\rho(t)(-\theta'(t)\sin\theta(t), \theta'(t)\cos\theta(t))$ であるので，$(\boldsymbol{F}_O(\boldsymbol{c}(t)), \boldsymbol{c}'(t)) = \theta'(t)$ となり，したがって

$$\begin{aligned}\int_{\boldsymbol{c}} \boldsymbol{F}_O &= \sum_{i=1}^{k} \int_{\alpha_{i-1}}^{\alpha_i} (\boldsymbol{F}_O(\boldsymbol{c}(t)), \boldsymbol{c}'(t))dt \\ &= \sum_{i=1}^{k} \int_{\alpha_{i-1}}^{\alpha_i} \theta'(t)dt \\ &= \sum_{i=1}^{k} \theta(\alpha_i) - \theta(\alpha_{i-1}) \\ &= \theta(\beta) - \theta(\alpha)\end{aligned}$$

となる．$\boldsymbol{c}$ は閉曲線であるから，$\boldsymbol{c}(\alpha) = \boldsymbol{c}(\beta)$ である．したがってある整数 n があって，$\theta(\beta) = \theta(\alpha) + 2\pi n$ でなければならない．このように $\int_{\boldsymbol{c}} \boldsymbol{F}_O = 2\pi n$ が従う． ■

この例題の整数 n を閉曲線 $\boldsymbol{c}$ の点 $P(p_1, p_2)$ に関する**巻数** (winding number) という．

◆**例 2.6.8** 整数 n に対して，閉曲線 $\boldsymbol{c}_n(t) = (\cos nt - p_1, \sin nt - p_2)$ $(0 \leq t \leq 2\pi)$ の点 P に関する巻数は n である．

巻数の定義において，曲線を固定点を通らないまま少し変形しても，巻数は整数であるから変わらない．したがって曲線を固定点を通らないまま少しずつ連続変形して別の曲線に移しても，この間巻数は変化しない．

ここで巻数の計算の仕方を一つ紹介する．例題 2.6.7 のように，定点 P を通らない区分的に滑らかな閉曲線 $\boldsymbol{c} : [\alpha, \beta] \to \boldsymbol{R}^2 \setminus \{P\}$ を考える．点 P を始点とする半直線 L をとり，$\boldsymbol{c}$ とのすべての交点において，$\boldsymbol{c}$ と接しないという意味で「横断的に」交わると仮定し，さらに L は $\boldsymbol{c}$ の自己交点を通らないとする．点 Q を $\boldsymbol{c}$ と L の交点とすると，Q の近くでは曲線 $\boldsymbol{c}$ が L を P から Q に向かって見て左手に横切るとき，Q の符号 $\operatorname{sign} Q$ は $+1$ であるといい，右手に横切るとき Q の符号 $\operatorname{sign} Q$ は -1 であるという．m 個の点 $Q_1, \ldots, Q_m$ を $\boldsymbol{c}$ と L と

の交点全体とするとき，± 1 の列 $(\operatorname{sign} Q_1, \ldots, \operatorname{sign} Q_m)$ が得られる．これを符号列ということにする．この符号列を使えば巻数が次のように計算される．

定理 2.6.9

$$\frac{1}{2\pi}\int_{\boldsymbol{c}} \boldsymbol{F}_P = \operatorname{sign} Q_1 + \cdots + \operatorname{sign} Q_m$$

この等式において，左辺は曲線全体に関わる量である．これに対して，右辺は閉曲線の半直線 L との交点の付近での振る舞いのみによって決まる量である．この定理はこれらが等号で結ばれるということを示す定理である．また以下の証明から巻数とよぶ理由が納得できる．

定理 2.6.9 の証明 $Q_i = \boldsymbol{c}(t_i)$ $(i = 1, 2, \ldots, m)$ とおき，$\alpha < t_1 < t_2 < \cdots < t_m < \beta$ とする．次に点 P を始点とする二つの半直線 L', L'' を L を挟んでとる．点 P で作る角は十分小さいとする．このとき，L' と $\boldsymbol{c}$ との交点もちょうど m 個あり，$Q'_i = \boldsymbol{c}(t'_i)$ $(i = 1, 2, \ldots, m)$ とする．同様に L'' と $\boldsymbol{c}$ との交点もちょうど m 個あり，$Q''_i = \boldsymbol{c}(t''_i)$ $(i = 1, 2, \ldots, m)$ とする．$\operatorname{sign} Q_i = 1$ ならば $t'_i < t_i < t''_i$ となり，一方 $\operatorname{sign} Q_i = -1$ ならば $t''_i < t_i < t'_i$ となるように L' および L'' が位置しているとする．

$\operatorname{sign} Q_i = 1$, $\operatorname{sing} Q_{i+1} = -1$ の場合を考える．このとき t'_i から t'_{i+1} までの範囲の曲線の部分 $\boldsymbol{c}(t)$ $(t'_i < t < t'_{i+1})$ は，L' と交わることはなく，$\boldsymbol{R}^2 \setminus L'$ の中に含まれているとしてよい．ここで点 P を極，L' を始線とする極座標 (r, θ) $(0 < \theta < 2\pi)$ を用いると，

$$\begin{aligned}
\int_{t'_i}^{t'_{i+1}} (\boldsymbol{F}_P, \boldsymbol{c}'(t))dt &= \lim_{\varepsilon \to 0} \int_{t'_i+\varepsilon}^{t'_{i+1}-\varepsilon} (\boldsymbol{F}_P, \boldsymbol{c}'(t))dt \\
&= \lim_{\varepsilon \to 0} \theta(\boldsymbol{c}(t'_{i+1} - \varepsilon)) - \theta(\boldsymbol{c}(t'_i + \varepsilon)) \\
&= 0 - 0 = 0
\end{aligned}$$

となる．そこで t'_i から t'_{i+1} までの範囲の曲線を，2 点 $\boldsymbol{c}(t'_i)$ と $\boldsymbol{c}(t'_{i+1})$ をつなぐ線分に置き換えることによって，次のように曲線 $\tilde{\boldsymbol{c}}$ を定める．

$$\tilde{\boldsymbol{c}}(t) = \begin{cases} \boldsymbol{c}(t) & (\alpha \leq t \leq t'_i) \\ \dfrac{t'_{i+1} - t}{t'_{i+1} - t'_i}\,\boldsymbol{c}(t'_i) + \dfrac{t - t'_i}{t'_{i+1} - t'_i}\,\boldsymbol{c}(t'_{i+1}) & (t'_i \leq t \leq t'_{i+1}) \\ \boldsymbol{c}(t) & (t'_{i+1} \leq t \leq \beta) \end{cases}$$

このとき巻数はその定義から n のまま変化はないが，$\tilde{\boldsymbol{c}}$ と L の交点から，Q_i と Q_{i+1} が消えたことになる．

$\operatorname{sign} Q_i = -1$，$\operatorname{sing} Q_{i+1} = +1$ の場合には L' を L'' に取り替えて同様の議論を行うことができる．L' と L'' を必要に応じて適当に取り替えながらこの操作を繰り返すことによって，パラメータの中の列 $(t_1, t_2, \ldots, t_m)$ の ℓ 個の部分列 $(t_{\sigma(1)}, t_{\sigma(2)}, \ldots, t_{\sigma(\ell)})$ と $\boldsymbol{R}^2 \setminus \{P\}$ 内の区分的に滑らかな閉曲線 $\hat{\boldsymbol{c}}(t)$ $(\alpha \leq t \leq \beta)$ が見つかって，次のことが成り立つ．

(i) $Q_{\sigma(i)} = \boldsymbol{c}(t_{\sigma(i)})$ $(i = 1, \ldots, \ell)$ の符号はすべて $+1$ であるか，または，すべて -1 である．

(ii) $\hat{\boldsymbol{c}}$ と L の共有点は $Q_{\sigma(1)}, \ldots, Q_{\sigma(\ell)}$ である．

(iii) $\hat{\boldsymbol{c}}$ と $\boldsymbol{c}$ の巻数は等しい．

もし $\operatorname{sign} Q_{\sigma(i)} = 1$ ならば，

$$\begin{aligned} \int_{t_{\sigma(i)}}^{t_{\sigma(i+1)}} (\boldsymbol{F}_P, \hat{\boldsymbol{c}}(t))dt &= \lim_{\varepsilon \to 0} \int_{t_{\sigma(i)}+\varepsilon}^{t_{\sigma(i+1)}-\varepsilon} (\boldsymbol{F}_P, \hat{\boldsymbol{c}}(t))dt \\ &= \lim_{\varepsilon \to 0} \theta(\hat{\boldsymbol{c}}(t_{\sigma(i+1)} - \varepsilon)) - \theta(\hat{\boldsymbol{c}}(t_{\sigma(i)} + \varepsilon)) \\ &= 2\pi - 0 = 2\pi \end{aligned}$$

となる．ただしここでは P を極，L を始線とする極座標 (r, θ) を使った．このようにして $\hat{\boldsymbol{c}}$ の巻数は

$$\frac{1}{2\pi} \int_{\hat{\boldsymbol{c}}} \boldsymbol{F}_P = \ell$$

と導かれる．一方 $\operatorname{sign} Q_{\sigma(i)} = -1$ のときには，$\hat{\boldsymbol{c}}$ の巻数は $-\ell$ となる．以上で定理 2.6.9 の証明を終える． ■

平面から半直線を除いた領域は単連結であるから，閉曲線 $\boldsymbol{c}$ は $\hat{\boldsymbol{c}}$ へ連続的に変形でき，さらに $\hat{\boldsymbol{c}}$ は定点 P を中心として ℓ 回転する円に連続的に変形できる．

2.7　ベクトル場の面積分

この節では，空間の領域において定義されたベクトル場の曲面上の面積分を定義する．

曲面 S 上で連続な単位法ベクトル場 $\boldsymbol{n}_S$ が与えられているとする．このとき，S を含む領域で定義されたベクトル場 $\boldsymbol{A} = (a_1, a_2, a_3)$ の S 上での**面積分**を

$$\iint_S (\boldsymbol{A}, \boldsymbol{n}_S)\, d\sigma_S$$

と定める．これは S 上での関数 $(\boldsymbol{A}, \boldsymbol{n}_S)$ の積分である．$\boldsymbol{n}_S$ に同調する局所パラメータ表示 $\boldsymbol{\phi} : D \to S$ と局所座標系 $(D, \boldsymbol{u} = (u_1, u_2))$ が与えられているところでは

$$\begin{aligned}
&\iint_{\boldsymbol{\phi}(D)} (\boldsymbol{A}, \boldsymbol{n}_S) d\sigma_S \\
&= \iint_D \left(\boldsymbol{A}, \frac{\partial \boldsymbol{\phi}}{\partial u_1} \times \frac{\partial \boldsymbol{\phi}}{\partial u_2} \right) du_1 du_2 \\
&= \iint_D \left(a_1 \begin{vmatrix} \dfrac{\partial \phi_2}{\partial u_1} & \dfrac{\partial \phi_3}{\partial u_1} \\ \dfrac{\partial \phi_2}{\partial u_2} & \dfrac{\partial \phi_3}{\partial u_2} \end{vmatrix} + a_2 \begin{vmatrix} \dfrac{\partial \phi_3}{\partial u_1} & \dfrac{\partial \phi_1}{\partial u_1} \\ \dfrac{\partial \phi_3}{\partial u_2} & \dfrac{\partial \phi_1}{\partial u_2} \end{vmatrix} \right. \\
&\qquad \left. + a_3 \begin{vmatrix} \dfrac{\partial \phi_1}{\partial u_1} & \dfrac{\partial \phi_2}{\partial u_1} \\ \dfrac{\partial \phi_1}{\partial u_2} & \dfrac{\partial \phi_2}{\partial u_2} \end{vmatrix} \right) du_1 du_2
\end{aligned}$$

となる．ここで

$$\frac{\partial(x_i, x_j)}{\partial(u_1, u_2)} = \begin{vmatrix} \dfrac{\partial \phi_i}{\partial u_1} & \dfrac{\partial \phi_j}{\partial u_1} \\ \dfrac{\partial \phi_i}{\partial u_2} & \dfrac{\partial \phi_j}{\partial u_2} \end{vmatrix}$$

とおいて

$$\begin{aligned}
&\iint_{\boldsymbol{\phi}(D)} (\boldsymbol{A}, \boldsymbol{n}_S) d\sigma_S \\
&= \iint_D \left(a_1 \frac{\partial(x_2, x_3)}{\partial(u_1, u_2)} + a_2 \frac{\partial(x_3, x_1)}{\partial(u_1, u_2)} + a_3 \frac{\partial(x_1, x_2)}{\partial(u_1, u_2)} \right) du_1 du_2
\end{aligned}$$

と表すことも多い．さらにこれらの表現から

$$\iint_{\boldsymbol{\phi}(D)} (\boldsymbol{A}, \boldsymbol{n}_S) d\sigma_S = \iint_D a_1 dx_2 dx_3 + a_2 dx_3 dx_1 + a_3 dx_1 dx_2$$

と表してもよい．

たとえば曲面 S が $\boldsymbol{R}^2$ 内の領域 D 上の関数 h のグラフであるとき，すなわち

$$S = \{(u_1, u_2, h(u_1, u_2)) \mid (u_1, u_2) \in D\}$$

のとき，S の連続単位法ベクトルとして

$$\boldsymbol{n}_S = \frac{1}{\sqrt{1 + \left(\frac{\partial h}{\partial u_1}\right)^2 + \left(\frac{\partial h}{\partial u_2}\right)^2}} \left(-\frac{\partial h}{\partial u_1}, -\frac{\partial h}{\partial u_2}, 1\right)$$

を選ぶと，面積分は

$$\iint_S (\boldsymbol{A}, \boldsymbol{n}_S) d\sigma_S = \iint_D \left(-a_1 \frac{\partial h}{\partial u_1} - a_2 \frac{\partial h}{\partial u_2} + a_3\right) du_1 du_2$$

で与えられる．

線積分と同様に，ベクトル場の面積分は曲面の向きを変える，すなわち連続単位法ベクトル場を換えると，符号だけ変わる．

2.8　ストークスの定理

次の定理を証明する．

定理 2.8.1 **(ストークスの定理)**　曲面 S に対して連続単位法ベクトル $\boldsymbol{n}_S : S \to \boldsymbol{R}^3$ が与えられているとする．曲面 S の中の，区分的に滑らかな単純閉曲線 $\boldsymbol{c}_1, \ldots, \boldsymbol{c}_n$ で囲まれた正則閉領域 $\overline{\Omega} = \Omega \cup \partial\Omega$ と，$\overline{\Omega}$ を含む領域において定義されたベクトル場 $\boldsymbol{A} = (a_1, a_2, a_3)$ を考える．このとき次の等式が成り立つ．

$$\int_\Omega (\mathrm{rot}\, \boldsymbol{A}, \boldsymbol{n}_S) d\sigma_S = \int_{\partial\Omega} \boldsymbol{A} \left(= \sum_{i=1}^{n} \int_{\boldsymbol{c}_i} \boldsymbol{A}\right)$$

証明　まず $\boldsymbol{n}_S : S \to \boldsymbol{R}^3$ に同調している局所パラメータ表示 $\boldsymbol{\phi} : D \to S$ をとり，$\boldsymbol{\phi}(D)$ に領域 Ω が含まれている場合を考える．D の部分領域 R があって $\boldsymbol{\phi}(R) = \Omega$ とする．$(D, \boldsymbol{u} = (u_1, u_2))$ を局所パラメータ表示から決まる $\boldsymbol{\phi}(D)$ 上の局所座標系とする．

$$b_1 = \left(\boldsymbol{A}, \frac{\partial \boldsymbol{\phi}}{\partial u_1}\right) = a_1(\boldsymbol{\phi})\frac{\partial \phi_1}{\partial u_1} + a_2(\boldsymbol{\phi})\frac{\partial \phi_2}{\partial u_1} + a_3(\boldsymbol{\phi})\frac{\partial \phi_3}{\partial u_1}$$
$$b_2 = \left(\boldsymbol{A}, \frac{\partial \boldsymbol{\phi}}{\partial u_2}\right) = a_1(\boldsymbol{\phi})\frac{\partial \phi_1}{\partial u_2} + a_2(\boldsymbol{\phi})\frac{\partial \phi_2}{\partial u_2} + a_3(\boldsymbol{\phi})\frac{\partial \phi_3}{\partial u_2}$$

とおいて，これらを成分とする（平面内の）領域 D 上のベクトル場 $\boldsymbol{B} = (b_1, b_2)$ を考える．このとき

$$(\mathrm{rot}\,\boldsymbol{A}, \boldsymbol{n}_S)\sqrt{G(\boldsymbol{\phi})} = \frac{\partial b_2}{\partial u_1} - \frac{\partial b_1}{\partial u_2}$$

となることが直接の計算によって確かめられる．したがって

$$\iint_\Omega (\mathrm{rot}\,\boldsymbol{A}, \boldsymbol{n}_S) d\sigma_S = \iint_R \left(\frac{\partial b_2}{\partial u_1} - \frac{\partial b_1}{\partial u_2}\right) du_1 du_2 \qquad (2.5)$$

となる．

D 内の単純閉曲線 $\hat{\mathbf{c}}_i(t)$ が，$\boldsymbol{\phi}(\hat{\mathbf{c}}_i(t)) = \boldsymbol{c}_i(t)$ $(\alpha_i \leq t \leq \beta_i)$ によって決まる．$\hat{\mathbf{c}}_i(t) = (\hat{c}_{i;1}(t), \hat{c}_{i;2}(t))$ と表す．このとき

$$\boldsymbol{c}_i{}'(t) = \hat{c}'_{i;1}(t)\frac{\partial \boldsymbol{\phi}}{\partial u_1}(\hat{\mathbf{c}}_i(t)) + \hat{c}'_{i;2}(t)\frac{\partial \boldsymbol{\phi}}{\partial u_2}(\hat{\mathbf{c}}_i(t))$$

より，

$$\begin{aligned}(\boldsymbol{A}, \boldsymbol{c}_i{}'(t)) &= \hat{c}'_{i;1}(t)\left(\boldsymbol{A}, \frac{\partial \boldsymbol{\phi}}{\partial u_1}(\hat{\mathbf{c}}_i(t))\right) + \hat{c}'_{i;2}(t)\left(\boldsymbol{A}, \frac{\partial \boldsymbol{\phi}}{\partial u_2}(\hat{\mathbf{c}}_i(t))\right) \\ &= \hat{c}'_{i;1}(t)b_1(\hat{\mathbf{c}}_i(t)) + \hat{c}'_{i;2}(t)b_2(\hat{\mathbf{c}}_i(t)) \\ &= (\boldsymbol{B}, \hat{\mathbf{c}}'_i(t))\end{aligned}$$

となる．したがって

$$\begin{aligned}\int_{\partial\Omega} \boldsymbol{A} &= \sum_{i=1}^k \int_{\boldsymbol{c}_i} \boldsymbol{A} = \sum_{i=1}^k \int_{\alpha_i}^{\beta_i} (\boldsymbol{A}, \boldsymbol{c}_i{}'(t))dt \\ &= \sum_{i=1}^k \int_{\alpha_i}^{\beta_i} (\boldsymbol{B}, \hat{\mathbf{c}}'_i(t))dt = \sum_{i=1}^k \int_{\hat{\mathbf{c}}_i} \boldsymbol{B} = \int_{\partial R} \boldsymbol{B}\end{aligned}$$

となる．以上からグリーンの定理 2.6.3 と等式 (2.5) を適用して

$$\int_{\partial\Omega} \boldsymbol{A} = \int_{\partial R} \boldsymbol{B} = \iint_R \left(\frac{\partial b_2}{\partial u_1} - \frac{\partial b_1}{\partial u_2} \right) du_1 du_2 = \iint_\Omega (\mathrm{rot}\, \boldsymbol{A}, \boldsymbol{n}_S) d\sigma_S$$

となって，求める等式が得られる．

一つの局所パラメータ表示される部分に正則閉領域 $\overline{\Omega}$ が含まれるとは限らない（図 2.9 参照）．そのような場合には $\overline{\Omega}$ の三角形分割 $\{\Delta_i \mid i = 1, \ldots, F\}$ を考える（1.4 節参照）．もし三角形領域 Δ_j の境界 $\partial\Delta_j$ の一つの辺 $c_{j;\ell}$ と別の三角形領域 Δ_k の境界 $\partial\Delta_k$ の一つの辺 $c_{k;m}$ が Δ_j と Δ_k の共有部分となっているとき，$c_{j;\ell}$ と $c_{k;m}$ は互いに逆向きであることがわかる（図 2.10 参照）．したがってその部分からのベクトル場 $\boldsymbol{A}$ の線積分への寄与は互いに打ち消しあう．すなわち

$$\int_{\boldsymbol{c}_{j;\ell}} \boldsymbol{A} + \int_{\boldsymbol{c}_{k;m}} \boldsymbol{A} = 0$$

となる．これに注意すると，

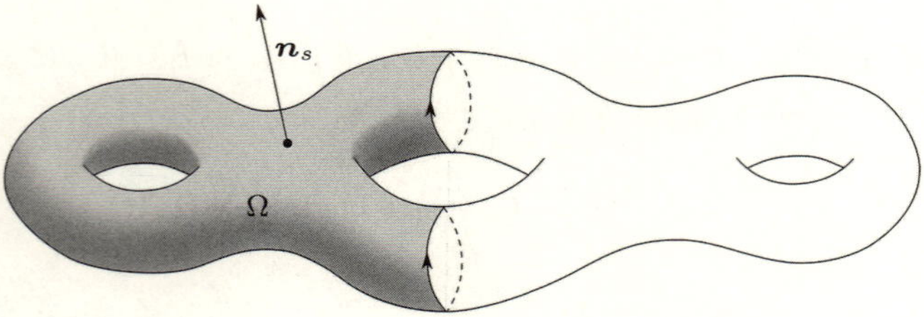

図 2.9 曲面内の領域

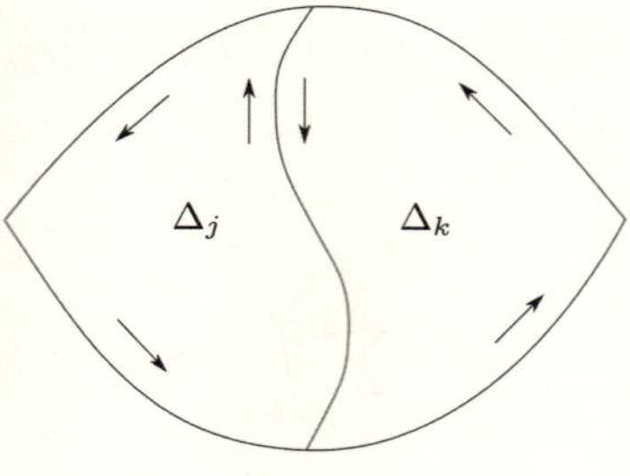

図 2.10 向き付けられた三角形領域

$$\int_{\partial\Omega} \boldsymbol{A} = \sum_{j=1}^{n} \int_{\partial\Delta_j} \boldsymbol{A}$$

が導かれる．最後に各三角形領域 Δ_j において求める等式が成り立つので，

$$\int_{\partial\Omega} \boldsymbol{A} = \sum_{j=1}^{n} \int_{\partial\Delta_j} \boldsymbol{A} = \sum_{j=1}^{n} \iint_{\Delta_j} (\mathrm{rot}\,\boldsymbol{A}, \boldsymbol{n}_S) d\sigma_S = \iint_{\Omega} (\mathrm{rot}\,\boldsymbol{A}, \boldsymbol{n}_S) d\sigma_S$$

となる．このようにして求める等式を得る．これでストークスの定理の証明を終える．■

◆**例題 2.8.2**　単位球面 $S^2(1)$ 上の連続単位法ベクトルとして $\boldsymbol{n}_{S^2(1)}(\boldsymbol{v}) = \boldsymbol{v}$ $(\boldsymbol{v} \in S^2(1))$ を考え，$S^2(1)$ に向きを定める．Ω を $S^2(1)$ の北半球 $\{(x_1, x_2, x_3) \mid x_1^2 + x_2^2 + x_3^2 = 1,\ x_3 \geq 0\}$ とする．定ベクトル $\boldsymbol{a} = (a_1, a_2, a_3)$ に対して，

$$\frac{1}{2\pi} \iint_{\Omega} (\boldsymbol{a}, \boldsymbol{v}) d\sigma_{S^2(1)}(\boldsymbol{v}) = \frac{a_3}{2}$$

が成り立つことを示せ．

証明　ベクトル場 $\boldsymbol{A} = \boldsymbol{a} \times \boldsymbol{r}$ に対して，$\mathrm{rot}\,\boldsymbol{A} = 2\boldsymbol{a}$ に注意する（例 2.4.2 参照）．このとき，

$$\begin{aligned}\iint_{\Omega} (2\boldsymbol{a}, \boldsymbol{v}) d\sigma_{S^2(1)}(\boldsymbol{v}) &= \iint_{\Omega} (\mathrm{rot}\,\boldsymbol{A}, \boldsymbol{n}_{S^2(1)}) d\sigma_{S^2(1)} \\ &= \int_{\partial\Omega} \boldsymbol{A} = \int_{\partial\Omega} \boldsymbol{a} \times \boldsymbol{r}\end{aligned}$$

より，$\partial\Omega$ を閉曲線 $\boldsymbol{c}(t) = (\cos t, \sin t, 0)$ $(0 \leq t \leq 2\pi)$ で表して，

$$\int_0^{2\pi} (\boldsymbol{a} \times \boldsymbol{c}(t), \boldsymbol{c}'(t))\, dt = 2\pi a_3$$

となる．■

◆**例 2.8.3**　**アンペールの法則**によれば，磁束密度 $\boldsymbol{B}$ の任意の閉回路（単純閉曲線）$\boldsymbol{c}$ に沿う線積分の値は，$\boldsymbol{c}$ を境界にもつコンパクト曲面 $\overline{\Omega}$ を貫く定常電

流の総和に比例し，

$$\int_{\boldsymbol{c}} \boldsymbol{B} = c_0 \iint_{\Omega} (\boldsymbol{i}, \boldsymbol{n}_{\Omega}) d\sigma_{\Omega}$$

が成り立つ．ここで c_0 は正の定数で，$\boldsymbol{i}$ は電流密度（ベクトル）である．ここでストークスの定理を適用すると，

$$\int_{\boldsymbol{c}} \boldsymbol{B} = \iint_{\Omega} (\mathrm{rot}\, \boldsymbol{B}, \boldsymbol{n}_{\Omega}) d\sigma_{\Omega}$$

が成り立つ．したがって

$$\iint_{\Omega} (\mathrm{rot}\, \boldsymbol{B}, \boldsymbol{n}_{\Omega}) d\sigma_{\Omega} = c_0 \iint_{\Omega} (\boldsymbol{i}, \boldsymbol{n}_{\Omega}) d\sigma_{\Omega}$$

が任意の境界のあるコンパクト曲面 $\overline{\Omega}$ に対して成り立つ．これから

$$\mathrm{rot}\, \boldsymbol{B} = c_0 \boldsymbol{i}$$

が従う．小さな曲面片で考えてみるとよい．

さて，平面 $\boldsymbol{R}^2 = \{(u_1, u_2) \mid u_1, u_2 \in \boldsymbol{R}\}$ 内の正則閉領域 R を考える．いくつかの区分的に滑らかな単純閉曲線 $\boldsymbol{c}_i : [\alpha_i, \beta_i] \to \boldsymbol{R}^2$ $(i = 1, 2, \ldots, k)$ で囲まれているとする．$\partial R = \boldsymbol{c}_1 \cup \cdots \cup \boldsymbol{c}_k$ において，各曲線 $\boldsymbol{c}_i$ は領域 R を左手に見ながら単位の速さで進んでいるとする．すなわち，∂R 上定義された外向き単位法ベクトルを $\boldsymbol{n}_{\partial R} = (n_1, n_2)$ とすると，

$$\boldsymbol{c}_i' = J\boldsymbol{n}_{\partial R}$$

が満たされているとする．ここでベクトル $\boldsymbol{u} = (u_1, u_2)$ を反時計回りに 90 度回転してできるベクトル $(-u_2, u_1)$ を $J\boldsymbol{u}$ と表した．明らかに $J(J(\boldsymbol{u})) = -\boldsymbol{u}$, $(J\boldsymbol{u}, J\boldsymbol{v}) = (\boldsymbol{u}, \boldsymbol{v})$ が成り立つ．

$R \cup \partial R$ において定義されたベクトル場 $\boldsymbol{B} = (b_1, b_2)$ を考える．ベクトル場 $JB = (-b_2, b_1)$ に対して，グリーンの定理を適用して

$$\iint_R \left(\frac{\partial b_1}{\partial u_1} + \frac{\partial b_2}{\partial u_2} \right) du_1 du_2 = \sum_{i=1}^{n} \int_{\boldsymbol{c}_i} J\boldsymbol{B}$$

が成り立つ．一方右辺は

$$\sum_{i=1}^{n}\int_{\boldsymbol{c}_i} J\boldsymbol{B} = \sum_{i=1}^{n}\int_{a_i}^{b_i}(J\boldsymbol{B}, J\boldsymbol{n}_{\partial R})\,ds = \sum_{i=1}^{n}\int_{\alpha_i}^{\beta_i}(\boldsymbol{B}, \boldsymbol{n}_{\partial R})\,ds$$

となる．このように

$$\iint_R \mathrm{div}\,\boldsymbol{B}\,du_1du_2 = \sum_{i=1}^{n}\int_{\alpha_i}^{\beta_i}(\boldsymbol{B}, \boldsymbol{n}_{\partial R})\,ds$$

が導かれた．これを**ガウスの発散定理**という．この定理において，$\boldsymbol{B}$ を $J\boldsymbol{B}$ に変えることによって，グリーンの定理 2.6.3 が得られ，ストークスの定理 2.8.1 へとつながる．次の章では，空間の領域上のベクトル場に対するガウスの発散定理を紹介し，説明する．

この節を終える前に常微分方程式の解の存在と一意性および解の初期値・パラメータに関する微分可能性に関する定理を引用する．詳細は適当な微分方程式の教科書を参照してほしい．この定理は本書の数か所で理解を補助することになる．

定理 2.8.4 $f^i(t;y^1,\ldots,y^n;\lambda_1,\ldots,\lambda_m)$ は，$(1+n+m)$ 個の変数 $t,y^1,\ldots,y^n,\lambda_1,\ldots,\lambda_m$ の関数で，領域 $|t|<a$, $|y^i|<b_i$, $|\lambda_j|<c_j$ で k 回までの偏導関数が存在し，かつ連続とする．このとき，未知関数 $y^i=y^i(t;\lambda_1,\ldots,\lambda_m)$ $(i=1,\ldots,n)$ に関する連立微分方程式

$$\frac{dy^i}{dt} = f^i(t;y^1,\ldots,y^n;\lambda_1,\ldots,\lambda_m), \quad i=1,\ldots,n$$

を考えると，与えられた α,β^i,λ_j $(|\alpha|<a,\ |\beta^i|<b_i,\ |\lambda_j|<c_j)$ に対し，初期条件

$$y^i(\alpha;\lambda_i,\ldots,\lambda_m) = \beta^i, \quad i=1,\ldots,n$$

を満たす解 $y^i(t;y^1,\ldots,y^n;\lambda_1,\ldots,\lambda_m)$ がただ一組存在する．この解は十分小さい $\delta>0$ に対して $|t-\alpha|<\delta$ で定義され，t に関して $k+1$ 回連続微分可能，パラメータ $\lambda_1,\ldots,\lambda_m$ に関しても k 回連続微分可能である．

さて，領域 V で定義されたベクトル場 $\boldsymbol{A} = (a_1, a_2, a_3)$ を考える．ここでは領域での位置のほかにもう一つの変数 t にも依存し，$|t| < a$ で定まっているとする．このとき $t = 0$ で V の点 $P(p_1, p_2, p_3)$ を通る流線 $\boldsymbol{c} = (c_1, c_2, c_3)$ は，連立微分方程式

$$\frac{dc_i(t)}{dt} = a_1(t; c_1(t), c_2(t), c_3(t)), \quad i = 1, 2, 3$$

と初期条件

$$c_i(0) = p_i, \quad i = 1, 2, 3$$

を満たす解として得られる．これを $\boldsymbol{c}(t; P)$ と記す．t を固定するとき，点 P に移動先の点 $\boldsymbol{c}(t; P)$ を対応させる写像が得られる．これを $\phi_t(P)$ と表す．このとき常微分方程式の解の存在と一意性より，合成に関する規則 $\phi_t \circ \phi_s = \phi_{t+s}$ が，定義できる範囲において成り立つ．ϕ_0 は恒等写像 I である．$\{\phi_t\}$ をベクトル場 $\boldsymbol{A}$ が定めるその定義領域 V の **1 パラメータ局所変換群**という．

◆例 2.8.5 3 次行列 $M = (m_{ij})$ に対して，$\boldsymbol{R}^3$ 全体で定義されたベクトル場

$$\boldsymbol{F}(\boldsymbol{x}) = (x_1, x_2, x_3)M = (x_1, x_2, x_3)\begin{pmatrix} m_{11} & m_{12} & m_{13} \\ m_{21} & m_{22} & m_{23} \\ m_{31} & m_{32} & m_{33} \end{pmatrix}$$

を考える．対応する 1 パラメータ局所変換群は

$$\phi_t(P) = (p_1, p_2, p_3) \exp tM \quad (-\infty < t < \infty)$$

で与えられる．ここに $\exp tM$ は行列 tM を変数とする指数関数のことで，

$$\exp tM = I + tM + \frac{t^2 M^2}{2!} + \cdots + \frac{t^n M^n}{n!} + \cdots$$

と定義される．実際 $\{\exp tM \mid t \in \boldsymbol{R}\}$ は $\exp(t+s)M = \exp tM \exp sM$ を満たし，さらに

$$\frac{d}{dt} \exp tM = M \exp tM = (\exp tM)M$$

が成り立つので，

$$\frac{d}{dt}\phi_t(P) = (p_1, p_2, p_3)(\exp tM)M = \phi_t(P)M = \boldsymbol{F}(\phi_t(P))$$

となる．

次に M が交代行列，すなわち $M + M^T = 0$ を満たすとする．このとき，$\exp tM$ は直交行列である．なぜならば

$$\begin{aligned}(\exp tM)(\exp tM)^T &= (\exp tM)(\exp tM^T)\\ &= \exp t(M + M^T) = \exp 0 = I\end{aligned}$$

となるからである．このように ϕ_t は等長変換で，そのヤコビアン J_{ϕ_t} はつねに 1 であり，特に体積を変化させない（例 2.4.2 参照）．

また，M が対称行列，すなわち $M = M^T$ を満たすとする．このとき，ある正則行列 N があって $N^{-1}MN$ が三つの実数 μ_1, μ_2, μ_3 を対角成分とする対角行列となる．したがって

$$\begin{aligned}\exp tM &= \exp tN\begin{pmatrix}\mu_1 & 0 & 0\\ 0 & \mu_2 & 0\\ 0 & 0 & \mu_3\end{pmatrix}N^{-1}\\ &= N\begin{pmatrix}\exp t\,\mu_1 & 0 & 0\\ 0 & \exp t\,\mu_2 & 0\\ 0 & 0 & \exp t\,\mu_3\end{pmatrix}N^{-1}\end{aligned}$$

となり，ϕ_t は M の固有ベクトルの方向に対応する固有値 μ_1, μ_2, μ_3 に応じて伸縮し，体積を変化させる．ϕ_t のヤコビアン J_{ϕ_t} は $\exp t(\mu_1 + \mu_2 + \mu_3)$ であり，

$$\frac{d}{dt}\,J_{\phi_t}|_{t=0} = \mu_1 + \mu_2 + \mu_3 = \operatorname{trace} M = \operatorname{div}\boldsymbol{F}$$

となる（練習問題 3 の 5 参照）．

練習問題 2

1. $f(u, v)$ は 2 変数の未知関数とする．ベクトル場 $\boldsymbol{A} = (f(x_2, x_3), f(x_3, x_1), f(x_1, x_2))$ が $\operatorname{rot}\boldsymbol{A} = \boldsymbol{0}$ を満たすならば，$f(u, v)$ はどのような関数か．明らか

に $\mathrm{div}\,\boldsymbol{A} = 0$ である．

2.　$R = [\alpha_1, \beta_1] \times [\alpha_2, \beta_2] \times [\alpha_3, \beta_3]$ を含む領域で定義されたベクトル場 $\boldsymbol{A} = (a_1, a_2, a_3)$ が $\mathrm{rot}\,\boldsymbol{A} = \boldsymbol{0}$ を満たすとする．

$$\begin{aligned} &f(x_1, x_2, x_3) \\ &= \int_{\alpha_1}^{x_1} a_1(t, x_2, x_3)dt + \int_{\alpha_2}^{x_2} a_2(\alpha_1, t, x_3)dt + \int_{\alpha_3}^{x_3} a_3(\alpha_1, \alpha_2, t)dt \end{aligned}$$

とおいてスカラー場 f を定める．このとき R において $\boldsymbol{A} = \mathrm{grad}\, f$ となることを示せ．

3.　$R = [\alpha_1, \beta_1] \times [\alpha_2, \beta_2] \times [\alpha_3, \beta_3]$ を含む領域で定義されたベクトル場 $\boldsymbol{B} = (b_1, b_2, b_3)$ が $\mathrm{div}\,\boldsymbol{B} = 0$ を満たすとする．

$$\begin{aligned} f_1(x_1, x_2, x_3) &= \int_{\alpha_3}^{x_3} b_2(x_1, x_2, t)dt \\ f_2(x_1, x_2, x_3) &= \int_{\alpha_1}^{x_1} b_3(t, x_2, \alpha_3)dt - \int_{\alpha_3}^{x_3} b_1(x_1, x_2, t)dt \\ f_3(x_1, x_2, x_3) &= 0 \end{aligned}$$

によってベクトル場 $\boldsymbol{F} = (f_1, f_2, f_3)$ を定める．このとき，R において $\boldsymbol{B} = \mathrm{rot}\,\boldsymbol{F}$ が成り立つことを示せ．

4.　空間上の滑らかな関数 f と滑らかな閉曲線 $\boldsymbol{c} = (c_1, c_2, c_3) : [\alpha, \beta] \to \boldsymbol{R}^3$ に対して，

$$\boldsymbol{A}(P) = \int_{\alpha}^{\beta} f\,(\boldsymbol{c}(t) - \boldsymbol{r}(P))\boldsymbol{c}'(t)\,dt, \quad P \in \boldsymbol{R}^3$$

とおいてベクトル場 $\boldsymbol{A}$ を定める．このとき，

$$\mathrm{rot}\,\boldsymbol{A}(P) = -\int_{\alpha}^{\beta} \mathrm{grad}\, f(\boldsymbol{c}(t) - \boldsymbol{r}(P)) \times \boldsymbol{c}'(t)dt$$

であることを示せ．また，$\boldsymbol{A}$ は

$$\mathrm{div}\,\boldsymbol{A} = 0, \quad \mathrm{rot}\,\mathrm{rot}\,\boldsymbol{A} = -\Delta\boldsymbol{A}$$

を満たすことを示せ.

5. 電磁場の基礎方程式として，**マクスウェルの方程式**が知られている.

$$
\begin{aligned}
&\varepsilon_0 \operatorname{div} \boldsymbol{E}(t,\boldsymbol{x}) = \rho(t,\boldsymbol{x}) \\
&\operatorname{div} \boldsymbol{B}(t,\boldsymbol{x}) = 0 \\
&\operatorname{rot} \boldsymbol{E}(t,\boldsymbol{x}) + \frac{\partial \boldsymbol{B}}{\partial t} = 0 \\
&\frac{1}{\mu_0} \operatorname{rot} \boldsymbol{B}(t,\boldsymbol{x}) - \varepsilon_0 \frac{\partial \boldsymbol{E}}{\partial t} = \boldsymbol{i}(t,\boldsymbol{x})
\end{aligned}
$$

ここで ρ は電荷密度，$\boldsymbol{i}$ は電流密度，ε_0 は真空の透電率，μ_0 は透磁率である. $\rho = 0$, $\boldsymbol{i} = \boldsymbol{0}$ のとき，電場 $\boldsymbol{E}$，磁束密度 $\boldsymbol{B}$ は次の**波動方程式**を満たすことを示せ.

$$
\frac{\partial^2 \boldsymbol{E}}{\partial t^2} - \frac{1}{c^2}\Delta \boldsymbol{E} = \boldsymbol{0}, \quad \frac{\partial^2 \boldsymbol{B}}{\partial t^2} - \frac{1}{c^2}\Delta \boldsymbol{B} = \boldsymbol{0}
$$

ここで $c = \dfrac{1}{\sqrt{\varepsilon_0 \mu_0}}$ とおいた.

6. グリーンの定理を利用して，次の積分の値を求めよ.

$$
\int_0^{2\pi} \left\{(-3\cos\theta\sin^2\theta + e^{\cos\theta})\cos\theta - (3\cos^2\theta\sin\theta + e^{\cos\theta}\sin\theta)\sin\theta\right\} d\theta
$$

第3章

積分定理とその応用

この章では，空間のベクトル場に対するガウスの発散定理を証明する．平面の場合とは少し異なった視点から説明を試みる．次にグリーンの積分公式を導いて，その応用をいくつか与える．特にニュートンポテンシャルがポアソン方程式の解となることを証明し，ベクトル場の分解に触れる．

3.1　ガウスの発散定理

まず次の補題から始める．

補題 3.1.1　空間 $\boldsymbol{R}^3$ の領域 V で定義されたベクトル場 $\boldsymbol{A} = (a_1, a_2, a_3)$ を考える．$\boldsymbol{A}$ が V の中に含まれる有界閉集合の外で消えているとき，

$$\iiint_V \operatorname{div} \boldsymbol{A}\, dx_1 dx_2 dx_3 = 0$$

が成り立つ．

証明　V の外で 0 とおくことによって $\boldsymbol{A}$ は空間全体で滑らかに定義されているとしてよい．このとき，微積分の基本定理より

$$\int_{-\alpha}^{\alpha} \frac{\partial a_1}{\partial x_1}(x_1, x_2, x_3) dx_1 = a_1(\alpha, x_2, x_3) - a_1(-\alpha, x_2, x_3)$$

となり，α が十分大きいとき $a_1(\alpha, x_2, x_3) = 0$, $a_1(-\alpha, x_2, x_3) = 0$ であるから

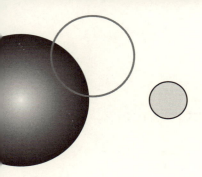

$$\int_{-\infty}^{+\infty} \frac{\partial a_1}{\partial x_1} dx_1 = \lim_{\alpha\to\infty} \int_{-\alpha}^{\alpha} \frac{\partial a_1}{\partial x_1} dx_1 = 0$$

である．同様に

$$\int_{-\infty}^{+\infty} \frac{\partial a_2}{\partial x_2} dx_2 = 0, \quad \int_{-\infty}^{+\infty} \frac{\partial a_3}{\partial x_3} dx_3 = 0$$

が成り立つ．したがって重積分の逐次積分法を使って，

$$\begin{aligned}
&\iiint_{\boldsymbol{R}^3} \operatorname{div} \boldsymbol{A}\ dx_1 dx_2 dx_3 \\
&= \iint_{\boldsymbol{R}^2} \left(\int_{-\infty}^{\infty} \frac{\partial a_1}{\partial x_1} dx_1 \right) dx_2 dx_3 + \iint_{\boldsymbol{R}^2} \left(\int_{-\infty}^{\infty} \frac{\partial a_2}{\partial x_2} dx_2 \right) dx_3 dx_1 + \\
&\quad + \iint_{\boldsymbol{R}^2} \left(\int_{-\infty}^{\infty} \frac{\partial a_3}{\partial x_3} dx_3 \right) dx_1 dx_2 \\
&= 0
\end{aligned}$$

である． ■

さて，$\boldsymbol{R}^3$ の領域 V の閉包 $\overline{V}$ において定義されたスカラー場 f とベクトル場 $\boldsymbol{A}$ について，$\operatorname{div}(f\boldsymbol{A}) = f \operatorname{div} \boldsymbol{A} + (\operatorname{grad} f, \boldsymbol{A})$ となるので，f あるいは $\boldsymbol{A}$ が V 内の有界閉集合の外でゼロであるとき，補題 3.1.1 から

$$\iiint_V f \operatorname{div} \boldsymbol{A}\, dx_1 dx_2 dx_3 = -\iiint_V (\operatorname{grad} f, \boldsymbol{A})\ dx_1 dx_2 dx_3 \tag{3.1}$$

が成り立つことがわかる．ここで領域 V は有界であると仮定する．V の上で値 1 をとり，V の外で値 0 をとる関数を I_V と表すと，I_V は領域の境界上で不連続な関数であり，もちろん滑らかではない．したがって $\operatorname{grad} I_V$ も定まらない．一方

$$\iiint_V \operatorname{div} \boldsymbol{A}\, dx_1 dx_2 dx_3 = \iiint_{\boldsymbol{R}^3} I_V \operatorname{div} \boldsymbol{A}\, dx_1 dx_2 dx_3$$

であるので，形式的には式 (3.1) の類推により

$$\iiint_{\boldsymbol{R}^3} I_V \operatorname{div} \boldsymbol{A}\ dx_1 dx_2 dx_3 = -\iiint_{\boldsymbol{R}^3} (\text{“}\operatorname{grad} I_V\text{”}, \boldsymbol{A})\ dx_1 dx_2 dx_3$$

と表してみる．“$\operatorname{grad} I_V$” は領域の内と外では確かに消えており，領域の境界での表現がありそうだが，ここを明らかにする必要がある．

ガウスの発散定理を述べる．

定理 3.1.2 **(ガウスの発散定理)** 閉曲面 S で囲まれた有界な領域を V とし，S 上の外向き単位法ベクトルを $\boldsymbol{n}_S$ とする．閉領域 $\overline{V} = V \cup S$ において定義されたベクトル場 $\boldsymbol{A}$ について

$$\iiint_V \mathrm{div}\boldsymbol{A}\ dx_1dx_2dx_3 = \iint_S (\boldsymbol{A}, \boldsymbol{n}_S)\ d\sigma_S$$

が成り立つ．

証明の前に，流体を考え，この定理の意味するところを述べる．

$\boldsymbol{v}$ を流体の速度のベクトル場とし，各点 $P(p_1, p_2, p_3)$ における流体の密度 $\rho(p_1, p_2, p_3)$ を掛け算したベクトル場

$$\boldsymbol{A}(p_1, p_2, p_3) = \rho(p_1, p_2, p_3)\boldsymbol{v}(p_1, p_2, p_3)$$

を流速のベクトル場または流速密度のベクトル場とする．$\boldsymbol{A}$ は一つの面を通過する流体の量に関係する．点 P において単位法ベクトルが $\boldsymbol{n}_S$ であるような微小面積 $\delta\sigma$ の微小曲面 S を時間 δt で通過する流量は，$\boldsymbol{n}_S$ と $\boldsymbol{v}$ のなす角を θ とすると，$\rho\|\boldsymbol{v}\|(\cos\theta)\delta\sigma\delta t = (\boldsymbol{A}, \boldsymbol{n}_s)\delta\sigma\delta t$ と表される．これは $\delta\sigma$ を底面積，$\rho\|\boldsymbol{v}\|(\cos\theta)\delta t$ を高さとする柱体の内部にある流体が微小曲面 S を通過するからである．$\cos\theta$ が正ならば，流れは曲面の法線方向の向きに流れ，$\cos\theta$ が負であるならば，流れは逆の向きに通過し，$|(\boldsymbol{A}, \boldsymbol{n}_S)|\delta\sigma\delta t$ がその大きさとなる．これからわかるように，積分 $\displaystyle\iint_S (\boldsymbol{A}, \boldsymbol{n}_S)d\sigma_S$ は曲面 S を通過する単位時間当たりの流体の量を表す．

次に点 $P(p_1, p_2, p_3)$ に対して 3 点 $L(p_1 + \delta p_1, p_2, p_3)$, $M(p_1, p_2 + \delta p_2, p_3)$, $N(p_1, p_2, p_3 + \delta p_3)$ をとる．ただし $\delta p_1, \delta p_2, \delta p_3$ はすべて正とする．線分 PL, PM, PN を辺にもつ直方体 $R = [p_1, p_1 + \delta p_1] \times [p_2, p_2 + \delta p_2] \times [p_3, p_3 + \delta p_3]$ を考える．この直方体で x_2x_3 平面に平行な面を F, F' とする．F' が頂点 P を含む面である．法線ベクトルが F では $\boldsymbol{e}_1 = (1, 0, 0)$，$F'$ では $-\boldsymbol{e}_1$ であるから，これらの面を単位時間に通過する量は

$$\iint_{[p_2, p_2+\delta p_2]\times[p_3, p_3+\delta p_3]} a_1(p_1 + \delta p_1, x_2, x_3) - a_1(p_1, x_2, x_3)\, dx_1dx_2$$

である．ここで，

$$a_1(p_1+\delta p_1, x_2, x_3) - a_1(p_1, x_2, x_3) = \int_{p_1}^{p_1+\delta p_1} \frac{\partial a_1}{\partial x_1}(x_1, x_2, x_3)\, dx_1$$

に置き換えると，

$$\iiint_{[p_1,p_1+\delta p_1]\times[p_2,p_2+\delta p_2]\times[p_3,p_3+\delta p_3]} \frac{\partial a_1}{\partial x_1}(x_1, x_2, x_3)\, dx_1 dx_2 dx_3$$

となり，同様のことをほかの面でも考えると，全部で

$$\iiint_{[p_1,p_1+\delta p_1]\times[p_2,p_2+\delta p_2]\times[p_3,p_3+\delta p_3]} \mathrm{div}\,\boldsymbol{A}\, dx_1 dx_2 dx_3$$

なる量の流体が直方体の内部から外部へ表面を通過して単位時間に流出することになる．このように $\mathrm{div}\,\boldsymbol{A}$ は単位体積から単位時間に流出する流体の量を表す．それらの総和が曲面 S からの単位時間当たりの流量 $\iint_S (\boldsymbol{A}, \boldsymbol{n}_S) d\sigma_S$ と一致する．これがガウスの発散定理の意味するところである．

上の議論は，位置にも時間にも依存するベクトル場の場合にも当てはまる．密度を $\rho(t; p_1, p_2, p_3)$，流体の速度を $\boldsymbol{v}(t; p_1, p_2, p_3)$ として，ベクトル場

$$\boldsymbol{A}(t; p_1, p_2, p_3) = \rho(t; p_1, p_2, p_3)\boldsymbol{v}(t; p_1, p_2, p_3)$$

を考える．このときも $\mathrm{div}\,\boldsymbol{A}$ は単位体積から単位時間に流出する流体の量を表し，したがって δt 時間に微小直方体の面から $\mathrm{div}\,\boldsymbol{A}\ \delta x_1 \delta x_2 \delta x_3 \delta t$ だけ流出し，その分直方体の中の流体の量は減り，その関係は次のように表される．

$$\frac{\partial \rho}{\partial t} + \mathrm{div}\,(\rho \boldsymbol{v}) = 0$$

これを**連続体の方程式**という．

次に電流を考える．電流の空間的分布の様子が時間的に変動しない定常電流の場合，電流密度 $\boldsymbol{i}$ は

$$\mathrm{div}\,\boldsymbol{i}(\boldsymbol{x}) = 0$$

を満たす．これを電荷保存則という．任意の閉曲面 S から単位時間で流出する電荷の総量 $\iint_S (\boldsymbol{i}, \boldsymbol{n}_s) d\sigma_S$ は 0 であって，閉曲面の内部に含まれる電荷の値 Q が一定に保たれることを意味している．

次に電流密度が時間的に変化する場合を考える．時間パラメータ t を入れて，$\boldsymbol{i}(t;\boldsymbol{x})$ と表す．このとき，$\iint_S (\boldsymbol{i}, \boldsymbol{n}_s) d\sigma_S$ の分だけ Q は減少し，その単位時間当たりの減少量は $-dQ/dt$ で与えられるので，

$$-\frac{dQ}{dt} = \iint_S (\boldsymbol{i}, \boldsymbol{n}_s) d\sigma_S$$

が成り立つ．電荷密度を $\rho(t;\boldsymbol{x})$ と表すと，$Q = \iiint_V \rho\, dx_1 dx_2 dx_3$ となって，

$$\iiint_V -\frac{\partial \rho}{\partial t}\, dx_1 dx_2 dx_3 = \iint_S (\boldsymbol{i}, \boldsymbol{n}_s) d\sigma_S = \iiint_V \operatorname{div} \boldsymbol{i}\, dx_1 dx_2 dx_3$$

が成り立つ．これから

$$-\frac{\partial \rho}{\partial t} = \operatorname{div} \boldsymbol{i}(t;\boldsymbol{x})$$

が導かれる．これを微分形の**電荷保存則**という．

別の例として，熱の流れについて考える．ある物質に最初に熱を与えたあと，熱エネルギーは生成も吸収もないとする．熱量が保存されているので，閉曲面 S から出る熱量の総和が 0 でなければ S の内部の領域 V の熱量はそれだけ減少する．S を通り流れ出る熱の量は，S の内部の全熱量 Q の時間変化に関する変化率のマイナスに等しい．単位面積を通って単位時間に流れる熱量をベクトル場 $\boldsymbol{H}$ が表しているとすると，

$$\iint_S (\boldsymbol{H}, \boldsymbol{n}_S) d\sigma_S = -\frac{dQ}{dt}$$

が成り立つ．単位体積当たりの熱量を q とすると，$Q = \iiint_V q\, dx_1 dx_2 dx_3$ であり，ガウスの発散定理より

$$\iint_S (\boldsymbol{H}, \boldsymbol{n}_S) d\sigma_S = \iiint_V \operatorname{div} \boldsymbol{H} dx_1 dx_2 dx_3$$

であるから

$$\iiint_V \operatorname{div} \boldsymbol{H}\, dx_1 dx_2 dx_3 = -\iiint_V \frac{\partial q}{\partial t} dx_1 dx_2 dx_3$$

が成り立つ．小さな直方体に適用してみることによって

$$\frac{\partial q}{\partial t} = -\mathrm{div}\,\boldsymbol{H}$$

が成り立つことがわかる．ここで物質の温度 T は単位体積当たりの熱量に比例する，つまり物質が決まった比熱をもつとすると，定数 c_v があって

$$\frac{\partial q}{\partial t} = c_v \frac{\partial T}{\partial t}$$

となり，熱量の変化率は温度の変化率に比例する．このときある定数 κ があって，$\boldsymbol{H} = -\kappa\,\mathrm{grad}\,T$ が成り立つので

$$\frac{\partial T}{\partial t} = \frac{\kappa}{c_v}\Delta\,T$$

が導かれる．このように任意の点での T の時間変化率は T のラプラシアンに比例することがわかる．このようにして得られた方程式を，熱の**拡散方程式**という．

定理 3.1.2 の証明 閉曲面 S で囲まれた有界な領域 V を考える．ここで領域 V は（その定義から）連結と仮定しているが，その境界である曲面 S は連結とは限らないので注意する．S の各点 $\boldsymbol{x}$ での外向き単位法ベクトル $\boldsymbol{n}_S(\boldsymbol{x}) = (n_1(\boldsymbol{x}), n_2(\boldsymbol{x}), n_3(\boldsymbol{x}))$ を考える．正の数 α, β に対して，

$$V(-\alpha,\beta) = \{\boldsymbol{x} + t\,\boldsymbol{n}_S(\boldsymbol{x}) \mid \boldsymbol{x} \in S,\ t \in (-\alpha,\beta)\ \}$$

とおいて，S を含む開集合を定める．

$$S^t = \{\boldsymbol{x} + t\,\boldsymbol{n}_S(\boldsymbol{x}) \mid \boldsymbol{x} \in S\}$$

とおく．$|t|$ が十分小さいとき，S^t は曲面をなす．実際 $\boldsymbol{\phi} : D \to S$ を S の局所パラメータ表示とすると，$\boldsymbol{\phi}^t = \boldsymbol{\phi} + t\,\boldsymbol{n}_S(\boldsymbol{\phi}) : D \to S^t$ が S^t の局所パラメータ表示を与える．このように α, β を十分小さくとると，$V(-\alpha,\beta)$ は曲面 $S^{-\alpha}$ と S^{β} によって囲まれている．また，$\overline{\boldsymbol{n}}_S$ を

$$\overline{\boldsymbol{n}}_S(\boldsymbol{x} + t\,\boldsymbol{n}_S(\boldsymbol{x})) = \boldsymbol{n}_S(\boldsymbol{x}), \quad \boldsymbol{x} + t\,\boldsymbol{n}_S(\boldsymbol{x}) \in V(-\alpha,\beta)$$

とおいて $V(-\alpha,\beta)$ 上のベクトル場であると考えることにする（図 3.1 参照）．

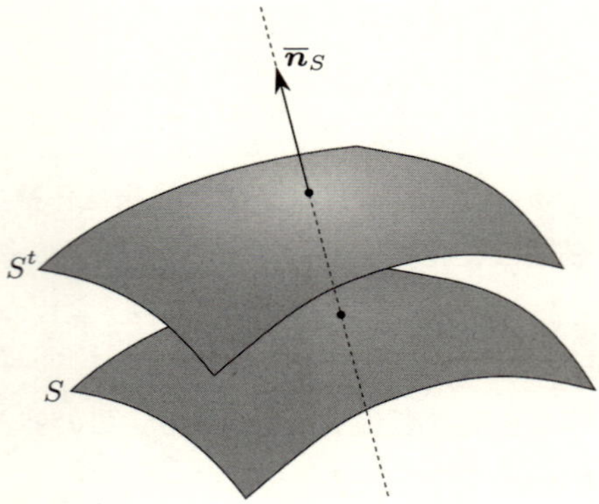

図 3.1　等距離面

補題 3.1.3　連続関数 f に対して，

$$\iiint_{V(-\alpha,\beta)} f\,dx_1dx_2dx_3 = \int_{-\alpha}^{\beta}\left(\iint_{S^t} f\,d\sigma_{S^t}\right)dt$$

が成り立つ．

証明　局所パラメータ表示 $\boldsymbol{\phi}: D \to S$ を利用してこれを確かめる．$V(-\alpha,\beta)$ の $\boldsymbol{\phi}(D)$ に対応する部分 $\{\boldsymbol{x}+t\,\boldsymbol{n}_S(\boldsymbol{x}) \mid \boldsymbol{x} \in \boldsymbol{\phi}(D),\ t \in (-\alpha,\beta)\}$ を $V(-\alpha,\beta|\boldsymbol{\phi}(D))$ と表す．この領域と $D \times (-\alpha,\beta)$ は次の変数変換で 1 対 1 に対応する．

$$x_1 = \phi_1^t(u_1,u_2) = \phi_1(u_1,u_2) + t\,n_1(\boldsymbol{\phi}(u_1,u_2))$$
$$x_2 = \phi_2^t(u_1,u_2) = \phi_2(u_1,u_2) + t\,n_2(\boldsymbol{\phi}(u_1,u_2))$$
$$x_3 = \phi_3^t(u_1,u_2) = \phi_3(u_1,u_2) + t\,n_3(\boldsymbol{\phi}(u_1,u_2))$$

したがって重積分の変数変換の公式 (1.5) から

$$\iiint_{V(-\alpha,\beta|\phi(D))} f\,dx_1dx_2dx_3 = \iiint_{D\times(-\alpha,\beta)} f\left|\frac{\partial(x_1,x_2,x_3)}{\partial(u_1,u_2,t)}\right| du_1du_2dt$$

が成り立つ．ここで $\left|\dfrac{\partial(x_1,x_2,x_3)}{\partial(u_1,u_2,t)}\right|$（ヤコビ行列式の絶対値）は $\sqrt{G(\boldsymbol{\phi}^t)}$ に等しい．なぜならば，$(\overline{\boldsymbol{n}}_S,\overline{\boldsymbol{n}}_S)=1$ の両辺を u_1 で微分して $\left(\dfrac{\partial\overline{\boldsymbol{n}}_S}{\partial u_1},\overline{\boldsymbol{n}}_S\right)=0$

となり，同様に u_2 で微分して $\left(\dfrac{\partial \overline{\boldsymbol{n}}_S}{\partial u_2}, \overline{\boldsymbol{n}}_S\right) = 0$ となる．さらに $\overline{\boldsymbol{n}}_S$ は $\dfrac{\partial \boldsymbol{\phi}}{\partial u_1}$ と $\dfrac{\partial \boldsymbol{\phi}}{\partial u_2}$ に直交しているので，$\left(\dfrac{\partial \boldsymbol{\phi}^t}{\partial u_1}, \overline{\boldsymbol{n}}_S\right) = \left(\dfrac{\partial \boldsymbol{\phi}^t}{\partial u_2}, \overline{\boldsymbol{n}}_S\right) = 0$ が従う．これに注意して補題 1.1.3 を参照しながら計算すると，

$$\left|\frac{\partial(x_1, x_2, x_3)}{\partial(u_1, u_2, t)}\right|^2 = \begin{vmatrix} \dfrac{\partial \boldsymbol{\phi}^t}{\partial u_1} \\ \dfrac{\partial \boldsymbol{\phi}^t}{\partial u_2} \\ \dfrac{\partial \boldsymbol{\phi}^t}{\partial t} \end{vmatrix}^2 = \begin{vmatrix} \dfrac{\partial \boldsymbol{\phi}^t}{\partial u_1} \\ \dfrac{\partial \boldsymbol{\phi}^t}{\partial u_2} \\ \overline{\boldsymbol{n}}_S \end{vmatrix}^2$$
$$= \begin{vmatrix} \left(\dfrac{\partial \boldsymbol{\phi}^t}{\partial u_1}, \dfrac{\partial \boldsymbol{\phi}^t}{\partial u_1}\right) & \left(\dfrac{\partial \boldsymbol{\phi}^t}{\partial u_1}, \dfrac{\partial \boldsymbol{\phi}^t}{\partial u_2}\right) & 0 \\ \left(\dfrac{\partial \boldsymbol{\phi}^t}{\partial u_2}, \dfrac{\partial \boldsymbol{\phi}^t}{\partial u_1}\right) & \left(\dfrac{\partial \boldsymbol{\phi}^t}{\partial u_2}, \dfrac{\partial \boldsymbol{\phi}^t}{\partial u_2}\right) & 0 \\ 0 & 0 & 1 \end{vmatrix} = G(\boldsymbol{\phi}^t)$$

となり，

$$\left|\frac{\partial(x_1, x_2, x_3)}{\partial(u_1, u_2, t)}\right| = \sqrt{G(\boldsymbol{\phi}^t)}$$

が導かれる．このことから

$$\iiint_{D\times(-\alpha,\beta)} f \left|\frac{\partial(x_1, x_2, x_3)}{\partial(u_1, u_2, t)}\right| du_1 du_2 dt$$
$$= \int_{-\alpha}^{\beta} \left(\iint_D f(\boldsymbol{\phi}^t)\sqrt{G(\boldsymbol{\phi}^t)} du_1 du_2 \right) dt$$

が従い，補題 3.1.3 が示された．■

次に定理 3.1.2 を証明するための準備として，正の数 ε に対して次のような区分的に滑らかな 1 変数関数 $\eta_\varepsilon(t)$ を用意する．

$$\eta_\varepsilon(t) = \begin{cases} 1 & (t \leq -\varepsilon) \\ -\dfrac{t}{\varepsilon} & (-\varepsilon \leq t \leq 0) \\ 0 & (0 \leq t) \end{cases}$$

さらに，$10\delta < \varepsilon$ となる正の数 δ をとり，次のような滑らかな関数 $\eta_{\varepsilon,\delta}(t)$ を用意する．

$$\eta_{\varepsilon,\delta}(t) = \begin{cases} 1 & (t \leq -\varepsilon - 2\delta) \\ -\dfrac{t}{\varepsilon} & (-\varepsilon + 2\delta \leq t \leq -2\delta) \\ 0 & (0 \leq t) \end{cases}$$

ただし ε を固定して $\delta \to 0$ とするとき，$\eta_{\varepsilon,\delta}(t)$ は $\eta_\varepsilon(t)$ に収束し，$t = -\varepsilon$ および $t = 0$ 以外の t に対して，$\eta'_{\varepsilon,\delta}(t)$ も $\eta'_\varepsilon(t)$ に収束するようにしておく．

$V(-\alpha,\beta)$ の点 $\boldsymbol{x} + t\,\boldsymbol{n}_S(\boldsymbol{x})$ に対して値 t を対応させる関数を h で表す．すなわち

$$h(\boldsymbol{x} + t\,\boldsymbol{n}_S(\boldsymbol{x})) = t$$

とおく．ε が十分小さいとき，h と $\eta_{\varepsilon,\delta}$ の合成関数 $\eta_{\varepsilon,\delta}(h)$ は $V \setminus V(-\alpha,\beta)$ において 1，V の外で 0 と定めて空間全体で定義された滑らかな関数と考えられる．このとき $\operatorname{grad}\eta_{\varepsilon,\delta}(h) = \eta'_{\varepsilon,\delta}(h)\operatorname{grad}h$ および h の勾配ベクトルは $\overline{\boldsymbol{n}}_S$ になることに注意すると，(3.1) より

$$\begin{aligned}\iiint_{\boldsymbol{R}^3} \eta_{\varepsilon,\delta}(h)\operatorname{div}\boldsymbol{A}\; dx_1dx_2dx_3 &= -\iiint_{\boldsymbol{R}^3} (\operatorname{grad}\eta_{\varepsilon,\delta}(h), \boldsymbol{A})\; dx_1dx_2dx_3 \\ &= -\iiint_{\boldsymbol{R}^3} \eta'_{\varepsilon,\delta}(h)(\overline{\boldsymbol{n}}_S, \boldsymbol{A})\; dx_1dx_2dx_3\end{aligned}$$

を得る．さらに続けて，十分小さい ε に対して，$\eta'_{\varepsilon,\delta}(h)$ は $V(-\alpha,\beta)$ の外で 0 であるから，補題 3.1.3 を使うと

$$\begin{aligned}&-\iiint_{\boldsymbol{R}^3} \eta'_{\varepsilon,\delta}(h)(\overline{\boldsymbol{n}}_S, \boldsymbol{A})\,dx_1dx_2dx_3 \\ &= -\iiint_{V(-\alpha,\beta)} \eta'_{\varepsilon,\delta}(h)(\overline{\boldsymbol{n}}_S, \boldsymbol{A})\,dx_1dx_2dx_3 \\ &= -\int_{-\varepsilon-2\delta}^{0} \eta'_{\varepsilon,\delta}(t)\left(\iint_{S^t} (\boldsymbol{A}, \overline{\boldsymbol{n}}_S)\,d\sigma_{S^t}\right)dt\end{aligned}$$

となる．ここで $\delta \to 0$ とすると，

$$\begin{aligned}\iiint_{\boldsymbol{R}^3} \eta_\varepsilon(h)\operatorname{div}\boldsymbol{A}\,dx_1dx_2dx_3 &= -\int_{-\varepsilon}^{0} \eta'_\varepsilon(t)\left(\iint_{S^t} (\boldsymbol{A}, \overline{\boldsymbol{n}}_S)\,d\sigma_{S^t}\right)dt \\ &= \frac{1}{\varepsilon}\int_{-\varepsilon}^{0} \left(\iint_{S^t} (\boldsymbol{A}, \overline{\boldsymbol{n}}_S)\,d\sigma_{S^t}\right)dt\end{aligned}$$

となる．最後に $\varepsilon \to 0$ とすることによって，目的の式

$$\iiint_\Omega \operatorname{div} \boldsymbol{A}\, dx_1 dx_2 dx_3 = \iint_S (\boldsymbol{A}, \boldsymbol{n}_S)\, d\sigma_S$$

に至り，定理 3.1.2 の証明を終える．■

系 3.1.4　閉曲面 S で囲まれた有界な領域を V，S 上の外向き単位法ベクトルを $\boldsymbol{n}_S$ とする．閉領域 $\overline{V} = V \cup S$ 上のスカラー場 f とベクトル場 $\boldsymbol{A}$ について

$$\iiint_V f \operatorname{div} \boldsymbol{A} + (\operatorname{grad} f, \boldsymbol{A})\, dx_1 dx_2 dx_3 = \iint_S f(\boldsymbol{A}, \boldsymbol{n}_S)\, d\sigma_S$$

が成り立つ．

命題 3.1.5（**ガウスの積分**）　有界な領域 V を囲んでいる閉曲面 S を考える．1 点 P を固定し，その点に対する位置ベクトルを $\boldsymbol{r}_P$ とする．点 P が V の外にあるか，あるいは内にあるかに応じて，面積分

$$\iint_S \frac{(\boldsymbol{r}_P, \boldsymbol{n}_S)}{\|\boldsymbol{r}_P\|^3} d\sigma_S$$

の値は，0 または 4π である．ただし $\boldsymbol{n}_S$ は S 上の外向き単位法ベクトルを表す．

証明　$r_P = \|\boldsymbol{r}_P\|$ とおく．$r_P(Q)$ は点 P から点 Q までの距離を表す．このとき，$\dfrac{1}{r_P}$ は $\boldsymbol{R}^3$ から点 P を除いた領域で定義され，

$$\operatorname{grad}\left(\frac{1}{r_P}\right) = -\frac{1}{{r_P}^2} \operatorname{grad} r_P = -\frac{r_P \operatorname{grad} r_P}{\|\boldsymbol{r}_P\|^3} = -\frac{\boldsymbol{r}_P}{\|\boldsymbol{r}_P\|^3}$$

となる．さらに

$$\Delta\left(\frac{1}{r_P}\right) = \operatorname{div} \operatorname{grad}\left(\frac{1}{r_P}\right) = 0$$

を満たす（例題 2.3.3 参照）．このように $\dfrac{1}{r_P}$ は $\boldsymbol{R}^3 \setminus \{P\}$ において調和関数である．

まず点 P が V の外にあるときを考える．このとき，r_P は V において滑らかな関数であるから，発散定理を適用して，

$$\begin{aligned}\iint_S \frac{(\boldsymbol{r}_P, \boldsymbol{n}_S)}{\|\boldsymbol{r}_P\|^3} d\sigma_S &= -\iint_S \left(\mathrm{grad}\left(\frac{1}{r_P}\right), \boldsymbol{n}_S\right) d\sigma_S \\ &= -\iiint_V \Delta\left(\frac{1}{r_P}\right) dx_1 dx_2 dx_3 \\ &= 0\end{aligned}$$

となる．

次に点 P が V の内部にあるときを考える．P を中心とする半径 ρ の球体を $B(P,\rho)$ とし，球面を $S(P,\rho)$ とする．ρ は十分小さいとして，$S(P,\rho)$ は V に含まれるとする．このとき，S と $S(P,\rho)$ によって囲まれる領域 $V \setminus B(P,\rho)$ において r_P は滑らかな関数であるから，発散定理が適用できて，

$$\iint_S \frac{(\boldsymbol{r}_P, \boldsymbol{n}_S)}{\|\boldsymbol{r}_P\|^3} d\sigma_S - \iint_{S(P,\rho)} \frac{(\boldsymbol{r}_P, \boldsymbol{n}_{S(P,\rho)})}{\|\boldsymbol{r}_P\|^3} d\sigma_{S(P,\rho)} = 0$$

となる．ただし $\boldsymbol{n}_{S(P,\rho)}$ は $S(P,\rho)$ の（球体 $B(P,\rho)$ に関する）外向き単位法ベクトルである．したがって

$$\begin{aligned}\iint_S \frac{(\boldsymbol{r}_P, \boldsymbol{n}_S)}{\|\boldsymbol{r}_P\|^3} d\sigma_S &= \iint_{S(P,\rho)} \frac{(\boldsymbol{r}_P, \boldsymbol{n}_{S(P,\rho)})}{\|\boldsymbol{r}_P\|^3} d\sigma_{S(P,\rho)} \\ &= \frac{1}{\rho^2} \iint_{S(P,\rho)} d\sigma_{S(P,\rho)} \\ &= 4\pi\end{aligned}$$

となる．■

上の命題において，点 P が境界 S の上にある場合には面積分の値は 2π であることに注意する．実際 S から $B(P,\rho)$ を除いた部分を $S'(P,\rho)$ と書き，$S(P,\rho)$ の $V \cup S$ に含まれる部分を $S''(P,\rho)$ と書く．このとき $S'(P,\rho)$ と $S''(P,\rho)$ によって囲まれる領域に発散定理を適用して議論すればよい．

◆例題 3.1.6　閉曲面 S に囲まれた有界な領域 V を考える．S の外向き単位法ベクトルを $\boldsymbol{n}_S = (n_1, n_2, n_3)$ とする．

(i)　$\overline{V} = V \cup S$ 上のスカラー場 f に対して，

$$\iiint_V \frac{\partial f}{\partial x_i}\, dx_1dx_2dx_3 = \iint_S f\, n_i\, d\sigma_S \quad (i = 1, 2, 3)$$

が成り立つ．特に $f = 1$ として

$$\iint_S n_i\, d\sigma_S = 0 \quad (i = 1, 2, 3)$$

が成り立つ．

(ii)　V の体積を $m(V)$ とおくと，

$$\begin{aligned} m(V) &= \iint_S x_1n_1d\sigma_S = \iint_S x_2n_2d\sigma_S = \iint_S x_3n_3d\sigma_S \\ &= \frac{1}{3}\iint_S (\boldsymbol{r}, \boldsymbol{n}_S)d\sigma_S \end{aligned}$$

が成り立つ．

証明　$\boldsymbol{A} = (f, 0, 0)$ とすると，$\dfrac{\partial f}{\partial x_1} = \operatorname{div}\boldsymbol{A}$ となり，発散定理を使って

$$\iiint_V \frac{\partial f}{\partial x_1}dx_1dx_2dx_3 = \iint_S (\boldsymbol{A}, \boldsymbol{n}_S)d\sigma_S = \iint_S fn_1d\sigma_S$$

次に $f = x_i$ $(i = 1, 2, 3)$ として (i) を適用すれば (ii) が得られる．■

3.2　グリーンの積分公式

この節では，基本となる積分公式を示し，その応用をいくつか述べる．

定理 3.2.1　閉曲面 S で囲まれた有界な領域 V を考える．$\overline{V} = V \cup S$ 上のスカラー場 f, g に対して，以下の等式が成り立つ．

(i)　$\displaystyle\iiint_V (\operatorname{grad} f, \operatorname{grad} g) + f\Delta g\ dx_1dx_2dx_3 = \iint_S f(\operatorname{grad} g, \boldsymbol{n}_S)\ d\sigma_S$

(ii)　$\displaystyle\iiint_V (f\,\Delta g - g\Delta f)\ dx_1dx_2dx_3 = \iint_S (f\operatorname{grad} g - g\operatorname{grad} f, \boldsymbol{n}_S)\ d\sigma_S$

証明　$\boldsymbol{A} = \operatorname{grad} g$ として系 3.1.4 を適用すると (i) が得られる．さらに (i) の式と，この式の f と g を取り替えて得られる式との差をとって (ii) の式を得る．■

$(\operatorname{grad} g, \boldsymbol{n}_S)$ は関数 g の S の単位法線方向の微分係数である．$\dfrac{\partial g}{\partial \boldsymbol{n}_S}$ と表すことも多い．

系 3.2.2　$\overline{V} = V \cup S$ 上のスカラー場 h に対して，

$$\iiint_V \Delta h \, dx_1 dx_2 dx_3 = \iint_S \frac{\partial h}{\partial \boldsymbol{n}_S} d\sigma_S$$

が成り立つ．特に h が V において調和関数であるならば，

$$\iint_S \frac{\partial h}{\partial \boldsymbol{n}_S} d\sigma_S = 0$$

が成り立ち，さらに $\dfrac{\partial h}{\partial \boldsymbol{n}_S}$ が境界 S において一定値ならば，h は定数でなければならない．

証明　$f = 1$, $g = h$ として定理 3.2.1 (i) を適用すればよい．また h が V において調和関数のとき，$(\operatorname{grad} h, \boldsymbol{n}_S)$ が境界 S 上で一定値 c をとるならば $c = 0$ でなければならない．したがって $f = h$, $g = h$ として定理 3.2.1 (i) を適用すると $\displaystyle\iiint_V \|\operatorname{grad} h\|^2 dx_1 dx_2 dx_3 = 0$ となり，$\operatorname{grad} h = 0$，すなわち h が定数であることが従う．■

定理 3.2.3　閉曲面 S で囲まれた有界な領域 V を考える．h を閉領域 $\overline{V} = V \cup S$ 上の滑らかな関数とする．このとき，次の三つの条件は互いに同値である．

(i)　h は V において調和関数である．

(ii)　S において $f = h$ を満たす $\overline{V}$ 上の任意の滑らかな関数 f に対して，

$$\iiint_V \|\operatorname{grad} h\|^2 dx_1 dx_2 dx_3 \leq \iiint_V \|\operatorname{grad} f\|^2 dx_1 dx_2 dx_3$$

が成り立つ．

(iii)　S において $g=0$ を満たす $\overline{V}$ 上の任意の滑らかな関数 g に対して，

$$\iiint_V (\mathrm{grad}\, g, \mathrm{grad}\, h)\, dx_1 dx_2 dx_3 = 0$$

が成り立つ．

証明　g を，S において $g=0$ を満たす $\overline{V}$ 上の滑らかな関数とする．このとき，定理 3.2.1 (i) から

$$\iiint_V (\mathrm{grad}\, g, \mathrm{grad}\, h)\, dx_1 dx_2 dx_3 = -\iiint_V g\Delta h\, dx_1 dx_2 dx_3$$

が成り立つ．ここで任意に $t \in \boldsymbol{R}$ をとって関数 $h+tg$ を考えると，

$$\begin{aligned}
&\iiint_V \|\mathrm{grad}(h+tg)\|^2 dx_1 dx_2 dx_3 \\
&= \iiint_V \|\mathrm{grad}\, h\|^2 + 2t(\mathrm{grad}\, h, \mathrm{grad}\, g) + t^2 \|\mathrm{grad}\, g\|^2 dx_1 dx_2 dx_3 \\
&= \iiint_V \|\mathrm{grad}\, h\|^2 - 2tg\Delta h + t^2 \|\mathrm{grad}\, g\|^2 dx_1 dx_2 dx_3 \qquad (3.2)
\end{aligned}$$

となる．これから特に

$$\frac{d}{dt} \iiint_V \|\mathrm{grad}(h+tg)\|^2 dx_1 dx_2 dx_3 \;|_{t=0} = -2 \iiint_V g\Delta h\, dx_1 dx_2 dx_3 \qquad (3.3)$$

が成り立つことに注意する．

さて，(i) から (ii) を示す．S において $f=h$ を満たす $\overline{V}$ 上の任意の滑らかな関数 f に対して，$g=f-h$, $t=1$ として上の等式 (3.2) を適用すると，

$$\iiint_V \|\mathrm{grad}\, f\|^2 dx_1 dx_2 dx_3 = \iiint_V \|\mathrm{grad}\, h\|^2 + \|\mathrm{grad}\, g\|^2 dx_1 dx_2 dx_3$$

が得られ，したがって

$$\iiint_V \|\mathrm{grad}\, f\|^2 dx_1 dx_2 dx_3 \geq \iiint_V \|\mathrm{grad}\, h\|^2 dx_1 dx_2 dx_3$$

となる．さらに等号成立は $\mathrm{grad}\, g = \mathbf{0}$ のときであり，g は S 上で消えていることから $\overline{V}$ 全体で消えていて，$f=h$ でなければならない．

次に (ii) から (iii) を導く．$\iiint_V g\Delta h\, dx_1dx_2dx_3 > 0$ と仮定すると，(3.3) により，（十分小さな）正数 t に対して

$$\iiint_V \|\mathrm{grad}(h+tg)\|^2 dx_1dx_2dx_3 < \iiint_V \|\mathrm{grad}\, h\|^2 dx_1dx_2dx_3$$

が成り立つ．一方 $h+tg$ は S 上では h と一致しているのでこれは (ii) に反する．同様に $\iiint_V g\Delta h\, dx_1dx_2dx_3 < 0$ としても矛盾する．よって $\iiint_V g\Delta h\, dx_1dx_2dx_3 = 0$ である．これから

$$\iiint_V (\mathrm{grad}\, g, \mathrm{grad}\, h) dx_1dx_2dx_3 = -\iiint_V g\Delta h\, dx_1dx_2dx_3 = 0$$

が導かれる．

最後に (iii) から (i) を示す．V のある内点 P において $\Delta h(P) > 0$ とする．十分小さい正の数 ρ をとって，点 P を中心とする半径 ρ の球体 $B(P,\rho)$ において $\Delta h > 0$ と仮定してよろしい．このとき，$\boldsymbol{R}$ 上の滑らかな関数 $\eta(t)$ で，$\eta(t) = 0$ ($t \leq -\sqrt{\rho}$ または $\sqrt{\rho} \leq t$) かつ $\eta(t) > 0$ ($-\sqrt{\rho} \leq t \leq \sqrt{\rho}$) を満たすものをとり，$f = \eta({r_P}^2)$ と定める．ただし $r_P(\boldsymbol{x}) = \|\boldsymbol{x} - \boldsymbol{r}(P)\|$ である．このとき，

$$\begin{aligned}\iiint_V (\mathrm{grad}\, f, \mathrm{grad}\, h) dx_1dx_2dx_3 &= -\iiint_V f\Delta h\, dx_1dx_2dx_3 \\ &= -\iiint_{B(P,\rho)} f\Delta h\, dx_1dx_2dx_3 \\ &< 0\end{aligned}$$

となるので，(iii) に反する．このように $\Delta h \leq 0$ が導かれる．同様に $\Delta h \geq 0$ が成り立つ．結局 $\Delta h = 0$ となり，h は調和関数である． ■

定理 3.2.3 (ii) の不等式において，等号が成り立つならば $f = h$ であることに注意する．

定理 3.2.4　点 P を固定し，その点に対する位置ベクトルを $\boldsymbol{r}_P$ とし，$r_P = \|\boldsymbol{r}_P\|$ とおく．閉曲面 S で囲まれた有界な領域 V を考える．f を閉領域 $\overline{V} = V \cup S$ 上のスカラー場とする．

(i)　点 P が V の内点のとき，

$$4\pi f(P) = -\iiint_V \frac{1}{r_P}\Delta f\, dx_1 dx_2 dx_3 + \iint_S \left(\frac{1}{r_P}\operatorname{grad} f - f \operatorname{grad}\frac{1}{r_P}, \boldsymbol{n}_S\right) d\sigma_S$$

が成り立つ．

(ii)　点 P が S の上にあるとき，

$$2\pi f(P) = -\iiint_V \frac{1}{r_P}\Delta f\, dx_1 dx_2 dx_3 + \iint_S \left(\frac{1}{r_P}\operatorname{grad} f - f \operatorname{grad}\frac{1}{r_P}, \boldsymbol{n}_S\right) d\sigma_S$$

が成り立つ．

(iii)　点 P が $\overline{V} = V \cup S$ の外にあるとき，

$$-\iiint_V \frac{1}{r_P}\Delta f\, dx_1 dx_2 dx_3 + \iint_S \left(\frac{1}{r_P}\operatorname{grad} f - f \operatorname{grad}\frac{1}{r_P}, \boldsymbol{n}_S\right) d\sigma_S = 0$$

が成り立つ．

証明　点 P が V の内部にあるときを考える．P を中心とする半径 ρ の球体を $B(P,\rho)$ とし，球面を $S(P,\rho)$ とする．ρ は十分小さいとして，$S(P,\rho)$ は V に含まれるとする．このとき，S と $S(P,\rho)$ によって囲まれる領域 $V \setminus B(P,\rho)$ は点 P を含まないので，$\dfrac{1}{r_P}$ はこの領域において調和関数である．したがって定理 3.2.1 (ii) から次の等式を得る．

$$\begin{aligned}
&\iiint_{V\setminus B(P,\rho)} \frac{1}{r_P}\Delta f\, dx_1dx_2dx_3 \\
&= \iiint_{V\setminus B(P,\rho)} \left(\frac{1}{r_P}\Delta f - f\,\Delta\frac{1}{r_P}\right) dx_1dx_2dx_3 \\
&= \iint_S \frac{1}{r_P}(\operatorname{grad} f, \boldsymbol{n}_S) - f\left(\operatorname{grad}\frac{1}{r_P}, \boldsymbol{n}_S\right) d\sigma_S \\
&\quad - \iint_{S(P,\rho)} \frac{1}{r_P}(\operatorname{grad} f, \boldsymbol{n}_{S(P,\rho)}) - f\left(\operatorname{grad}\frac{1}{r_P}, \boldsymbol{n}_{S(P,\rho)}\right) d\sigma_{S(P,\rho)}
\end{aligned}$$

ここで $\overline{V}$ 上において $\|\operatorname{grad} f\|$ はある正の定数 M を超えることはないので

$$\begin{aligned}
&\left|\iint_{S(P,\rho)} \frac{1}{r_P}(\operatorname{grad} f, \boldsymbol{n}_{S(P,\rho)}) d\sigma_{S(P,\rho)}\right| \\
&\le \iint_{S(P,\rho)} \frac{1}{r_P}|(\operatorname{grad} f, \boldsymbol{n}_{S(P,\rho)})| d\sigma_{S(P,\rho)} \\
&\le \frac{M}{\rho}\iint_{S(P,\rho)} d\sigma_{S(P,\rho)} \\
&= 4\pi M\rho
\end{aligned}$$

となって，

$$\lim_{\rho\to 0}\iint_{S(P,\rho)} \frac{1}{r_P}(\operatorname{grad} f, \boldsymbol{n}_S) d\sigma_{S(P,\rho)} = 0$$

である．また，

$$\begin{aligned}
&\iint_{S(P,\rho)} -f\left(\operatorname{grad}\frac{1}{r_P}, \boldsymbol{n}_{S(P,\rho)}\right) d\sigma_{S(P,\rho)} \\
&= \iint_{S(P,\rho)} f\left(\frac{\operatorname{grad} r_P}{{r_P}^2}, \operatorname{grad} r_P\right) d\sigma_{S(P,\rho)} \\
&= \frac{1}{\rho^2}\iint_{S(P,\rho)} f\, d\sigma_{S(P,\rho)} \\
&= \frac{1}{\rho^2}\iint_{S(P,\rho)} (f - f(P)) d\sigma_{S(P,\rho)} + 4\pi f(P)
\end{aligned}$$

より，

$$\lim_{\rho\to 0}\iint_{S(P,\rho)} -f\left(\operatorname{grad}\frac{1}{r_P}, \boldsymbol{n}_{S(P,\rho)}\right) d\sigma_{S(P,\rho)} = 4\pi f(P)$$

となる．以上から

$$4\pi f(P) = -\iiint_V \frac{1}{r_P}\Delta f\, dx_1dx_2dx_3 + \iint_S \frac{1}{r_P}(\mathrm{grad}\, f, \boldsymbol{n}_S) - f\left(\mathrm{grad}\frac{1}{r_P}, \boldsymbol{n}_S\right) d\sigma_S$$

が導かれる．ほかの場合は省略する．実際 $f = 1$ とした場合が命題 3.1.5 とそのあとの注意であり，これらを参照するとよい．■

さて，調和関数の球面平均の性質を述べる．

定理 3.2.5（**球面平均の性質**）h を領域 V 上の調和関数とする．このとき，V の中の点 P を中心とする半径 ρ の球面 $S(P,\rho)$ について，$S(P,\rho)$ とその内部 $B(P,\rho)$ がすべて V に含まれるとき，

$$h(P) = \frac{1}{4\pi\rho^2}\iint_{S(P,\rho)} hd_{S(P,\rho)} = \frac{3}{4\pi\rho^3}\iiint_{B(P,\rho)} h\ dx_1dx_2dx_3$$

が成り立つ．

証明　定理 3.2.4 (i) より

$$h(P) = \frac{1}{4\pi\rho^2}\iint_{S(P,\rho)} h\, d\sigma_{S(P,\rho)} + \frac{1}{4\pi\rho}\iint_{S(P,\rho)} (\mathrm{grad}\, h, \boldsymbol{n}_{S(P,\rho)})d\sigma_{S(P,\rho)}$$

が成り立ち，右辺第 2 項は系 3.2.2 より消える．さらに補題 3.1.3 を使って，

$$\begin{aligned}\iiint_{B(P,\rho)} h\ dx_1dx_2dx_3 &= \int_0^\rho \left(\iint_{S(P,\rho)} hd\sigma_{S(P,t)}\right) dt \\ &= \int_0^\rho 4\pi t^2 h(P)dt \\ &= \frac{4\pi\rho^3}{3}h(P)\end{aligned}$$

となって求める式を得る．■

次に調和関数についての最大値の原理を述べる．

定理 3.2.6 (**最大値の原理**) h を，閉曲面 S で囲まれた有界な領域 V 上の調和関数とする．h が $\overline{V} = V \cup S$ 上連続で，境界 S においてその値がある定数 b を超えないならば，V においても b を超えない．さらに V のある内点 P で $h(P) = b$ ならば，h は V 上で一定値 b をとる．

証明 $\overline{V}$ は有界閉集合より，h の $\overline{V}$ での最大値 M がある．$b \leq M$ と考えてよろしい．さらに h は V の内点 P で最大値 M をとるとする．このとき，球面平均の性質から，V 内の球面 $S(P, \rho)$ に対して

$$M = h(P) = \frac{1}{4\pi\rho^2} \iint_{S(P,\rho)} h \, d\sigma_{S(P,\rho)} \leq \frac{1}{4\pi\rho^2} \iint_{S(P,\rho)} M \, d\sigma_{S(P,\rho)} = M$$

となる．これから $S(P, \rho)$ において h の値は M であることがわかり，したがって V に含まれるすべての球体 $B(P, \rho)$ において h は最大値 M をとることになる．このことから，P と V の別の点 Q を結ぶ曲線 $\boldsymbol{c} : [\alpha, \beta] \to \overline{V}$ を考えると，$\boldsymbol{c}$ の各点において h は最大値 M をとることがわかる．特に $h(Q) = M$ である．$\overline{V}$ のどの点も P と $\overline{V}$ 内の曲線で結べることから，h は $\overline{V}$ 上で一定値 M をとることになる．これから $b = M$ が従い，h は V 上で一定値 b をとる． ■

最大値を最小値に変えれば，最小値の原理が成り立つ．

系 3.2.7 (**最小値の原理**) h を，閉曲面 S で囲まれた有界な領域 V 上の調和関数とする．h が $\overline{V} = V \cup S$ 上連続で，境界 S においてその値がある定数 b 以上であるならば，V においても b 以上である．さらに V のある内点 P で $h(P) = b$ ならば，h は V 上一定値 b をとる．

系 3.2.8 h は閉曲面 S で囲まれた有界な領域 V 上の調和関数で，$\overline{V} = V \cup S$ 上で連続，かつ境界 S 上で定数であるとする．このとき h は V 上定数でなければならない．

系 3.2.9 閉曲面 S で囲まれた有界な領域 V を考える．$\overline{V} = V \cup S$ 上の滑らかな関数 q が与えられ，V の境界 S 上の滑らかな関数 ϕ が与えられたとす

る．このとき，V においてポアソン方程式

$$\Delta f = -q$$

を満たし，S では

$$f = \phi$$

を満たす滑らかな関数 f が存在するならば，それはただ一つである．

証明 解が二つあり，それらを f_1, f_2 とすると，その差 $f_1 - f_2$ は S において 0 に値をとる V 上の調和関数であるから，系 3.2.8 より $f_1 - f_2 = 0$ でなければならない． ■

3.3 ポテンシャル

この節の主な目的は次の定理を示すことである．少し長い議論が必要である．

定理 3.3.1 q を $\boldsymbol{R}^3$ 上の（連続とは限らない）関数とし，どの球体においても q は有界で，広義積分

$$\iiint_{\boldsymbol{R}^3} \frac{|q(x_1, x_2, x_3)|}{\sqrt{{x_1}^2 + {x_2}^2 + {x_3}^2}} dx_1 dx_2 dx_3$$

が収束するとする．点 $P(p_1, p_2, p_3)$ において

$$g(P) = \iiint_{\boldsymbol{R}^3} \frac{q(x_1, x_2, x_3)}{\sqrt{(x_1 - p_1)^2 + (x_2 - p_2)^2 + (x_3 - p_3)^2}} dx_1 dx_2 dx_3$$

によって関数 g を定義する．このとき，次のことが成り立つ．

(i) g は $\boldsymbol{R}^3$ 全体で定義された C^1 級関数で，

$$\begin{aligned} &\operatorname{grad} g(P) \\ &= \iiint_{\boldsymbol{R}^3} \frac{q(x_1, x_2, x_3)(x_1 - p_1, x_2 - p_2, x_3 - p_3)}{((x_1 - p_1)^2 + (x_2 - p_2)^2 + (x_3 - p_3)^2)^{3/2}} dx_1 dx_2 dx_3 \end{aligned}$$

が成り立つ．

(ii)　領域 U において q は C^1 級関数であるならば，g は U において C^2 級関数となり，ポアソン方程式

$$\Delta g = -4\pi q$$

を満たす．

証明　$r_P(x_1, x_2, x_3) = \sqrt{(x_1 - p_1)^2 + (x_2 - p_2)^2 + (x_3 - p_3)^2}$ とおいて，

$$\frac{\partial}{\partial p_i} g(P) = \frac{\partial}{\partial p_i} \iiint_{\boldsymbol{R}^3} \frac{q}{r_P}\, dx_1 dx_2 dx_3$$

を求めたい．もし変数 p_i による偏微分を積分記号の中に移動できるならば，

$$\frac{\partial}{\partial p_i}\left(\frac{1}{r_P}\right) = \frac{x_i - p_i}{{r_P}^3}$$

であるから，

$$\frac{\partial}{\partial p_i} \iiint_{\boldsymbol{R}^3} \frac{q}{r_P} dx_1 dx_2 dx_3 = \iiint_{\boldsymbol{R}^3} \frac{(x_i - p_i)\, q}{{r_P}^3} dx_1 dx_2 dx_3 \quad (i = 1, 2, 3) \tag{3.4}$$

となる．しかし p_i による偏微分を積分記号の中に移動できるかどうか明らかではない．偏微分の定義に戻って (3.4) が成り立つことを検証する．

まず点 P に対して，$P' = P + s\,\boldsymbol{e}_i$（ただし $\boldsymbol{e}_1 = (1, 0, 0)$, $\boldsymbol{e}_2 = (0, 1, 0)$, $\boldsymbol{e}_3 = (0, 0, 1)$）とおくとき，

$$\begin{aligned}
\left|\frac{1}{s}\left(\frac{1}{r_{P'}} - \frac{1}{r_P}\right)\right| &= \frac{|r_{P'} - r_P|}{|s|} \frac{1}{r_{P'} r_P} \\
&\leq \frac{1}{r_{P'} r_P} \\
&\leq \frac{1}{2}\left(\frac{1}{{r_{P'}}^2} + \frac{1}{{r_P}^2}\right)
\end{aligned}$$

となることに注意する．

次に点 A を中心とする半径 ρ の球体 $B(A, \rho)$ と球面 $S(A, \rho)$ を考える．仮定より $|q|$ が $B(A, \rho)$ において定数 M を超えないとする．このとき，2 点 $P, P' \in$

$B(A,\rho)$ に対して

$$\begin{aligned}
&\left| \iiint_{B(A,\rho)} \frac{1}{s}\left(\frac{1}{r_{P'}} - \frac{1}{r_P}\right) q\, dx_1dx_2dx_3 \right| \\
&\leq \frac{M}{2} \iiint_{B(A,\rho)} \left(\frac{1}{{r_{P'}}^2} + \frac{1}{{r_P}^2}\right) dx_1dx_2dx_3
\end{aligned}$$

となる．球体 $B(A,\rho)$ は点 P を中心とした半径 2ρ の球体 $B(P,2\rho)$ の中に含まれるので，

$$\begin{aligned}
\iiint_{B(A,\rho)} \frac{1}{{r_P}^2}\, dx_1dx_2dx_3 &\leq \iiint_{B(P,2\rho)} \frac{1}{{r_P}^2}\, dx_1dx_2dx_3 \\
&= 4\pi \int_0^{2\rho} dt = 8\pi\rho
\end{aligned}$$

となり，同様に

$$\iiint_{B(A,\rho)} \frac{1}{{r_{P'}}^2}\, dx_1dx_2dx_3 \leq 8\pi\rho$$

となる．したがって

$$\left| \iiint_{B(A,\rho)} \frac{1}{s}\left(\frac{1}{r_{P'}} - \frac{1}{r_P}\right) q\, dx_1dx_2dx_3 \right| \leq 8\pi M\rho$$

と評価される．また，

$$\begin{aligned}
\left| \iiint_{B(A,\rho)} q\, \frac{x_i - p_i}{{r_P}^3}\, dx_1dx_2dx_3 \right| &\leq M \iiint_{B(A,\rho)} \frac{1}{{r_P}^2}\, dx_1dx_2dx_3 \\
&\leq M \iiint_{B(P,2\rho)} \frac{1}{{r_P}^2}\, dx_1dx_2dx_3 \\
&= 8\pi M\rho
\end{aligned}$$

が成り立つので，

$$\left| \iiint_{B(A,\rho)} \left(\frac{1}{s}\left(\frac{1}{r_{P'}} - \frac{1}{r_P}\right) - \frac{x_i - p_i}{{r_P}^3} \right) q\, dx_1dx_2dx_3 \right| \leq 16\pi M\rho \quad (3.5)$$

が得られる．

以下，記述をわかりやすくするために，2 点 $P(p_1, p_2, p_3)$, $X(x_1, x_2, x_3)$ に対して

$$G(P, X) = \frac{1}{r_P(X)}$$

とおく．このとき，

$$\frac{\partial G}{\partial p_i}(P, X) = -\frac{\partial G}{\partial x_i}(P, X) = \frac{x_i - p_i}{r_P(X)^3}$$
$$\frac{\partial^2 G}{\partial p_i \partial p_j}(P, X) = \frac{\partial^2 G}{\partial x_i \partial x_j}(P, X) = \frac{-r_P(X)^2 \delta_{ij} + 3(x_i - p_i)(x_j - p_j)}{r_P(X)^5}$$

であるから，特に

$$\left|\frac{\partial G}{\partial p_i}(P, X)\right| \leq \frac{1}{r_P(X)^2}, \quad \left|\frac{\partial^2 G}{\partial p_i \partial p_j}(P, X)\right| \leq \frac{3}{r_P(X)^3} \quad (i, j = 1, 2, 3) \tag{3.6}$$

が成り立つことに注意する．$P \in B(A, \rho/2)$ と，十分小さい s に対して，$P' = P + s\boldsymbol{e}_i \in B(A, \rho/2)$ とする．このとき $r_A(X) \geq \rho$ ならば，$r_{P+u\boldsymbol{e}_i}(X) \geq r_A(X)/2$ $(-|s| \leq u \leq |s|)$ より，

$$\begin{aligned}
&\left|\frac{G(P + s\boldsymbol{e}_i, X) - G(P, X)}{s} - \frac{\partial G}{\partial p_i}(P, X)\right| \\
&= \left|\frac{1}{s}\int_0^s \frac{d}{dt}G(P + t\boldsymbol{e}_i, X)dt - \frac{\partial G}{\partial p_i}(P, X)\right| \\
&= \left|\frac{1}{s}\int_0^s \frac{\partial G}{\partial p_i}(P + t\boldsymbol{e}_i, X) - \frac{\partial G}{\partial p_i}(P, X)dt\right| \\
&= \left|\frac{1}{s}\int_0^s \int_0^t \frac{\partial^2 G}{\partial p_i^2}(P + u\boldsymbol{e}_i, X)dudt\right| \\
&\leq \frac{24}{|s|}\left|\int_0^s \int_0^t \frac{1}{r_A(X)^3}dudt\right| \\
&\leq \frac{12|s|}{r_A(X)^3}
\end{aligned}$$

となる．これから

$$\left|\iiint_{\boldsymbol{R}^3 \setminus B(A,\rho)} \left(\frac{G(P + s\boldsymbol{e}_i, X) - G(P, X)}{s} - \frac{\partial G}{\partial p_i}(P, X)\right) q(X)\, dx_1 dx_2 dx_3\right|$$
$$\leq 12|s| \iiint_{\boldsymbol{R}^3 \setminus B(A,\rho)} \frac{|q|}{{r_A}^3} dx_1 dx_2 dx_3 \tag{3.7}$$

が導かれる．以上，この不等式と (3.5) を合わせて

$$\left|\iiint_{\boldsymbol{R}^3}\left(\frac{G(P+s\boldsymbol{e}_i,X)-G(P,X)}{s}-\frac{\partial G}{\partial p_i}(P,X)\right)q(X)\,dx_1dx_2dx_3\right|$$
$$\leq 16\pi M\rho+12|s|\iiint_{\boldsymbol{R}^3\setminus B(A,\rho)}\frac{|q|}{{r_A}^3}dx_1dx_2dx_3$$

となる．これから，任意の正数 ε に対して，$16\pi M\rho<\varepsilon/2$ となる ρ を選び，

$$12|s_0|\iiint_{\boldsymbol{R}^3\setminus B(A,\rho)}\frac{|q|}{{r_A}^3}dx_1dx_2dx_3<\frac{\varepsilon}{2}$$

となるよう s_0 を選ぶと，$|s|\leq|s_0|$ を満たすすべての s に対して

$$\left|\iiint_{\boldsymbol{R}^3}\left(\frac{G(P+s\boldsymbol{e}_i,X)-G(P,X)}{s}-\frac{\partial G}{\partial p_i}(P,X)\right)q(X)\,dx_1dx_2dx_3\right|<\varepsilon$$

が成り立つことがわかる．これで (3.4) を確認したことになる．

次にもう少し議論を続けて，$\dfrac{\partial g}{\partial p_i}$ が連続であること，すなわち g は C^1 級関数であることが検証できる．実際 P の近くの点 $P''(p_1'',p_2'',p_3'')\in B(A,\rho/2)$ をとって，

$$\iiint_{\boldsymbol{R}^3\setminus B(A,\rho)}\left(\frac{\partial G}{\partial p_i}(P'',X)-\frac{\partial G}{\partial p_i}(P,X)\right)q(X)dx_1dx_2dx_3$$
$$=\iiint_{\boldsymbol{R}^3\setminus B(A,\rho)}\left(\int_0^1\frac{d}{dt}\frac{\partial G}{\partial p_i}(tP''+(1-t)P,X)\,dt\right)q(X)dx_1dx_2dx_3$$
$$=\iiint_{\boldsymbol{R}^3\setminus B(A,\rho)}\left(\int_0^1\sum_{j=1}^3\frac{\partial^2 G}{\partial p_j\partial p_i}(tP''+(1-t)P,X)(p_j''-p_j)\,dt\right)$$
$$\times q(X)\,dx_1dx_2dx_3$$

と表す．このとき $r_A(X)\geq\rho$ ならば $\|tP''+(1-t)P-X\|\geq\dfrac{1}{2}r_A(X)$ が成り立つので，(3.6) を使って，

$$\left|\int_0^1\sum_{j=1}^3\frac{\partial^2 G}{\partial p_i\partial p_j}(tP''+(1-t)P,X)(p_j''-p_j)dt\right|\leq\frac{72\,r_P(P'')}{r_A(X)^3}$$

となる．これから

$$\left|\iiint_{\boldsymbol{R}^3\setminus B(A,\rho)} \left(\frac{\partial G}{\partial p_i}(P'',X) - \frac{\partial G}{\partial p_i}(P,X)\right) q(X)\,dx_1dx_2dx_3\right|$$
$$\leq 72 \iiint_{\boldsymbol{R}^3\setminus B(A,\rho)} \frac{|q|}{{r_A}^3}\,dx_1dx_2dx_3 \quad r_P(P'')$$

を得る．また，$B(A,\rho)$ において $|q| \leq M$ より，

$$\left|\iiint_{B(A,\rho)} \left(\frac{\partial G}{\partial p_i}(P'',X) - \frac{\partial G}{\partial p_i}(P,X)\right) q(X)\,dx_1dx_2dx_3\right|$$
$$\leq M \iiint_{B(A,\rho)} \left(\frac{1}{r_{P''}(X)^2} + \frac{1}{r_P(X)^2}\right) dx_1dx_2dx_3$$
$$\leq 16\pi M\rho$$

となる．以上から $P'' \in B(P,\rho/2)$ に対して

$$\left|\frac{\partial g}{\partial p_i}(P) - \frac{\partial g}{\partial p_i}(P'')\right| \leq 72 \iiint_{\boldsymbol{R}^3\setminus B(P,\rho)} \frac{|q|}{{r_A}^3}\,dx_1dx_2dx_3 \quad r_P(P'') + 16\pi M\rho$$

となる．これから次のことが成り立つ．任意の正の数 ε に対して，$16\pi M\rho < \frac{1}{2}\varepsilon$ となるように ρ をとり，$72 \iint_{\boldsymbol{R}^3\setminus B(P,\rho)} \frac{|q|}{{r_A}^3}\,dx_1dx_2dx_3\ \delta < \frac{1}{2}\varepsilon$ となるよう正の数 δ を選ぶと，$r_P(P'') < \delta$ を満たすすべての P'' に対して，

$$\left|\frac{\partial g}{\partial p_i}(P) - \frac{\partial g}{\partial p_i}(P'')\right| \leq \varepsilon$$

が成り立つ．これは $\dfrac{\partial g}{\partial p_i}$ が点 P で連続であることを示している．このようにして g が $\boldsymbol{R}^3$ 上の C^1 級関数であることが示された．以上で定理の前半 (i) の証明は完了である．

さて，q は領域 U において C^1 級とする．点 $A \in U$ をとり，A を中心とする半径 2ρ の球体 $B(A,2\rho)$ が U に含まれているとする．

$$g_1(P) = \iiint_{\boldsymbol{R}^3\setminus B(A,\rho)} \frac{q}{r_P}\,dx_1dx_2dx_3$$
$$g_2(P) = \iiint_{B(A,\rho)} \frac{q}{r_P}\,dx_1dx_2dx_3$$

とおいて，$g = g_1 + g_2$ と分解して考える．(i) で示したように g_1 は C^1 級の関数で，偏微分を積分の中に移行することができる．なぜならば $B(A,\rho)$ において q は 0 に値をとる $\boldsymbol{R}^3$ 上の関数と考えればよいからである．同様に g_2 も $\boldsymbol{R}^3$ 上の C^1 級の関数で，偏微分を積分の中に移行することができて，

$$\frac{\partial g_1}{\partial p_i}(P) = \iiint_{\boldsymbol{R}^3 \setminus B(A,\rho)} \frac{\partial}{\partial p_i}\left(\frac{1}{r_P}\right) q\, dx_1 dx_2 dx_3$$

$$\frac{\partial g_2}{\partial p_i}(P) = \iiint_{B(A,\rho)} \frac{\partial}{\partial p_i}\left(\frac{1}{r_P}\right) q\, dx_1 dx_2 dx_3$$

が成り立つ．さらに G の代わりに $\dfrac{\partial G}{\partial p_i}$ を考え，ある定数 γ があって

$$\left|\frac{\partial^3 G}{\partial p_i \partial p_j \partial p_k}(P,X)\right| \leq \frac{\gamma}{r_P(X)^4} \quad (i,j,k = 1,2,3)$$

となることに注意する．このとき，(3.7) を導いたときと同様な議論から，$P \in B(A,\rho/2)$ に対して，十分小さな s をとり，

$$\left|\frac{1}{s}\left(\frac{\partial g_1}{\partial p_i}(P + s\boldsymbol{e}_j) - \frac{\partial g_1}{\partial p_i}(P)\right) - \iiint_{\boldsymbol{R}^3 \setminus B(A,\rho)} \frac{\partial^2 G}{\partial p_j \partial p_i}(P,X)\, q(X)\, dx_1 dx_2 dx_3\right| \leq 8\gamma|s| \iiint_{\boldsymbol{R}^3 \setminus B(A,\rho)} \frac{|q|}{{r_A}^4}\, dx_1 dx_2 dx_3$$

が成り立つ．したがって $B(A,\rho/2)$ において

$$\begin{aligned}\frac{\partial^2 g_1}{\partial p_i \partial p_j}(P) &= \iiint_{\boldsymbol{R}^3 \setminus B(A,\rho)} \frac{\partial^2 G}{\partial p_i \partial p_j}(P,X)\, q(X)\, dx_1 dx_2 dx_3 \\ &= \iiint_{\boldsymbol{R}^3 \setminus B(A,\rho)} \frac{\partial^2 G}{\partial x_i \partial x_j}(P,X)\, q(X)\, dx_1 dx_2 dx_3\end{aligned}$$

が導かれる．同様の議論を繰り返すことによって，g_1 は $B(A,\rho/2)$ において C^∞ 級関数で，偏微分を積分記号の中に移動できる．特に $\boldsymbol{R}^3 \setminus \{P\}$ において $\Delta \dfrac{1}{r_P} = 0$ より，

$$\Delta g_1(P) = \iiint_{\boldsymbol{R}^3 \setminus B(A,\rho)} q\, \Delta \frac{1}{r_P}\, dx_1 dx_2 dx_3 = 0$$

となる．このように，残る課題は g_2 のラプラシアンの計算である．そのために

$$
\begin{aligned}
\frac{\partial g_2}{\partial p_i}(P) &= \iiint_{B(A,\rho)} \frac{\partial}{\partial p_i}\left(\frac{1}{r_P}\right) q\, dx_1 dx_2 dx_3 \\
&= \iiint_{B(A,\rho)} -\frac{\partial}{\partial x_i}\left(\frac{1}{r_P}\right) q\, dx_1 dx_2 dx_3 \\
&= \lim_{\varepsilon \to 0} \iiint_{B(A,\rho)\setminus B(P,\varepsilon)} -\frac{\partial}{\partial x_i}\left(\frac{1}{r_P}\right) q\, dx_1 dx_2 dx_3 \\
&= \lim_{\varepsilon \to 0} \iiint_{B(A,\rho)\setminus B(P,\varepsilon)} -\frac{\partial}{\partial x_i}\left(\frac{q}{r_P}\right) + \frac{1}{r_P}\frac{\partial q}{\partial x_i}\, dx_1 dx_2 dx_3 \\
&= -\iint_{S(A,\rho)} \frac{q}{r_P} n_i d\sigma_{S(A,\rho)} + \lim_{\varepsilon \to 0} \iint_{S(P,\varepsilon)} \frac{q}{r_P} n_i d\sigma_{S(P,\varepsilon)} \\
&\quad + \iiint_{B(A,\rho)} \frac{1}{r_P}\frac{\partial q}{\partial x_i}\, dx_1 dx_2 dx_3 \\
&= -\iint_{S(A,\rho)} \frac{q}{r_P} n_i d\sigma_{S(A,\rho)} + \iiint_{B(A,\rho)} \frac{1}{r_P}\frac{\partial q}{\partial x_i}\, dx_1 dx_2 dx_3
\end{aligned}
$$

を得る．ただし 5 番目の等号において，例題 3.1.6 (i) を使った．次に

$$
\begin{aligned}
u_i(P) &= -\iint_{S(A,\rho)} \frac{q}{r_P} n_i d\sigma_{S(A,\rho)} \\
v_i(P) &= \iiint_{B(A,\rho)} \frac{1}{r_P}\frac{\partial q}{\partial x_i}\, dx_1 dx_2 dx_3
\end{aligned}
$$

とおく．このとき u_i は g_1 と同様に $B(A,\rho/2)$ において C^∞ 級関数であることがわかり，偏微分を積分記号の中に移動できる．また，$\dfrac{\partial q}{\partial x_i}$ は $B(A,\rho)$ において有界なので，(i) で示したように v_i は C^1 級で，偏微分を積分記号の中に移動できる．したがって $\dfrac{\partial g_2}{\partial p_i}$ $(i = 1, 2, 3)$ も $B(A,\rho/2)$ において C^1 級関数で，偏微分を積分記号の中に移動できる．

$$
\Delta g_2(A) = \sum_{i=1}^{3} \frac{\partial u_i}{\partial p_i}(A) + \sum_{i=1}^{3} \frac{\partial v_i}{\partial p_i}(A) \tag{3.8}
$$

より，まず右辺第一項から扱うと，

$$
\begin{aligned}
\sum_{i=1}^{3} \frac{\partial u_i}{\partial p_i}(A) &= -\iint_{S(A,\rho)} q \sum_{i=1}^{3} \frac{\partial}{\partial p_i}\left(\frac{1}{r_P}\right)\Big|_{P=A} n_i \, d\sigma_{S(A,\rho)} \\
&= \iint_{S(A,\rho)} q \sum_{i=1}^{3} \frac{\partial}{\partial x_i}\left(\frac{1}{r_A}\right) n_i \, d\sigma_{S(A,\rho)} \\
&= \iint_{S(A,\rho)} q \left(\operatorname{grad}\left(\frac{1}{r_A}\right), \boldsymbol{n}_{S(A,\rho)}\right) d\sigma_{S(A,\rho)}
\end{aligned}
$$

となる．次に (3.8) の右辺第二項を考える．$B(A,\rho) \setminus \{A\}$ において $\Delta \frac{1}{r_A} = 0$ に注意し，途中に定理 3.2.1 (i) を使って，

$$
\begin{aligned}
&\sum_{i=1}^{3} \frac{\partial v_i}{\partial p_i}(A) \\
&= \iiint_{B(A,\rho)} \sum_{i=1}^{3} \frac{\partial}{\partial p_i}\left(\frac{1}{r_P}\right)\Big|_{P=A} \frac{\partial q}{\partial x_i} \, dx_1 dx_2 dx_3 \\
&= -\iiint_{B(A,\rho)} \sum_{i=1}^{3} \frac{\partial}{\partial x_i}\left(\frac{1}{r_A}\right) \frac{\partial q}{\partial x_i} \, dx_1 dx_2 dx_3 \\
&= -\iiint_{B(A,\rho)} \left(\operatorname{grad}\frac{1}{r_A}, \operatorname{grad} q\right) dx_1 dx_2 dx_3 \\
&= \lim_{\varepsilon \to 0} -\iiint_{B(A,\rho)\setminus B(A,\varepsilon)} \left(\operatorname{grad}\frac{1}{r_A}, \operatorname{grad} q\right) dx_1 dx_2 dx_3 \\
&= -\iint_{S(A,\rho)} q \left(\operatorname{grad}\frac{1}{r_A}, \boldsymbol{n}_{S(A,\rho)}\right) d\sigma_{S(A,\rho)} \\
&\qquad + \lim_{\varepsilon \to 0} \iint_{S(A,\varepsilon)} q \left(\operatorname{grad}\frac{1}{r_A}, \boldsymbol{n}_{S(A,\varepsilon)}\right) d\sigma_{S(A,\varepsilon)} \\
&= -\iint_{S(A,\rho)} q \left(\operatorname{grad}\frac{1}{r_A}, \boldsymbol{n}_{S(A,\rho)}\right) d\sigma_{S(A,\rho)} - \lim_{\varepsilon \to 0} \frac{1}{\varepsilon^2} \iint_{S(A,\varepsilon)} q \, d\sigma_{S(A,\varepsilon)} \\
&= -\iint_{S(A,\rho)} q \left(\operatorname{grad}\frac{1}{r_A}, \boldsymbol{n}_{S(A,\rho)}\right) d\sigma_{S(A,\rho)} - 4\pi q(A)
\end{aligned}
$$

を得る．以上により

$$
\Delta g(A) = \Delta g_2(A)
$$

$$= \iint_{S(A,\rho)} q \left(\mathrm{grad}\left(\frac{1}{r_A}\right), \boldsymbol{n}_{S(A,\rho)}\right) d\sigma_{S(A,\rho)}$$
$$- \iint_{S(A,\rho)} q \left(\mathrm{grad}\left(\frac{1}{r_A}\right), \boldsymbol{n}_{S(A,\rho)}\right) d\sigma_{S(A,\rho)} - 4\pi q(A)$$
$$= -4\pi q(A)$$

に到達する． ■

以上の議論から q が U において C^k 級 $(k = 2, \ldots, \infty)$ ならば，g は C^{k+1} 級であることに注意する．

定理 3.3.2 $\boldsymbol{R}^3$ 上の C^1 級ベクトル場 $\boldsymbol{J} = (j_1, j_2, j_3)$ は $\mathrm{div}\,\boldsymbol{J} = 0$ を満たし，広義積分

$$\iiint_{\boldsymbol{R}^3} \frac{|j_i|}{r}\, dx_1dx_2dx_3, \quad \iiint_{\boldsymbol{R}^3} \frac{1}{r}\left|\frac{\partial j_i}{\partial x_k}\right| dx_1dx_2dx_3 \quad (i, k = 1, 2, 3)$$

が収束するとする．このとき，

$$\boldsymbol{K}(P) = \frac{1}{4\pi}\iiint_{\boldsymbol{R}^3} \frac{\boldsymbol{J}}{r_P}\, dx_1dx_2dx_3$$

で定まるベクトル場 $\boldsymbol{K}$ をベクトルポテンシャルとするベクトル場

$$\boldsymbol{F} = \mathrm{rot}\,\boldsymbol{K} = \frac{1}{4\pi}\iiint_{\boldsymbol{R}^3} \frac{\boldsymbol{r}_P}{{r_P}^3} \times \boldsymbol{J}\, dx_1dx_2dx_3$$

は

$$\mathrm{div}\,\boldsymbol{F} = 0, \qquad \mathrm{rot}\,\boldsymbol{F} = \boldsymbol{J}$$

を満たす．

証明　ベクトル場 $\boldsymbol{K} = (k_1, k_2, k_3)$ は次のように与えられている．

$$k_i(P) = \frac{1}{4\pi}\iiint_{\boldsymbol{R}^3} \frac{j_i}{r_P}\, dx_1dx_2dx_3 \quad (i = 1, 2, 3)$$

したがって，定理 3.3.1 より $\Delta k_i = -j_i$ $(i = 1, 2, 3)$，すなわち $\Delta\boldsymbol{K} = -\boldsymbol{J}$ が成り立つ．ここで広義積分

$$\iiint_{\boldsymbol{R}^3} \frac{|j_i|}{r_P} dx_1dx_2dx_3 = \int_0^\infty \left(\iint_{S(O,r)} \frac{|j_i|}{r_P} d\sigma_{S(O,r)}\right) dr$$

が収束することから，ある無限に発散する数列 $\{r_n\}$ で

$$\lim_{n\to+\infty}\iint_{S(O,r_n)}\frac{|j_i|}{r_P}d\sigma_{S(O,r_n)}=0 \tag{3.9}$$

を満たすものが見つかることに注意する．さらに

$$\begin{aligned}
&\iiint_{B(O,r_n)}\frac{\partial}{\partial x_i}\left(\frac{j_i}{r_P}\right)dx_1dx_2dx_3\\
&=\lim_{\varepsilon\to0}\iiint_{B(O,r_n)\setminus B(P,\varepsilon)}\frac{\partial}{\partial x_i}\left(\frac{j_i}{r_P}\right)dx_1dx_2dx_3\\
&=\iint_{S(O,r_n)}\frac{j_i}{r_P}n_id\sigma_{S(O,r_n)}-\lim_{\varepsilon\to0}\iint_{S(P,\varepsilon)}\frac{j_i}{r_P}n_id\sigma_{S(P,\varepsilon)}\\
&=\iint_{S(O,r_n)}\frac{j_i}{r_P}n_id\sigma_{S(O,r_n)}
\end{aligned}$$

に注意して，

$$\begin{aligned}
&\iiint_{B(O,r_n)}\frac{\partial}{\partial x_i}\left(\frac{1}{r_P}\right)j_i\,dx_1dx_2dx_3\\
&=\lim_{\varepsilon\to0}\iiint_{B(O,r_n)\setminus B(P,\varepsilon)}\frac{\partial}{\partial x_i}\left(\frac{1}{r_P}\right)j_i\,dx_1dx_2dx_3\\
&=\lim_{\varepsilon\to0}\iiint_{B(O,r_n)\setminus B(P,\varepsilon)}-\frac{1}{r_P}\frac{\partial j_i}{\partial x_i}+\frac{\partial}{\partial x_i}\left(\frac{j_i}{r_P}\right)dx_1dx_2dx_3\\
&=\iiint_{B(O,r_n)}-\frac{1}{r_P}\frac{\partial j_i}{\partial x_i}dx_1dx_2dx_3+\iint_{S(O,r_n)}\frac{j_i}{r_P}n_id\sigma_{S(O,r_n)}
\end{aligned}$$

を得る．したがって

$$\begin{aligned}
&\iiint_{\boldsymbol{R}^3}\frac{\partial}{\partial x_i}\left(\frac{1}{r_P}\right)j_idx_1dx_2dx_3\\
&=\lim_{n\to\infty}\iiint_{B(O,r_n)}\frac{\partial}{\partial x_i}\left(\frac{1}{r_P}\right)j_idx_1dx_2dx_3\\
&=\lim_{n\to\infty}-\iiint_{B(O,r_n)}\frac{1}{r_P}\frac{\partial j_i}{\partial x_i}dx_1dx_2dx_3+\lim_{n\to\infty}\iint_{S(O,r_n)}\frac{j_i}{r_P}n_id\sigma_{S(O,r_n)}\\
&=-\iiint_{\boldsymbol{R}^3}\frac{1}{r_P}\frac{\partial j_i}{\partial x_i}dx_1dx_2dx_3
\end{aligned}$$

となる．ここで仮定 $\displaystyle\iiint_{\boldsymbol{R}^3}\frac{1}{r_P}\left|\frac{\partial j_i}{\partial x_i}\right|dx_1dx_2dx_3<+\infty$ と (3.9) を使った．

以上から

$$\begin{aligned}\mathrm{div}\,\boldsymbol{K}(P) &= \frac{1}{4\pi}\iiint_{\boldsymbol{R}^3}\sum_{i=1}^{3}\frac{\partial}{\partial p_i}\left(\frac{1}{r_P}\right)j_i dx_1 dx_2 dx_3 \\ &= -\frac{1}{4\pi}\iiint_{\boldsymbol{R}^3}\sum_{i=1}^{3}\frac{\partial}{\partial x_i}\left(\frac{1}{r_P}\right)j_i dx_1 dx_2 dx_3 \\ &= \frac{1}{4\pi}\iiint_{\boldsymbol{R}^3}\frac{1}{r_P}\left(\sum_{i=1}^{3}\frac{\partial j_i}{\partial x_i}\right)dx_1 dx_2 dx_3 \\ &= \frac{1}{4\pi}\iiint_{\boldsymbol{R}^3}\frac{1}{r_P}\mathrm{div}\,\boldsymbol{J}\,dx_1 dx_2 dx_3 \\ &= 0\end{aligned}$$

が成り立つ．したがって，命題 2.4.5 (ii) を用いて，

$$\mathrm{rot}\,\mathrm{rot}\,\boldsymbol{K} = \mathrm{grad}(\mathrm{div}\,\boldsymbol{K}) - \Delta\boldsymbol{K} = -\Delta\boldsymbol{K} = \boldsymbol{J}$$

が得られる．よって

$$\boldsymbol{F}(P) = \mathrm{rot}\,\boldsymbol{K}(P) = \frac{1}{4\pi}\iiint_{\boldsymbol{R}^3}\frac{\boldsymbol{r}_P}{{r_P}^3}\times\boldsymbol{J}\,dx_1 dx_2 dx_3$$

で定義されるベクトル場 $\boldsymbol{F}$ は，

$$\mathrm{div}\,\boldsymbol{F} = 0, \quad \mathrm{rot}\,\boldsymbol{F} = \boldsymbol{J}$$

を満たすことがわかる． ■

静電場と静磁場の基本法則によれば，時間によらない電荷密度 ρ と電流密度 $\boldsymbol{i}$ が与えられたときの電場 $\boldsymbol{E}$ と磁場（磁束密度）$\boldsymbol{B}$ はそれぞれ次の方程式を満たす（練習問題 2 の 5 参照).

$$\varepsilon_0\mathrm{div}\,\boldsymbol{E} = \rho, \qquad \mathrm{rot}\,\boldsymbol{E} = \boldsymbol{0} \tag{3.10}$$

$$\mathrm{div}\,\boldsymbol{B} = 0, \qquad \mathrm{rot}\,\boldsymbol{B} = \boldsymbol{i} \tag{3.11}$$

ここに ε_0 は真空の透電率，μ_0 は透磁率とよばれる定数である．(3.10) の最初の式は**静電場に対するガウスの法則**とよばれ，(3.11) の最初の式は**静磁場に対するガウスの法則**とよばれる．また，(3.11) の 2 番目の式は**アンペールの法則**とよばれる．なお，静電場の方程式と静磁場の方程式はそれぞれ独立である．

◆**例題 3.3.3**　(i)（**クーロンの法則**）ある有界な集合の外で $\rho = 0$ とする．このとき，もし $\boldsymbol{E}$ が無限遠で $\boldsymbol{0}$ であるとき，すなわち $r(P) \to +\infty$ のとき $\|\boldsymbol{E}(P)\| \to 0$ とするとき，$\boldsymbol{E}$ は次のように与えられる．

$$\begin{aligned}\boldsymbol{E}(P) &= \frac{1}{4\pi\varepsilon_0}\iiint_{\boldsymbol{R}^3} \rho(\boldsymbol{x})\frac{\boldsymbol{r}_P(\boldsymbol{x})}{r_P(\boldsymbol{x})^3}dx_1dx_2dx_3 \\ &= \mathrm{grad}\,\frac{1}{4\pi\varepsilon_0}\iiint_{\boldsymbol{R}^3} \frac{\rho(\boldsymbol{x})}{r_P(\boldsymbol{x})}dx_1dx_2dx_3\end{aligned}$$

(ii)（**ビオ－サバールの法則**）ある有界な集合の外で $\boldsymbol{i} = \boldsymbol{0}$ とする．このとき，もし $\boldsymbol{B}$ が無限遠で $\boldsymbol{0}$ であるとき，$\boldsymbol{B}$ は次のように与えられる．

$$\begin{aligned}\boldsymbol{B}(P) &= \frac{\mu_0}{4\pi}\iiint_{\boldsymbol{R}^3} \frac{\boldsymbol{r}_P(\boldsymbol{x})}{r_P(\boldsymbol{x})^3} \times \boldsymbol{i}(\boldsymbol{x})dx_1dx_2dx_3 \\ &= \mathrm{rot}\,\frac{\mu_0}{4\pi}\iiint_{\boldsymbol{R}^3} \frac{\boldsymbol{i}(\boldsymbol{x})}{r_P(\boldsymbol{x})}dx_1dx_2dx_3\end{aligned}$$

証明　上述の条件を満たす二つの電場 $\boldsymbol{E}_1, \boldsymbol{E}_2$ があるとすれば, $\mathrm{div}\,(\boldsymbol{E}_1 - \boldsymbol{E}_2) = 0$, $\mathrm{rot}\,(\boldsymbol{E}_1 - \boldsymbol{E}_2) = \boldsymbol{0}$ より, $\Delta(\boldsymbol{E}_1 - \boldsymbol{E}_2) = \mathrm{grad}\,\mathrm{div}\,(\boldsymbol{E}_1 - \boldsymbol{E}_2) - \mathrm{rot}\,\mathrm{rot}(\boldsymbol{E}_1 - \boldsymbol{E}_2) = \boldsymbol{0}$ となる．これからベクトル場 $\boldsymbol{E}_1 - \boldsymbol{E}_2$ の三つの成分はすべて調和関数であることになる．さらにこれらは無限遠で $\boldsymbol{0}$ である．したがって最大値の原理を適用すれば，これらは恒等的に 0 であることになり，結局 $\boldsymbol{E}_1 = \boldsymbol{E}_2$ となる．一方，上のように与えられるベクトル場 $\boldsymbol{E}$ は，ある有界な集合の外で $\rho = 0$ であるという仮定から無限遠で $\boldsymbol{0}$ である（練習問題 3 の 9 参照）．以上で (i) が示された．(ii) も同様に示される．■

3.4　ベクトル場の分解

閉曲面 S で囲まれた領域 V を考える．S において与えられた関数と一致するような，閉領域 $\overline{V} = V \cup S$ 上の滑らかな関数の中で，積分

$$\iiint_V \|\mathrm{grad}\, f\|^2 dx_1dx_2dx_3$$

の値を最小にする関数が存在することが知られている．（定理 3.2.3 で述べたように）この関数は V において調和，すなわちラプラスの方程式の解となる．これを**ディリクレの原理**という．

有界閉領域 $\overline{V} = V \cup S$ 上のベクトル場 $\boldsymbol{A}$ が与えられたとき，

$$q(\boldsymbol{x}) = \begin{cases} -\dfrac{1}{4\pi}\operatorname{div}\boldsymbol{A}(\boldsymbol{x}) & (\boldsymbol{x} \in V) \\ 0 & (\boldsymbol{x} \in \boldsymbol{R}^3 \setminus V) \end{cases}$$

とおいて，$\boldsymbol{R}^3$ 上の関数 q を定め，

$$g(P) = \iiint_{\boldsymbol{R}^3} \frac{q}{r_P} dx_1 dx_2 dx_3$$

とおくと，g は V において $\Delta g = \operatorname{div} A$ を満たす．次にディリクレの原理から S 上で g に一致し，V において調和である関数 f が存在する．このとき $u = g - f$ とおくと，u は

$$\begin{cases} \Delta u(\boldsymbol{x}) = \operatorname{div}\boldsymbol{A}(\boldsymbol{x}) & (\boldsymbol{x} \in V) \\ u(\xi) = 0 & (\xi \in S) \end{cases}$$

を満たす．さらに

$$\iint_S (\boldsymbol{A} - \operatorname{grad} u, \boldsymbol{n}_S) d\sigma_S = \iiint_V \operatorname{div}(\boldsymbol{A} - \operatorname{grad} u) dx_1 dx_2 dx_3 = 0$$

より，V において調和で，S において $(\operatorname{grad} h, \boldsymbol{n}_S) = (\boldsymbol{A} - \operatorname{grad} u, \boldsymbol{n}_S)$ を満たす関数 h がただ一つ存在することも知られている．このとき $\boldsymbol{B} = \boldsymbol{A} - \operatorname{grad} h - \operatorname{grad} u$ とおくと，$\boldsymbol{B}$ は V において $\operatorname{div}\boldsymbol{B} = 0$ を満たし，S において $(\boldsymbol{B}, \boldsymbol{n}_S) = 0$ を満たす．このように $\boldsymbol{A}$ は $\boldsymbol{A} = \boldsymbol{B} + \operatorname{grad} h + \operatorname{grad} u$ と分解できる．

命題 3.4.1　閉曲面 S で囲まれた有界な領域 V を考える．$\overline{V} = V \cup S$ 上のベクトル場 $\boldsymbol{B}$ に対して，以下の二つの条件は同値である．

(i)　$\boldsymbol{B}$ は，V において $\operatorname{div}\boldsymbol{B} = 0$ を満たし，S 上で $(\boldsymbol{B}, \boldsymbol{n}_S) = 0$ を満たす．

(ii)　$\overline{V}$ 上のすべての滑らかな関数 f に対して

$$\iiint_V (\operatorname{grad} f, \boldsymbol{B})\ dx_1 dx_2 dx_3 = 0$$

である．

もしベクトル場 $\boldsymbol{B}$ がこれらの条件を満たすならば，自明でない限り決して $\boldsymbol{B} = \mathrm{grad}\, f$ とは表せない．実際 (ii) から $\displaystyle\iiint_V \|\mathrm{grad}\, f\|^2 dx_1dx_2dx_3 = 0$ となり，$\|\mathrm{grad}\, f\| = 0$，すなわち $\boldsymbol{B} = 0$ となるからである．

命題 3.4.1 の証明　(i) から (ii) は，系 3.1.4 の式から明らかである．(ii) を仮定すると，境界 S 上で 0 となる任意の滑らかな関数 g に系 3.1.4 の式を適用して，

$$\iiint_V g\ \mathrm{div}\, \boldsymbol{B}\ dx_1dx_2dx_3 = 0$$

が得られる．これから V 上 $\mathrm{div}\boldsymbol{B} = 0$ であることが従う．さらに $\overline{V}$ 上の滑らかな関数 f すべてに対して，

$$\iint_S f\,(\boldsymbol{B}, \boldsymbol{n}_S)d\sigma_S = 0$$

となるので，$(\boldsymbol{B}, \boldsymbol{n}_S)$ は S において消えていなければならない．■

補題 3.4.2　$\boldsymbol{R}^3$ 上の任意の C^1 級関数 q に対して，ポアソン方程式

$$\Delta u = -q$$

を満たす C^2 級関数 u が存在する．

証明　準備として，まず $[0, +\infty)$ 上の単調非増加 C^∞ 級関数 $\tau_0(t)$ で，$\tau_0(t) = 1\ (0 \le t < 1/2)$，$\tau_0(t) = 0\ (1 \le t)$ を満たすものを一つとる．次に $\tau_1(t) = \tau_0(-t)\ (t \le 0)$, $\tau_1(t) = \tau_0(t)\ (0 \le t)$ によって $\boldsymbol{R}$ 上の関数 $\tau_1(t)$ を定める．$\tau_n(t) = \tau_1(t-n)\ (n = 1, 2, \ldots)$ とおいて $[0, +\infty)$ 上の関数列 $\{\tau_n(t) \mid n = 1, 2, \ldots\}$ を定める．さらに $\tau(t) = \sum_{n=1}^\infty \tau_n(t)$ とおき，$\sigma_n(t) = \tau_n(t)/\tau(t)$ とおく．このようにして $\sum_{n=1}^\infty \sigma_n(t) = 1$ を満たす関数列 $\{\sigma_n(t) \mid n = 1, 2, \ldots\}$ が得られた．$\boldsymbol{R}^3$ の原点からの距離関数を r として，$\boldsymbol{R}^3$ 上の C^∞ 級関数 $q_n = \sigma_n(r)q$ を考える．次にニュートンポテンシャル g_n を

$$g_n(P) = \frac{1}{4\pi}\iiint_{\boldsymbol{R}^3} \frac{q_n}{r_P} dx_1dx_2dx_3, \quad n = 1, 2, \ldots$$

によって定める．このとき，定理 3.3.1 より，g_n はポアソン方程式 $\Delta g_n = -q_n$ を満たす．特に g_n は半径 $n-1$ の球体 $B(O, n-1)$ において調和である．したがって命題 2.3.6 を適用して，$B(O, n-2)$ において

$$\sum_{i,j,k=0,1,2} \left| \frac{\partial^{i+j+k}(g_n - h_n)}{\partial {x_1}^i \partial {x_2}^j \partial {x_3}^k} \right| \leq \varepsilon_n$$

を満たす $\boldsymbol{R}^3$ 全体で定義された調和関数 h_n が見つかる．ここで ε_n は十分小さな正の数で $\sum_{n=1}^{\infty} \varepsilon_n < +\infty$ とする．$u_1 = g_1$，$u_n = g_n - h_n$ $(n = 2, 3, \ldots)$ とおき，関数項級数 $\sum_{n=1}^{\infty} u_n$ を考える．これは各球体 $B(O, R)$ 上で C^2 級関数 $u = \sum_{n=1}^{\infty} u_n$ に収束し，u は

$$\Delta u = \sum_{n=1}^{\infty} \Delta u_n = \sum_{n=0}^{\infty} -q_n = -q$$

を満たす．このように u がポアソン方程式 $\Delta u = -q$ の一つの解を与えることがわかる． ■

ヘルムホルツの分解定理でこの節を終える．

定理 3.4.3 **（ヘルムホルツの分解定理）**　$\boldsymbol{R}^3$ 全体で定義されたベクトル場 $\boldsymbol{A}$ に対し，ベクトル場 $\boldsymbol{F}$ と滑らかな関数 u で，

$$\boldsymbol{A} = \mathrm{rot}\, \boldsymbol{F} + \mathrm{grad}\, u$$
$$\mathrm{div}\, \boldsymbol{F} = 0$$

を満たすものが存在する．

証明　$q = -\mathrm{div}\, \boldsymbol{A}$ とおく．補題 3.4.2 から $\Delta u = -q$ を満たす関数 u が見つかる．このとき $\mathrm{div}\,(\boldsymbol{A} - \mathrm{grad}\, u) = 0$ となり，系 2.4.8 を適用して $\boldsymbol{A} - \mathrm{grad}\, u = \mathrm{rot}\, \boldsymbol{E}$ を満たすベクトル場 $\boldsymbol{E}$ が見つかる．さらに $\mathrm{div}\, \boldsymbol{E} = g$ とおいてポアソン方程式 $\Delta v = g$ の解 v を一つ選び，$\boldsymbol{F} = \boldsymbol{E} - \mathrm{grad}\, v$ と定める．このようにして，求めるベクトル場 $\boldsymbol{F}$ と関数 u が得られる． ■

練習問題 3

1. 有界閉領域 $\overline{V}$，それを囲む閉曲面 S とその上の閉正則領域 $\overline{\Omega} = \Omega \cup \partial\Omega$ について，以下の等式を示せ．ただし $\boldsymbol{n}_S = (n_1, n_2, n_3)$ は，S 上の外向きの連続単位法ベクトル場を表す．

(i) $$\iiint_V \operatorname{grad} f \, dx_1 dx_2 dx_3 = \iint_S f \, \boldsymbol{n}_S \, d\sigma_S$$

(ii) $$\iiint_V \operatorname{rot} \boldsymbol{A} \, dx_1 dx_2 dx_3 = \iint_S \boldsymbol{n}_S \times \boldsymbol{A} \, d\sigma_S$$

(iii) $$\iiint_V (\operatorname{rot} \boldsymbol{A}, \boldsymbol{B}) - (\boldsymbol{A}, \operatorname{rot} \boldsymbol{B}) \, dx_1 dx_2 dx_3 = \iint_S (\boldsymbol{A} \times \boldsymbol{B}, \boldsymbol{n}_S) d\sigma_S$$

(iv) $$\iiint_V \operatorname{grad} f \times \operatorname{grad} g \, dx_1 dx_2 dx_3 = -\iint_S f \operatorname{grad} g \times \boldsymbol{n}_S \, d\sigma_S$$

(v) $$\iint_\Omega (\operatorname{grad} f \times \operatorname{grad} g, \, \boldsymbol{n}_S) d\sigma_S = \int_{\partial\Omega} f \operatorname{grad} g$$

2. 3 次対称行列 $M = (m_{ij})$ に対して，

$$\frac{1}{3} \operatorname{trace} M = \frac{1}{4\pi} \iint_{S^2(1)} \boldsymbol{x} M \boldsymbol{x}^T \, d\sigma_{S^2(1)}$$

が成り立つことを示せ．ただし $\operatorname{trace} M$ は M の対角成分の和を表している．

3. $\boldsymbol{R}^3$ 上の有界な調和関数は定数に限ることを示せ．

4. $\boldsymbol{R}^3$ 上の調和関数 h に対して，ある正の定数 k と a, b があって，

$$|h(P)| \leq a \; r(P)^k + b \quad (P(p_1, p_2, p_3) \in \boldsymbol{R}^3)$$

が成り立つとする．ただし $r(P) = \sqrt{{p_1}^2 + {p_2}^2 + {p_3}^2}$．このとき，$h$ は次数が k を超えない多項式であることを示せ．

5. $\{\phi_t\}$ をベクトル場 $\boldsymbol{A}$ から定まる 1 パラメータ局所変換群とする．このとき，

$$\operatorname{div} \boldsymbol{A} = \frac{d}{dt} J_{\phi_t}|_{t=0}$$

が成り立つことを示せ.

6. $R, d, \varepsilon, \sigma, \rho$ を正の数とし，$\varepsilon < d$ とする．$\boldsymbol{R}$ 上の関数 $q(t)$ を次のように定義する.

$$q(t) = \begin{cases} 0 & (t \leq R) \\ \dfrac{\sigma}{\varepsilon} & (R < t < R+\varepsilon) \\ 0 & (R+\varepsilon \leq t \leq R+d) \\ -\dfrac{\rho}{\varepsilon} & (R+d < t < R+d+\varepsilon) \\ 0 & (R+d+\varepsilon < t) \end{cases}$$

このとき，点 $A(a_1, a_2, a_3)$ に対して，$r_A = \|\boldsymbol{r} - \boldsymbol{r}(A)\|$ とおき，

$$g_A(P) = \frac{1}{4\pi} \iiint_{\boldsymbol{R}^3} \frac{q(r_A)}{r_P} dx_1 dx_2 dx_3$$

によって $\boldsymbol{R}^3$ 上の C^1 級関数 g_A を定める（定理 3.3.1 参照）.

(i) $\varepsilon \to 0$ とするとき，$\mathrm{grad}\, g_A$ はあるベクトル場 $\boldsymbol{E}_A$ に収束する．$\boldsymbol{E}_A$ を求めよ.

(ii) $A = (-\alpha, 0, 0)$, $R = \alpha$ とし，$\alpha \to +\infty$ とする．このとき，ベクトル場 $\boldsymbol{E}_A$ は次のようなベクトル場 $\boldsymbol{E}$ に収束することを示せ.

$$\boldsymbol{E}(p_1, p_2, p_3) = \begin{cases} (0, 0, 0) & (p_1 < 0) \\ (-\sigma, 0, 0) & (0 < p_1 < d) \\ (-\sigma+\rho, 0, 0) & (d < p_1) \end{cases}$$

(iii) 滑らかで，台が有界な関数，すなわちある有界な集合の外で 0 である関数 f すべてに対して，

$$\iiint_{\boldsymbol{R}^3} (-\boldsymbol{E}, \mathrm{grad}\, f) dx_1 dx_2 dx_3$$
$$= \rho \iint_{\boldsymbol{R}^2} f(d, x_2, x_3) dx_2 dx_3 - \sigma \iint_{\boldsymbol{R}^2} f(0, x_2, x_3) dx_2 dx_3$$

が成り立つ.

7. $\boldsymbol{c}:[\alpha,\beta]\to\boldsymbol{R}^3$ を閉曲線とし，I, c_0 を正の定数とする．

$$\boldsymbol{F}(P)=c_0 I\int_{\boldsymbol{c}}\frac{\boldsymbol{r}-\boldsymbol{r}(P)}{\|\boldsymbol{r}-\boldsymbol{r}(P)\|^3}\times d\boldsymbol{r}$$

によって与えられるベクトル場を考える（例題 2.5.5 参照）．このとき，ベクトル場 $\boldsymbol{F}$ は次の性質を満たす．台が有界な滑らかなベクトル場，すなわちある有界な集合の外で $\mathbf{0}$ である滑らかなベクトル場 $\boldsymbol{V}$ すべてに対して，

$$\iiint_{\boldsymbol{R}^3}(\boldsymbol{F},\mathrm{rot}\,\boldsymbol{V})dx_1dx_2dx_3=4\pi c_0 I\int_{\boldsymbol{c}}\boldsymbol{V}$$

が成り立つ．

8. b を正の定数とし，$\rho=\sqrt{x_1^2+x_2^2}$ とおいて，二つのベクトル場を次のように定める．

$$\boldsymbol{A}=\begin{cases}\dfrac{b}{2}(-x_2,x_1,0) & (\rho\le 1)\\[2ex] \dfrac{b}{2}\left(-\dfrac{x_2}{\rho^2},\dfrac{x_1}{\rho^2},0\right) & (\rho>1)\end{cases}$$

$$\boldsymbol{B}=\begin{cases}(0,0,b) & (\rho\le 1)\\ (0,0,0) & (\rho>1)\end{cases}$$

(i) 台が有界な滑らかな関数 f すべてに対して，

$$\iiint_{\boldsymbol{R}^3}(\boldsymbol{A},\mathrm{grad}\,f)dx_1dx_2dx_3=0$$

が成り立つ．この意味で $\mathrm{div}\,\boldsymbol{A}=0$ である．

(ii) 台が有界で滑らかなベクトル場 $\boldsymbol{V}=(v_1,v_2,v_3)$ に対して，

$$\begin{aligned}\iiint_{\boldsymbol{R}^3}(\boldsymbol{A},\mathrm{rot}\,\boldsymbol{V})dx_1dx_2dx_3&=\iiint_{\boldsymbol{R}^3}(\boldsymbol{B},\boldsymbol{V})dx_1dx_2dx_3\\&=b\iiint_{\{\rho\le 1\}}v_3dx_1dx_2dx_3\end{aligned}$$

が成り立つ．この意味で $\mathrm{rot}\,\boldsymbol{A}=\boldsymbol{B}$ である．

(iii) $M = \{(x_1, x_2, x_3) \,|\, \rho = 1\}$ を円柱とし，M 上の M に接するベクトル場 $\boldsymbol{i} = b(-x_2, x_1, 0)$ を考える．このとき，台が有界な滑らかなベクトル場 $\boldsymbol{V}$ すべてに対して，

$$\iiint_{\boldsymbol{R}^3} (\boldsymbol{B}, \operatorname{rot} \boldsymbol{V}) dx_1 dx_2 dx_3 = -\iint_M (\boldsymbol{i}, \boldsymbol{V}) d\sigma_M$$

が成り立つ．この意味で $\operatorname{rot} \boldsymbol{B} = -\boldsymbol{i}$ である．

9. q を，ある定数 $c > 0$，$d > 2$ があって $|q| \leq \dfrac{c}{(1+r)^d}$ を満たす $\boldsymbol{R}^3$ 上の関数とする．このとき，ポアソン方程式 $\Delta f = -q$ の解 f で，$2 < d < 3$ ならば $|f| \leq \dfrac{c'}{(1+r)^{d-2}}$，$d = 3$ ならば $|f| \leq \dfrac{c' \log(1+r)}{(1+r)}$，$3 < d$ ならば $|f| \leq \dfrac{c'}{(1+r)}$ を満たすものがただ一つ存在することを示せ．ここに c' はある正の定数である．

10. 次の性質 (i), (ii) を満たす $\boldsymbol{R}^3$ 上の関数 q の例を与えよ．

(i) 広義積分 $\dfrac{1}{4\pi} \displaystyle\iiint_{\boldsymbol{R}^3} \frac{|q|}{r} dx_1 dx_2 dx_3$ が収束する．

(ii) $g(P) = \dfrac{1}{4\pi} \displaystyle\iiint_{\boldsymbol{R}^3} \frac{q}{r_P} dx_1 dx_2 dx_3 \quad (P \in \boldsymbol{R}^3)$ とおくとき，ある発散する点列 $\{P_n\}$ があり，$n \to \infty$ のとき，$g(P_n)$ は $+\infty$ に発散する．

第4章

曲率

平面あるいは空間の中の曲線を考え，その曲率について説明する．次に空間内の曲面を考え，その曲がり方を表す主曲率，ガウス曲率，平均曲率ベクトルや，曲面の中の曲線の測地的曲率を導入する．曲面の面積と曲線の長さに関する微分公式を紹介し，平均曲率ベクトルと測地的曲率の意味するところを述べる．最後に第2章のグリーンの定理を用い，関連事項を積み重ねて，著名なガウス－ボネの定理に到達する．平面の三角形の内角の和は2直角であるという定理の面目が一新する．

4.1 平面曲線

平面上の正則曲線 $\boldsymbol{c}(t)$ $(\alpha < t < \beta)$ とその上の点 P がある．$\boldsymbol{c}$ 上の2点 Q, R を通る直線は，Q と R が P に近づくとき，P を通る一つの直線に近づいていく．この直線が $\boldsymbol{c}$ の点 P での**接線**である．P を通り，そこでの接線と直交する直線が曲線 $\boldsymbol{c}$ の点 P での**法線**である．

また，$\boldsymbol{c}$ 上の3点 Q, R, S を通る円は，Q, R, S を P に近づけていくと，P を通る円または直線 Γ に近づいていく．Γ が円の場合，曲線 $\boldsymbol{c}$ の点 P における**曲率円**といい，その中心を**曲率中心**，半径を**曲率半径**という（図4.1）．さらに曲率半径の逆数を曲線 $\boldsymbol{c}$ の点 P での**曲率**とよぶ．すなわち

$$曲率 = \frac{1}{曲率半径}$$

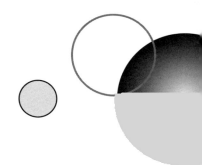

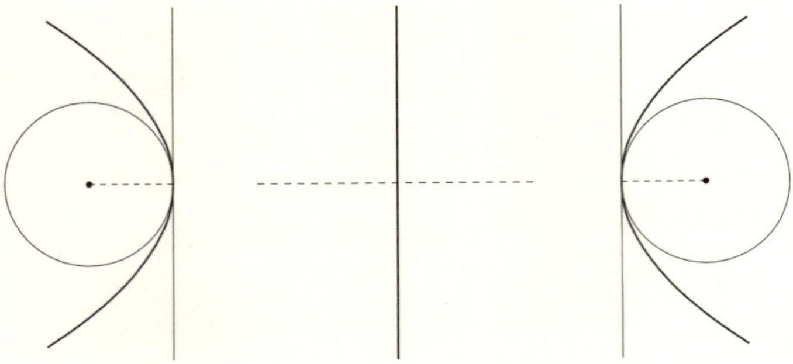

図 4.1 曲率円

Γ が直線の場合，半径無限大の円と考え，曲率は 0 である．

たとえば，曲線が半径 r の円の場合，曲率円はそれ自身であり，円のすべての点での曲率は半径の逆数 $1/r$ である．曲線が直線の場合，曲率円は直線自身，曲率半径は無限大と考え，曲率は 0 である．

◆**例 4.1.1** 放物線 $y = ax^2$ $(a \neq 0)$ の原点 $O(0,0)$ における曲率円は

$$x^2 + \left(y - \frac{1}{2a}\right)^2 = \left(\frac{1}{2a}\right)^2$$

となり，曲率は $2|a|$ である．実際 $O(0,0)$, $Q(t, at^2)$, $R(-t, at^2)$ を通る円は

$$x^2 + \left(y - \frac{a^2t^2+1}{2a}\right)^2 = \left(\frac{a^2t^2+1}{2a}\right)^2$$

となり，t を 0 に近づけていくと，上の円になる．

◆**例 4.1.2** 4 次関数 $y = ax^4$ $(a \neq 0)$ のグラフの原点 $O(0,0)$ における曲率円は，直線 $y = 0$ となり，曲率は $0\,(= 1/\infty)$ である．実際 $O(0,0)$, $Q(t, at^4)$, $R(-t, at^4)$ を通る円は

$$x^2 + \left(y - \frac{a^2t^6+1}{2at^2}\right)^2 = \left(\frac{a^2t^6+1}{2at^2}\right)^2$$

となり，両辺を展開し，t^2 を掛けて整理すると，

$$t^2x^2 + t^2y^2 - (at^6 + 1/a)y = 0$$

となる．ここで t を 0 に近づけていくと直線 $y = 0$ が得られる．

平面曲線の曲率，曲率円，曲率半径を微分法を使って表現する．正則曲線 $\boldsymbol{c} : I \to \boldsymbol{R}^2$ を考える．上述の定義から曲率，曲率円，および曲率半径は，曲線の軌跡によって決まるものであり，曲線のパラメータ表示の仕方には依存しない．そこで曲線は単位の速さをもつと仮定して考察を進めることにする．すなわち $(\boldsymbol{c}'(t), \boldsymbol{c}'(t)) = 1$ とする．このとき両辺を微分して $(\boldsymbol{c}''(t), \boldsymbol{c}'(t)) = 0$ を得る．このように加速度ベクトル $\boldsymbol{c}''(t)$ は速度ベクトル $\boldsymbol{c}'(t)$ に直交しているので，$J\boldsymbol{c}'(t)$ のスカラー倍となり，

$$\boldsymbol{c}''(t) = \kappa(\boldsymbol{c}(t))J\boldsymbol{c}'(t) \qquad (\kappa(\boldsymbol{c}(t)) \in \boldsymbol{R})$$

と表される．ここで，ベクトル $\boldsymbol{u} = (u_1, u_2)$ を反時計回りに 90 度回転してできるベクトル $(-u_2, u_1)$ を $J\boldsymbol{u}$ と記した．$\kappa(\boldsymbol{c}(t)) > 0$ のときは，曲線は進行方向に対して左側に曲がり，逆に $\kappa(\boldsymbol{c}(t)) < 0$ のときは，曲線は進行方向に対して右側に曲がる（図 4.2）．

曲線の点 $P = \boldsymbol{c}(t_0)$ での曲率，曲率円，曲率半径を求める．簡単のため平行に移動して適当に回転することによって，$P = (0, 0)$，$\boldsymbol{c}'(t_0) = \boldsymbol{e}_1$ とする．ここで $\boldsymbol{e}_1 = (1, 0)$，$\boldsymbol{e}_2 = (0, 1)$ とおく．P の近くの 3 点 $Q = \boldsymbol{c}(t_1)$，$R = \boldsymbol{c}(t_2)$，$S = \boldsymbol{c}(t_3)$ を考える．ただし $t_1 < t_2 < t_3$ とする．これらの 3 点を通る円の中心を $\boldsymbol{z}(t_1, t_2, t_3)$ とし，半径を $r(t_1, t_2, t_3)$ とする．関数

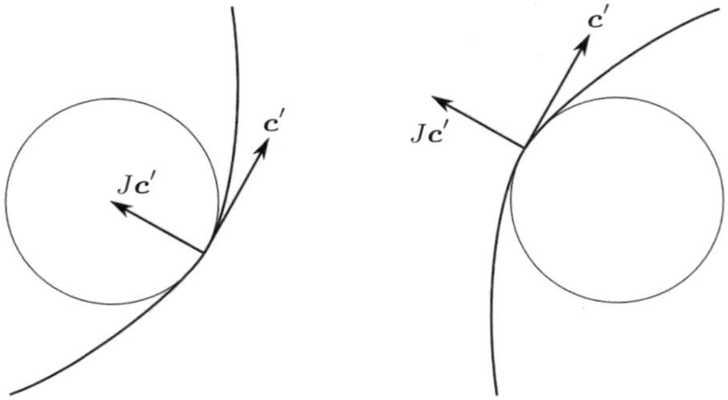

図 4.2 符号付き曲率

$$f(t) = \|\boldsymbol{c}(t) - \boldsymbol{z}(t_1, t_2, t_3)\|^2 - r(t_1, t_2, t_3)^2$$

を考える．このとき f の定義から

$$f(t_1) = f(t_2) = f(t_3) = 0$$

である．よってロルの定理から，ある $t_4 \in (t_1, t_2)$ と $t_5 \in (t_2, t_3)$ が見つかって，

$$f'(t_4) = f'(t_5) = 0$$

となる．すなわち

$$(\boldsymbol{c}'(t_4), \boldsymbol{c}(t_4) - \boldsymbol{z}(t_1, t_2, t_3)) = 0 \tag{4.1}$$

$$(\boldsymbol{c}'(t_5), \boldsymbol{c}(t_5) - \boldsymbol{z}(t_1, t_2, t_3)) = 0 \tag{4.2}$$

が得られる．さらにロルの定理から，ある $t_6 \in (t_4, t_5)$ があって

$$f''(t_6) = 0$$

となる．これから

$$(\boldsymbol{c}''(t_6), \boldsymbol{c}(t_6) - \boldsymbol{z}(t_1, t_2, t_3)) = -1 \tag{4.3}$$

が得られる．$\boldsymbol{c}''(t_0) = \kappa(\boldsymbol{c}(t_0))J\boldsymbol{c}(t_0) = \kappa(\boldsymbol{c}(t_0))\boldsymbol{e}_2$ に注意して，$\kappa(\boldsymbol{c}(t_0)) \neq 0$ のとき，$t_1, t_2, t_3 \to 0$ とすると，(4.1)–(4.3) から $\boldsymbol{z}(t_1, t_2, t_3)$ は $\kappa(\boldsymbol{c}(t_0))^{-1}\boldsymbol{e}_2$ に限りなく近づくことがわかる．よって曲率中心は $\kappa(\boldsymbol{c}(t_0))^{-1}\boldsymbol{e}_2$ となり，曲率半径は $|\kappa(\boldsymbol{c}(t_0))|^{-1}$ で，曲率は $|\kappa(\boldsymbol{c}(t_0))|$ である．$\kappa(\boldsymbol{c}(t_0)) = 0$ のときには，$t_1, t_2, t_3 \to 0$ とすると，(4.1)–(4.3) から $\|\boldsymbol{z}(t_1, t_2, t_3)\|$ は限りなく大きくなることがわかり，3 点を通る円は $\boldsymbol{c}$ の点 P での接線に近づいていく．

弧長にパラメータをもつとは限らない曲線の曲率の表現は次の通りである．

定理 4.1.3　正則曲線 $\boldsymbol{c} : I \to \boldsymbol{R}^2$ に対して，その曲率 $|\kappa(\boldsymbol{c}(t))|$ は次のように与えられる．

$$|\kappa(\boldsymbol{c}(t))| = \frac{|(\boldsymbol{c}''(t), J\boldsymbol{c}'(t))|}{\|\boldsymbol{c}'(t)\|^3}$$

さて，定理 4.1.3 に至る議論において，絶対値をとる前の「曲率」の符号が進行方向に対する曲線の曲がり方を表していることをみた．このことから曲率の定義を広げることにする．

正則曲線 $\boldsymbol{c}: I \to \boldsymbol{R}^2$ の点 $\boldsymbol{c}(t)$ における**符号付き曲率**を

$$\kappa(\boldsymbol{c}(t)) = \frac{(\boldsymbol{c}''(t), J\boldsymbol{c}'(t))}{\|\boldsymbol{c}'(t)\|^3}$$

によって定義する．このとき，次のことが成り立つ．

(i) 曲率はパラメータの取り方によらない．

(ii) 符号付き曲率は，曲線の進行方向を逆にすると，符号だけ変化する．

(iii) $\kappa(\boldsymbol{c}(t)) > 0$ のとき，曲線は進行方向に対して左手に曲がっている．$\kappa(\boldsymbol{c}(t)) < 0$ のとき，曲線は進行方向に対して右手に曲がっている．

◆**例 4.1.4**　左回りの円周 $\boldsymbol{c}_+(t) = (r\cos t, r\sin t)$ $(0 \leq t \leq 2\pi)$ に対して，

$$\kappa(\boldsymbol{c}_+(t)) = \frac{1}{r}$$

である．また，右回りの円周 $\boldsymbol{c}_-(t) = (r\cos(-t), r\sin(-t))$ $(0 \leq t \leq 2\pi)$ に対して

$$\kappa(\boldsymbol{c}_-(t)) = -\frac{1}{r}$$

である．

◆**例 4.1.5**　左回りの楕円 $\boldsymbol{c}_+(t) = (a\cos t, b\sin t)$ $(0 \leq t \leq 2\pi)$ に対して

$$\kappa(\boldsymbol{c}_+(t)) = \frac{ab}{(a^2\sin^2 t + b^2\cos^2 t)^{3/2}}$$

である．また，右回りの楕円 $\boldsymbol{c}_-(t) = (a\cos(-t), b\sin(-t))$ $(0 \leq t \leq 2\pi)$ に対して

$$\kappa(\boldsymbol{c}_-(t)) = \frac{-ab}{(a^2\sin^2(-t) + b^2\cos^2(-t))^{3/2}}$$

である．

系 4.1.6 曲線 $\boldsymbol{c}(t) = (t, f(t))$ $(\alpha < t < \beta)$ の符号付き曲率は次のように与えられる.

$$\kappa(\boldsymbol{c}(t)) = \frac{f''(t)}{(1 + f'(t)^2)^{3/2}}$$

したがって符号付き曲率が正であるならば，f のグラフは下に凸であり，符号付き曲率が負であるならば，上に凸である.

◆**例 4.1.7** 放物線 $\boldsymbol{c}_+(t) = (t, t^2)$ $(-\infty < t < +\infty)$ に対して，

$$\kappa(\boldsymbol{c}_+(t)) = \frac{2}{(1 + 4t^2)^{3/2}}$$

となり，向きを変えて，$\boldsymbol{c}_-(t) = (-t, t^2)$ $(-\infty < t < +\infty)$ とおくと，

$$\kappa(\boldsymbol{c}_-(t)) = \frac{-2}{(1 + 4t^2)^{3/2}}$$

となる.

さて，平面曲線の考察に戻る．$\boldsymbol{c}(t)$ は単位の速さであると仮定する．すなわち $\|\boldsymbol{c}'(t)\| \equiv 1$ $(\alpha \leq t \leq \beta)$ とする．このとき滑らかな関数 $\theta(t)$ が見つかって

$$\boldsymbol{c}'(t) = \cos\theta(t)\boldsymbol{e}_1 + \sin\theta(t)\boldsymbol{e}_2 = (\cos\theta(t), \sin\theta(t)) \quad (\alpha \leq t \leq \beta)$$

と表すことができる．したがって

$$\boldsymbol{c}''(t) = (-\theta'(t)\sin\theta(t), \theta'(t)\cos\theta(t)) = \theta'(t)J\boldsymbol{c}'(t)$$

より，

$$\kappa(\boldsymbol{c}(t)) = \theta'(t)$$

となり，符号付き曲率は進行方向の変化率を表す.

定理 4.1.8 単位の速さの二つの曲線 $\boldsymbol{c}_0(t)$，$\boldsymbol{c}_1(t)$ $(\alpha \leq t \leq \beta)$ を考える．回転移動，平行移動あるいはそれらの合成による合同変換で重ね合わせること

ができるための必要かつ十分条件は二つの曲線の符号付き曲率が一致すること，すなわち

$$\kappa(\boldsymbol{c}_0(t)) = \kappa(\boldsymbol{c}_1(t)) \quad (\alpha \leq t \leq \beta)$$

となることである．

証明　$\Rightarrow$ の方は明らかであるから，$\Leftarrow$ を示そう．まず，適当な回転移動，平行移動あるいはそれらの合成による合同変換によって $\boldsymbol{c}_0(\alpha) = \boldsymbol{c}_1(\alpha)$, $\boldsymbol{c}_0'(\alpha) = \boldsymbol{c}_1'(\alpha)$ とできる，すなわち $\theta_0(\alpha) = \theta_1(\alpha)$ と考えてよい．このとき符号付き曲率が一致するということは，$\theta_0'(t) = \theta_1'(t)$ $(\alpha \leq t \leq \beta)$ ということである．したがって微積分の基本定理より

$$\theta_0(t) - \theta_0(\alpha) = \int_\alpha^t \theta_0'(u)\,du = \int_\alpha^t \theta_1'(u)\,du = \theta_1(t) - \theta_1(\alpha)$$

となって，

$$\boldsymbol{c}_0'(t) = (\cos\theta_0(t), \sin\theta_0(t)) = (\cos\theta_1(t), \sin\theta_1(t)) = \boldsymbol{c}_1'(t)$$

が得られる．再び微積分の基本定理より

$$\boldsymbol{c}_0(t) = \int_\alpha^t \boldsymbol{c}_0'(u)\,du = \int_\alpha^t \boldsymbol{c}_1'(u)\,du = \boldsymbol{c}_1(t)$$

が成り立つ．■

定理 4.1.9　区間 $[\alpha, \beta]$ 上の滑らかな関数 κ に対して，単位の速さの曲線 $\boldsymbol{c} : [\alpha, \beta] \to \boldsymbol{R}^2$ で κ を符号付き曲率とするものが，回転移動，平行移動あるいはそれらの合成による合同変換で移り合うものを除いて一意的に存在する．

証明　曲線 $\boldsymbol{c}(t) = (x(t), y(t))$ を

$$x(t) = \int_\alpha^t \cos\left(\int_0^u \kappa(v)dv\right) du, \quad y(t) = \int_\alpha^t \sin\left(\int_0^u \kappa(v)dv\right) du$$

によって定義するとよい．$\boldsymbol{c}(\alpha) = (0, 0)$，$\boldsymbol{c}'(\alpha) = (1, 0)$，$\|\boldsymbol{c}'(t)\| = 1$，そして $\kappa(\boldsymbol{c}(t)) = \kappa(t)$ $(\alpha \leq t \leq \beta)$ となる．■

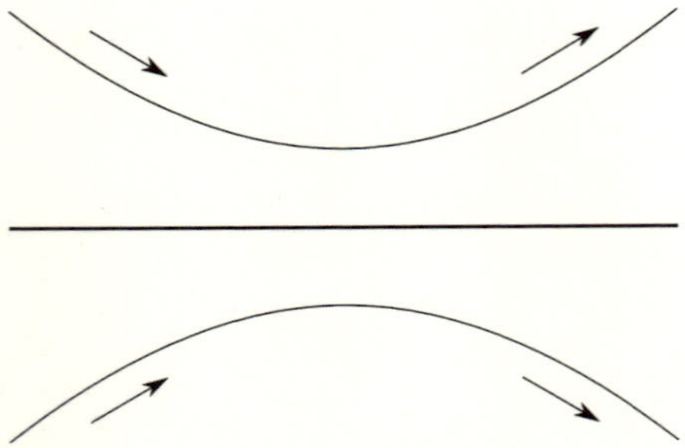

図 **4.3**　鏡映

曲線 $\boldsymbol{c}$ を鏡映によって移してできる曲線の符号付き曲率は $\boldsymbol{c}$ の（対応する点での）符号付き曲率と符号だけ変わることに注意する（図 4.3）.

さて，正則曲線 $\boldsymbol{c}(s)$ $(\alpha \leq s \leq \beta)$ が

$$\boldsymbol{c}(\alpha) = \boldsymbol{c}(\beta),\ \boldsymbol{c}'(\alpha) = \boldsymbol{c}'(\beta)$$

を満たすとき，**正則閉曲線**という．まず単位の速さの正則閉曲線 $\boldsymbol{c}(s)$ $(\alpha \leq s \leq \beta)$ を考える．このとき，

$$\cos\theta(\alpha) = \cos\theta(\beta), \qquad \sin\theta(\alpha) = \sin\theta(\beta)$$

より，ある整数 N が見つかって

$$\theta(\beta) - \theta(\alpha) = 2\pi N$$

となる．この N を $\boldsymbol{c}$ の**回転数**という．

$$2\pi N = \theta(\beta) - \theta(\alpha) = \int_\alpha^\beta \theta'(s)\,ds = \int_\alpha^\beta \kappa(\boldsymbol{c}(s))\,ds$$

が得られ，符号付き曲率の積分を 2π で割った数

$$\frac{1}{2\pi}\int_\alpha^\beta \kappa(\boldsymbol{c}(s))ds$$

が回転数を表している．

単位の速さとは限らない正則閉曲線 $\mathbf{c}(t)$ $(\alpha \leq t \leq \beta)$ に対しては,

$$\frac{\mathbf{c}'(t)}{\|\mathbf{c}'(t)\|} = \cos\theta(t)\boldsymbol{e}_1 + \sin\theta(t)\boldsymbol{e}_2$$

と表すとき，$\dfrac{1}{2\pi}(\theta(\beta) - \theta(\alpha))$ が $\mathbf{c}$ の回転数を表す．これは区間 $[\alpha, \beta]$ から単位円 $S^1(1)$ への写像

$$[\alpha, \beta] \ni t \longrightarrow \frac{\mathbf{c}'(t)}{\|\mathbf{c}'(t)\|} \in S^1(1)$$

が単位円を回る回数と考えられ,

$$\frac{1}{2\pi}\int_\alpha^\beta \kappa(\mathbf{c}(t))\|\mathbf{c}'(t)\|dt$$

で与えられる．

たとえば正則閉曲線 $\mathbf{c}(t) = (\cos nt, \sin nt)$ $(0 \leq t \leq 2\pi)$ の回転数は n である．図 4.4 の左の正則閉曲線（2 ループ）の回転数は 2 である．右の n ループの回転数は n である．8 の字の回転数は 0 である（図 4.5).

回転移動や平行移動によって移しても正則閉曲線の回転数は変わらない．ただし鏡映によって移動させた場合，回転数は符号だけ変わる．また，定ベクト

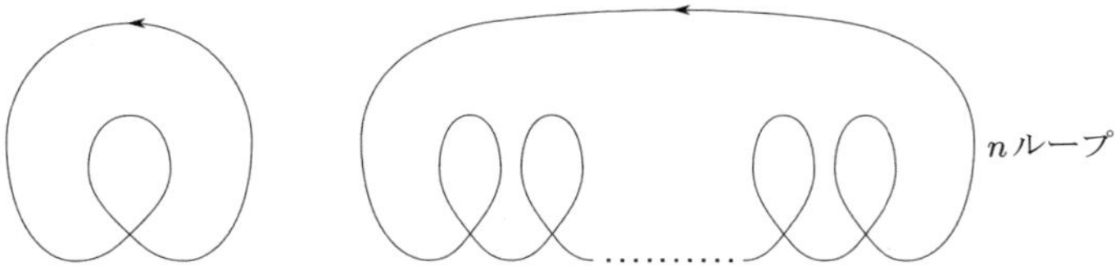

図 4.4　ループ

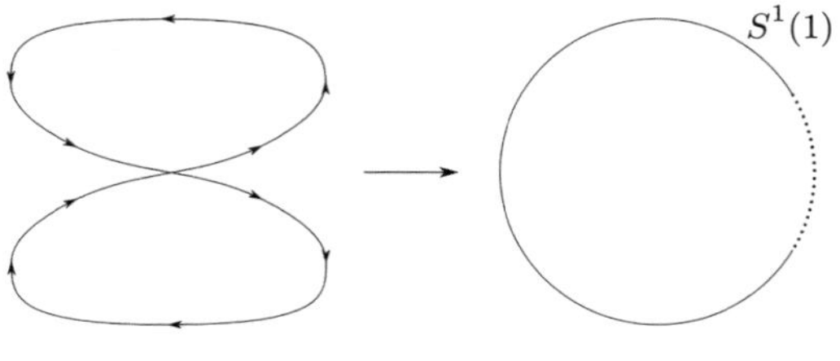

図 4.5　8 の字（回転数 0 の曲線）

ル $\boldsymbol{p}$ を中心とした相似変換 $\boldsymbol{x} \to \gamma(\boldsymbol{x}-\boldsymbol{p})+\boldsymbol{p}$ （ただし γ は正の定数である）によって移動しても，回転数は変わらない．

正則閉曲線をわずかに変形しても回転数は整数であるから，変わらない．曲率自身はわずかに変化するが，その積分の値は変化しない．このわずかな変形を続けていくと，やはり回転数は一定であるが，曲線自身は大きく変わることができる．

ここで正則曲線の変形についてより正確に述べることにする．

正則閉曲線が正則閉曲線に**正則変形**できるとは，次の三つの条件を満たす $[\alpha,\beta]\times[0,1]$ から平面への連続写像 H が存在することである．

(i) $\boldsymbol{c}_0(t)=H(t,0), \quad t\in[\alpha,\beta]$

(ii) $\boldsymbol{c}_1(t)=H(t,1), \quad t\in[\alpha,\beta]$

(iii) $\boldsymbol{c}_s(t)=H(t,s)$ とおくと，各 $s\in[0,1]$ に対して $\boldsymbol{c}_s$ は $[\alpha,\beta]$ で定義された正則閉曲線である．

ホイットニーの定理を証明する．

定理 4.1.10 （**ホイットニーの定理**） 二つの正則閉曲線の間に正則変形が存在するとき，かつそのときに限り二つの曲線の回転数は等しい．

証明 正則変形が存在すれば，回転数が等しいことは回転数が整数であることから従う．そこで二つの正則閉曲線 $\boldsymbol{c}_0,\boldsymbol{c}_1$ の回転数が等しいとき，その二つの曲線をつなぐ正則変形が存在することを以下において示す．

まず適当な相似変換によって移して $\boldsymbol{c}_0,\boldsymbol{c}_1$ ともに長さ 1 としてよい（図 4.6 参照）．また，弧長にパラメータをもつようにパラメータ変換して，区間 $[0,1]$ において定義されているとしてよい．さらに平行移動や回転移動によって，$t=0$ のとき原点 $(0,0)$ から単位ベクトル $\boldsymbol{e}_1=(1,0)$ の方向に進行するとしてよろしい．したがって $\kappa_i(t)$ によって $\boldsymbol{c}_i$ の符号付き曲率を表し，$\theta_i(t)=\displaystyle\int_0^t \kappa_i(u)du$ とおくと，

$$\boldsymbol{c}_i(t)=\left(\int_0^t \cos\theta_i(u)du, \int_0^t \sin\theta_i(u)du\right) \quad (i=0,1)$$

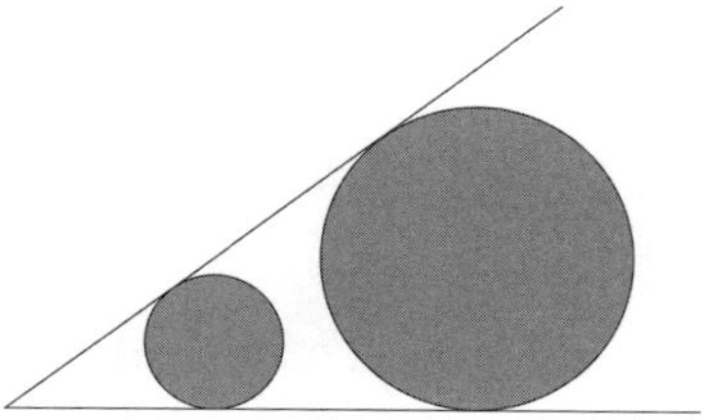

図 4.6 相似変換

と表すことができる．以下，回転数が等しいとして

$$\frac{1}{2\pi}\int_0^1 \kappa_i(t)dt = N \quad (i=0,1)$$

と仮定する．

$$\theta_s(t) = (1-s)\theta_0(t) + s\theta_1(t), \quad (t,s) \in [0,1]\times[0,1]$$

とおく．このとき仮定から

$$\theta_s(t+1) = \theta_s(t) + 2\pi N$$

が成り立つ．次に

$$\boldsymbol{v}_s(t) = (\cos\theta_s(t), \sin\theta_s(t)), \quad \boldsymbol{\Lambda}_s = \int_0^1 \boldsymbol{v}_s(u)du, \quad \hat{\boldsymbol{v}}_s(t) = \boldsymbol{v}_s(t) - \boldsymbol{\Lambda}_s$$

とおいて，

$$\hat{\boldsymbol{c}}_s(t) = \int_0^t \hat{\boldsymbol{v}}_s(u)du$$

によって曲線の族 $\{\hat{\boldsymbol{c}}_s\}$ を定める．その定義から

$$\hat{\boldsymbol{c}}_0 = \boldsymbol{c}_0, \quad \hat{\boldsymbol{c}}_1 = \boldsymbol{c}_1, \quad \hat{\boldsymbol{c}}_s(0) = \hat{\boldsymbol{c}}_s(1), \quad \hat{\boldsymbol{c}}'_s(0) = \hat{\boldsymbol{c}}'_s(1)$$

を満たしていることがわかる．最後に正則性，すなわち $\hat{\boldsymbol{c}}'_s(t) \neq \boldsymbol{0}$ を背理法を用いて確かめる．ある s_* とある t_* に対して $\hat{\boldsymbol{c}}'_{s_*}(t_*) = \boldsymbol{0}$ とすると，

$$\boldsymbol{v}_{s_*}(t_*) = \int_0^1 \boldsymbol{v}_{s_*}(t)dt$$

となり，不等式

$$\left\|\int_0^1 \boldsymbol{v}_{s_*}(t)dt\right\| \leq \int_0^1 \|\boldsymbol{v}_{s_*}(t)\|dt = 1 \quad \text{(練習問題 1 の 2 参照)}$$

において等号が成り立つことがわかる．これは $\boldsymbol{v}_{s_*}(t) = \int_0^1 \boldsymbol{v}_{s_*}(u)du$ がすべての $t \in [0,1]$ に対して成り立つことを意味し，したがって $\hat{\boldsymbol{v}}_{s_*}(t) = \mathbf{0}$，さらに $\hat{\boldsymbol{c}}_{s_*}(t) = \mathbf{0}$ が従う．すなわち $\hat{\boldsymbol{c}}_{s_*}$ は $\mathbf{0}$ への定値写像である．したがって $\theta_{s_*}(t)$ は定値関数となって，特に $N=0$ でなければならないことがわかる．そこで $N=0$ の場合を考える．このとき $\theta_0(t), \theta_1(t)$ ともに周期 1 の周期関数である．そこで $\theta_0(T_0) = \min\{\theta_0(t) \mid 0 \leq t \leq 1\}$，$\theta_1(T_1) = \min\{\theta_1(t) \mid 0 \leq t \leq 1\}$ を満たす T_0, T_1 をとり，$\theta_0(t)$ を $\theta(t+T_0)$ に，$\theta_1(t)$ を $\theta_1(t+T_1)$ にそれぞれ代えて上述の方法で改めて曲線の族 $\{\hat{\boldsymbol{c}}_s\}$ を定めると，$\hat{\boldsymbol{c}}_0(t) = \boldsymbol{c}_0(t+T_0) - \boldsymbol{c}_0(T_0)$，$\hat{\boldsymbol{c}}_1(t) = \boldsymbol{c}_1(t+T_1) - \boldsymbol{c}_1(T_1)$，$\hat{\boldsymbol{c}}_s(0) = \hat{\boldsymbol{c}}_s(1)$，$\hat{\boldsymbol{c}}'_s(0) = \hat{\boldsymbol{c}}'_s(1)$ が成り立ち，さらにある s_* とある t_* があって，$\hat{\boldsymbol{c}}'_{s_*}(t_*) = \mathbf{0}$ とすれば，$\hat{\boldsymbol{c}}_{s_*}(t) = \hat{\boldsymbol{c}}_{s_*}(0) = \mathbf{0}$ $(0 \leq t \leq 1)$ が従い，

$$(1-s_*)\theta_0(t+T_0) + s_*\theta_1(t+T_1) = (1-s_*)\theta_0(T_0) + s_*\theta_1(T_1) \quad (0 \leq t \leq 1)$$

が成り立つ．これから，$\theta(t+T_0) \geq \theta(T_0)$，$\theta(t+T_1) \geq \theta(T_1)$ より，$\theta(t+T_0) = \theta(T_0)$，$\theta(t+T_1) = \theta(T_1)$ となり，$\hat{\boldsymbol{c}}_0(t) = \hat{\boldsymbol{c}}_1(t) = \mathbf{0}$，すなわち $\boldsymbol{c}_0(t+T_0) = \boldsymbol{c}_0(T_0)$，$\boldsymbol{c}_1(t+T_1) = \boldsymbol{c}_1(T_1)$ $(0 \leq t \leq 1)$ が成り立つ．これは $\boldsymbol{c}_0$ と $\boldsymbol{c}_1$ が定置写像であることを示し，矛盾である．このように $\{\boldsymbol{c}_s\}$ は $\boldsymbol{c}_0$ と $\boldsymbol{c}_1$ をつなぐ正則変形となっていることが示された．■

H. ホップの定理を紹介してこの節を終える．この定理は 4.8 節のガウス - ボネの定理の証明でも使われる．

定理 4.1.11（**H. ホップの定理**）　単純正則閉曲線の回転数は ± 1 である．

証明　弧長にパラメータをもつ，長さ 1 の単純正則閉曲線 $\boldsymbol{c}$ $(0 \leq t \leq 1)$ を考える．曲線は平行な二つの直線 L_1, L_2 に接し，それらに挟まれる領域に含まれ

ているとしてよい．さらに適当な平行移動や回転によって移して，L_1 は x 軸で L_2 は $y \geq 0$ の上半平面にあり，$\boldsymbol{c}(0) = (0,0)$ としてよい．$\boldsymbol{c}'(0) = (1,0)$ または $\boldsymbol{c}'(0) = -(1,0)$ である．以下 $\boldsymbol{c}'(0) = (1,0)$ を仮定して，$\boldsymbol{c}$ の回転数が 1 であることを示す．

まず，三角形領域 $T = \{(t_1, t_2) \mid 0 \leq t_1 \leq t_2 \leq 1\}$ から（単位ベクトルからなる）単位円周 $S^1(1)$ への写像 $\Phi(t_1, t_2)$ を次のように定義する．

$$\Phi(t_1, t_2) = \begin{cases} \boldsymbol{c}'(t) & (t_1 = t_2 = t) \\ -\boldsymbol{c}'(0) & (t_1 = 0,\ t_2 = 1) \\ \dfrac{\boldsymbol{c}(t_2) - \boldsymbol{c}(t_1)}{\|\boldsymbol{c}(t_2) - \boldsymbol{c}(t_1)\|} & \text{そのほか} \end{cases}$$

このとき $\boldsymbol{c}$ が単純正則閉曲線であることにより，$\Phi : T \to S^1(1)$ は連続写像であることが確かめられる．

次に $a \in [0, 1/2]$ に対して，点 $(0,0)$ から点 $(a, 1-a)$, そして点 $(1,1)$ をつなぐ折れ線 σ_a を以下のように定める．

$$\sigma_a(t) = \begin{cases} 2t(a, 1-a) & \left(0 \leq t \leq \frac{1}{2}\right) \\ (2\,(1-t)\,a + 2t - 1, -2\,(1-t)\,a + 1) & \left(\frac{1}{2} \leq t \leq 1\right) \end{cases}$$

$\sigma_a(0) = (0,0)$, $\sigma_a\left(\frac{1}{2}\right) = (a, 2-a)$, $\sigma_a(1) = (1,1)$ となっている．このとき合成関数 $\Phi(\sigma_a(t))$ を考え，

$$\Phi(\sigma_a(t)) = (\cos\theta_a(t), \sin\theta_a(t))$$

と表す．$\theta_a(t)$ は t と a 両方について連続な関数である．$\sigma_a(0) = (0,0)$ より，$\theta_a(0) = 0$ とする．このとき，$\Phi(\sigma_a(0)) = \Phi(\sigma_a(1)) = (1,0)$ より，ある整数 N_a があって

$$\theta_a(1) = 2\pi N_a$$

が成り立つ．N_a は整数であるから，実際 a によらない一定の値である．これを N とする．

$a = 1$ のとき N_1 は $\boldsymbol{c}$ の回転数であるから，N は $\boldsymbol{c}$ の回転数である．一方，$a = 0$ のときを考えると，$0 \leq t \leq \dfrac{1}{2}$ において，t が 0 から $\dfrac{1}{2}$ に進むと，$\Phi(\sigma_0(t))$

は $(1,0)$ から $-(1,0)$ へ正の方向に半回転し，$\dfrac{1}{2} \leq t \leq 1$ において，t が $\dfrac{1}{2}$ から 1 に進むとき $\Phi(\sigma_0(t))$ は $-(1,0)$ から $(1,0)$ へ正の方向に半回転する．よって $N_0 = 1$，すなわち $N = 1$ が導かれる．このように $\boldsymbol{c}$ の回転数は 1 であることが示された．同様にして $\boldsymbol{c}'(0) = -(1,0)$ のときには $N = -1$ となり，定理の証明は完了する．■

4.2　空間曲線

パラメータ表示をもつ曲線 $\boldsymbol{c}: I \to \boldsymbol{R}^3$ の軌跡の性質を調べる．そのために弧長にパラメータをもつ，すなわち $\|\boldsymbol{c}'(s)\| = 1$ $(s \in I)$ と仮定して議論する．まず，$(\boldsymbol{c}'(s), \boldsymbol{c}'(s)) = 1$ より，この両辺を微分して，$(\boldsymbol{c}'(s), \boldsymbol{c}''(s)) = 0$ を得る．このように接ベクトル $\boldsymbol{c}'$ とその導ベクトル $\boldsymbol{c}''$ は直交している．ここで

$$|\kappa|(\boldsymbol{c}(s)) = \|\boldsymbol{c}''(s)\| \quad (s \in I)$$

とおく．$|\kappa|(\boldsymbol{c}(s))$ を $\boldsymbol{c}$ の ($\boldsymbol{c}(s)$ での) **曲率**という．I においてつねに $|\kappa|(\boldsymbol{c}(s)) = 0$ のとき，$\boldsymbol{c}'$ は定ベクトルであるから，定ベクトル $\boldsymbol{a}, \boldsymbol{b}$ があって，$\boldsymbol{c}(s) = \boldsymbol{a}s + \boldsymbol{b}$ と表され，$\boldsymbol{c}$ は直線（の一部）となる．

以下，考えている範囲においてつねに $|\kappa|(\boldsymbol{c}(s)) > 0$ と仮定する．このとき三つの単位ベクトル $\boldsymbol{t}(s), \boldsymbol{n}(s), \boldsymbol{b}(s)$ を次のように定める．

$$\boldsymbol{t}(s) = \boldsymbol{c}'(s), \quad \boldsymbol{n}(s) = \frac{1}{|\kappa|(\boldsymbol{c}(s))}\boldsymbol{c}''(s), \quad \boldsymbol{b}(s) = \boldsymbol{t}(s) \times \boldsymbol{n}(s)$$

$\boldsymbol{t}(s)$ は点 $\boldsymbol{c}(s)$ での（単位）接ベクトルで，$\boldsymbol{n}(s), \boldsymbol{b}(s)$ をそれぞれ（単位）**主法線ベクトル**，（単位）**従法線ベクトル**という．$\{\boldsymbol{t}(s), \boldsymbol{n}(s), \boldsymbol{b}(s)\}$ は点 $\boldsymbol{c}(s)$ を始点とする正規直交基底である．$\boldsymbol{t}(s)$ と $\boldsymbol{n}(s)$ で張られる平面を**接触平面**という．$\boldsymbol{b}(s)$ が接触平面の単位法ベクトルである．

$(\boldsymbol{b}(s), \boldsymbol{b}(s)) = 1$ より，両辺を微分して $(\boldsymbol{b}(s), \boldsymbol{b}'(s)) = 0$，すなわち $\boldsymbol{b}'(s)$ は $\boldsymbol{b}(s)$ と直交する．また，$\boldsymbol{b}(s) = \boldsymbol{t}(s) \times \boldsymbol{n}(s)$ より，

$$\begin{aligned}
\boldsymbol{b}'(s) &= \boldsymbol{t}'(s) \times \boldsymbol{n}(s) + \boldsymbol{t}(s) \times \boldsymbol{n}'(s) \quad \text{（命題 1.2.1 (iv) 参照）} \\
&= |\kappa|(\boldsymbol{c}(s))\, \boldsymbol{n}(s) \times \boldsymbol{n}(s) + \boldsymbol{t}(s) \times \boldsymbol{n}'(s) \\
&= \boldsymbol{t}(s) \times \boldsymbol{n}'(s)
\end{aligned}$$

となり，$\boldsymbol{b}'(s)$ は $\boldsymbol{t}(s)$ とも直交する．このように $\boldsymbol{b}'(s) = -\tau(\boldsymbol{c}(s))\boldsymbol{n}(s)$ となるスカラー $\tau(\boldsymbol{c}(s))$ が存在する．$\tau(\boldsymbol{c}(s))$ を曲線 $\boldsymbol{c}$ の（点 $\boldsymbol{c}(s)$ における）**ねじれ率**という．

次に $\boldsymbol{n}'(s)$ を，正規直交基底 $\{\boldsymbol{t}(s), \boldsymbol{n}(s), \boldsymbol{b}(s)\}$ を用いて表す．$\boldsymbol{n}(s) = \boldsymbol{b}(s) \times \boldsymbol{t}(s)$ より，

$$\begin{aligned}\boldsymbol{n}'(s) &= \boldsymbol{b}'(s) \times \boldsymbol{t}(s) + \boldsymbol{b}(s) \times \boldsymbol{t}'(s) \\ &= -\tau(\boldsymbol{c}(s))\,\boldsymbol{n}(s) \times \boldsymbol{t}(s) + \boldsymbol{b}(s) \times (|\kappa|(\boldsymbol{c}(s))\,\boldsymbol{n}(s)) \\ &= -\tau(\boldsymbol{c}(s))(-\boldsymbol{b}(s)) + |\kappa|(\boldsymbol{c}(s))(-\boldsymbol{t}(s)) \\ &= -|\kappa|(\boldsymbol{c}(s))\,\boldsymbol{t}(s) + \tau(\boldsymbol{c}(s))\,\boldsymbol{b}(s)\end{aligned}$$

となる．以上まとめて，次のフルネ - セレの定理を得る．

定理 4.2.1（**フルネ - セレの定理**）　弧長にパラメータをもつ曲線 $\boldsymbol{c} : I \to \boldsymbol{R}^3$ を考える．曲率 $|\kappa|$ はつねに正であると仮定する．このとき，正規直交基底 $\{\boldsymbol{t}(s), \boldsymbol{n}(s), \boldsymbol{b}(s)\}$ は次の方程式を満たす．

$$\begin{aligned}\boldsymbol{t}'(s) &= \phantom{-|\kappa|(\boldsymbol{c}(s))\boldsymbol{t}(s)} \quad |\kappa|(\boldsymbol{c}(s))\boldsymbol{n}(s) \\ \boldsymbol{n}'(s) &= -|\kappa|(\boldsymbol{c}(s))\boldsymbol{t}(s) \qquad\qquad\qquad + \tau(\boldsymbol{c}(s))\boldsymbol{b}(s) \\ \boldsymbol{b}'(s) &= \phantom{-|\kappa|(\boldsymbol{c}(s))\boldsymbol{t}(s)} \quad -\tau(\boldsymbol{c}(s))\boldsymbol{n}(s)\end{aligned}$$

命題 4.2.2　弧長でパラメータ表示される曲線 $\boldsymbol{c} : I \to \boldsymbol{R}^3$ を考える．曲率 $|\kappa|$ はつねに正であると仮定する．$\boldsymbol{c}$ が一つの平面上にあるならば，そのねじれ率は 0 であり，その逆も成り立つ．

証明　曲線 $\boldsymbol{c} = (c_1, c_2, c_3)$ は平面 $\alpha x_1 + \beta x_2 + \gamma x_3 = \delta$ に値をとるとする．すなわち $\alpha c_1(s) + \beta c_2(s) + \gamma c_3(s) = \delta$ を満たしているとする．このとき，これを 3 回微分して

$$\alpha c_1'(s) + \beta c_2'(s) + \gamma c_3'(s) = 0$$
$$\alpha c_1''(s) + \beta c_2''(s) + \gamma c_3''(s) = 0$$

$$\alpha c_1'''(s) + \beta c_2'''(s) + \gamma c_3'''(s) = 0$$

を得る．これを，α, β, γ を未知数とする連立方程式とみると，$(\alpha, \beta, \gamma) \neq (0,0,0)$ より，この連立方程式の係数行列の行列式は 0 である．したがって

$$0 = \begin{vmatrix} \boldsymbol{t} \\ \boldsymbol{t}' \\ \boldsymbol{t}'' \end{vmatrix} = \begin{vmatrix} \boldsymbol{t} \\ |\kappa|\boldsymbol{n} \\ -|\kappa|^2\boldsymbol{t} + |\kappa|'\boldsymbol{n} + |\kappa|\tau\boldsymbol{b} \end{vmatrix} = |\kappa|^2\tau \begin{vmatrix} \boldsymbol{t} \\ \boldsymbol{n} \\ \boldsymbol{b} \end{vmatrix} = |\kappa|^2\tau$$

となる．これから $\tau(\boldsymbol{c}(s)) = 0$ が従う．逆に I においてつねに $\tau(\boldsymbol{c}(s)) = 0$ とする．このとき $\boldsymbol{b}'(s) = \boldsymbol{0}$ より，$\boldsymbol{b}(s)$ は定数ベクトル $\boldsymbol{b}_0 = (\alpha, \beta, \gamma)$ である．さらに $(\boldsymbol{c}(s), \boldsymbol{b}(s))' = (\boldsymbol{t}(s), \boldsymbol{b}(s)) + (\boldsymbol{c}(s), \boldsymbol{b}'(s)) = 0$ より，$(\boldsymbol{c}(s), \boldsymbol{b}_0)$ は定数である．これを δ とすれば，曲線 $\boldsymbol{c}$ は平面 $\alpha x_1 + \beta x_2 + \gamma x_3 = \delta$ の上にある． ■

単位の速さとは限らない正則曲線 $\boldsymbol{c} : I \to \boldsymbol{R}^3$ を考える．点 $\boldsymbol{c}(t)$ $(t \in I)$ での曲率，ねじれ率を求めるためには，弧長パラメータ s を用いて $\tilde{\boldsymbol{c}}(s) = \boldsymbol{c}(t(s))$ と変換する必要がある．これを実行する．以下 $|\kappa|(\tilde{\boldsymbol{c}}(s)) > 0$ と仮定する．便宜上 t に関する微分は $\boldsymbol{c}'(t)$ のようにダッシュで表す．$\tilde{\boldsymbol{c}}(s)$ を原点とする正規直交基底 $\{\boldsymbol{t}(s), \boldsymbol{n}(s), \boldsymbol{b}(s)\}$ を用いて，ベクトル $\boldsymbol{c}'(t)$, $\boldsymbol{c}''(t)$, $\boldsymbol{c}'''(t)$ を表す．まず

$$\boldsymbol{c}'(t) = s'\boldsymbol{t}(s)$$

より，

$$\boldsymbol{c}''(t) = s''\boldsymbol{t}(s) + (s')^2\frac{d\boldsymbol{t}}{ds} = s''\boldsymbol{t}(s) + (s')^2|\kappa|(\tilde{\boldsymbol{c}}(s))\boldsymbol{n}(s)$$

これから

$$\begin{aligned} \|\boldsymbol{c}' \times \boldsymbol{c}''\| &= \|(s'\boldsymbol{t}) \times (s''\boldsymbol{t} + (s')^2|\kappa|(\tilde{\boldsymbol{c}}(s))\boldsymbol{n})\| \\ &= (s')^3|\kappa|(\tilde{\boldsymbol{c}}(s))\|\boldsymbol{t} \times \boldsymbol{n}\| \\ &= \|\boldsymbol{c}'\|^3|\kappa|(\tilde{\boldsymbol{c}}(s)) \end{aligned}$$

となり，曲線 $\boldsymbol{c}$ の（$\boldsymbol{c}(t)$ での）曲率は次のように与えられる．

$$|\kappa|(\boldsymbol{c}(t)) = \frac{\|\boldsymbol{c}' \times \boldsymbol{c}''\|}{\|\boldsymbol{c}'\|^3} = \frac{\sqrt{(\boldsymbol{c}', \boldsymbol{c}')(\boldsymbol{c}'', \boldsymbol{c}'') - (\boldsymbol{c}', \boldsymbol{c}'')^2}}{\|\boldsymbol{c}'\|^3} \tag{4.4}$$

さらに

$$\begin{aligned}
\boldsymbol{c}'''(t) &= s'''\boldsymbol{t} + s''s'|\kappa|\boldsymbol{n} + 2s's''|\kappa|\boldsymbol{n} + (s')^2|\kappa|'\boldsymbol{n} + (s')^3|\kappa|\frac{d\boldsymbol{n}}{ds} \\
&= s'''\boldsymbol{t} + 3s''s'|\kappa|\boldsymbol{n} + (s')^2|\kappa|'\boldsymbol{n} + (s')^3|\kappa|(-|\kappa|\boldsymbol{t} + \tau\boldsymbol{b}) \\
&= (s''' - (s')^3|\kappa|^2)\boldsymbol{t} + (3s's''|\kappa| + (s')^2|\kappa|')\boldsymbol{n} + (s')^3|\kappa|\tau\boldsymbol{b}
\end{aligned}$$

となり，これを使って

$$\begin{aligned}
\begin{vmatrix} \boldsymbol{c}' \\ \boldsymbol{c}'' \\ \boldsymbol{c}''' \end{vmatrix} &= \begin{vmatrix} s'\boldsymbol{t} \\ s''\boldsymbol{t} + (s')^2|\kappa|\boldsymbol{n} \\ (s'' - (s')^2|\kappa|^2)\boldsymbol{t} + (3s's''|\kappa| + (s')^2|\kappa|')\boldsymbol{n} + (s')^3|\kappa|\tau\boldsymbol{b} \end{vmatrix} \\
&= \begin{vmatrix} s'\boldsymbol{t} \\ (s')^2|\kappa|\boldsymbol{n} \\ (s')^3|\kappa|\tau\boldsymbol{b} \end{vmatrix} \\
&= (s')^6|\kappa|^2\tau
\end{aligned}$$

となる．これより，(4.4) を使って，曲線 $\boldsymbol{c}$ の（$\boldsymbol{c}(t)$ での）ねじれ率は

$$\tau(\boldsymbol{c}(t)) = \frac{1}{|\kappa|(\boldsymbol{c}(t))^2\|\boldsymbol{c}'(t)\|^6}\begin{vmatrix} \boldsymbol{c}'(t) \\ \boldsymbol{c}''(t) \\ \boldsymbol{c}'''(t) \end{vmatrix} = \frac{(\boldsymbol{c}'(t)\times\boldsymbol{c}''(t), \boldsymbol{c}'''(t))}{\|\boldsymbol{c}'(t)\times\boldsymbol{c}''(t)\|^2} \qquad (4.5)$$

で与えられる．このように (4.4), (4.5) が正則曲線の曲率とねじれ率をそれぞれ表している．

◆**例 4.2.3**　（円柱）つるまき線は次のように定義される．

$$\boldsymbol{c}(t) = (a\cos t, a\sin t, b\,t)$$

正の定数 a はその半径，定数 b は傾きを与えている．この曲線の曲率とねじれ率はそれぞれ一定で $\dfrac{a}{a^2+b^2}$ と $\dfrac{b}{a^2+b^2}$ である．

ユークリッドの運動（または**合同変換**）は，$\Phi(\boldsymbol{x}) = A\boldsymbol{x} + \boldsymbol{d}$ ($\boldsymbol{x} \in \boldsymbol{R}^3$) で表される $\boldsymbol{R}^3$ の変換である．ここに A は 3 次直交行列であり，$\boldsymbol{d}$ は定ベクト

ルである．単位の速さの曲線 $\boldsymbol{c}(s)$ $(\alpha < s < \beta)$ をユークリッドの運動 Φ で移して得られる曲線 $\Phi(\boldsymbol{c})$ を考えるとき，$\Phi(\boldsymbol{c})$ も単位の速さの曲線で，その曲率 $\kappa(\Phi(\boldsymbol{c}(s)))$ およびねじれ率 $\tau(\Phi(\boldsymbol{c}(s)))$ はそれぞれ $\kappa(\boldsymbol{c}(s))$ および $\tau(\boldsymbol{c}(s))$ に等しい．

空間曲線の基本定理（一意性）を証明する．

定理 4.2.4（**空間曲線の基本定理（一意性）**） $\boldsymbol{c}_1$ と $\boldsymbol{c}_2$ を弧長にパラメータをもつ $\boldsymbol{R}^3$ 内の曲線とし，同じ区間 (α, β) で定義されているとする．(α, β) において $\boldsymbol{c}_1$ の曲率は正であり，$\boldsymbol{c}_1$ と $\boldsymbol{c}_2$ の曲率とねじれ率はそれぞれ一致しているとする．このとき，$\boldsymbol{c}_1$ を $\boldsymbol{c}_2$ に移すユークリッドの運動が存在する．

証明 $\boldsymbol{t}_i, \boldsymbol{n}_i, \boldsymbol{b}_i$ をそれぞれ $\boldsymbol{c}_i$ $(i = 1, 2)$ の接ベクトル，主法線ベクトル，従法線ベクトルとする．$s_0 \in (\alpha, \beta)$ を一つ固定する．このとき，

$$A(\boldsymbol{t}_1(s_0)) = \boldsymbol{t}_2(s_0), \quad A(\boldsymbol{n}_1(s_0)) = \boldsymbol{n}_2(s_0), \quad A(\boldsymbol{b}_1(s_0)) = \boldsymbol{b}_2(s_0)$$

によって直交行列 $A \in O(3)$ が決まる．$\boldsymbol{d} = \boldsymbol{c}_2(s_0) - A(\boldsymbol{c}_1(s_0))$ とおいて，ユークリッドの運動 $\Phi(\boldsymbol{x}) = A\boldsymbol{x} + \boldsymbol{d}$ を定め，$\hat{\boldsymbol{c}}_1(s) = \Phi(\boldsymbol{c}_1(s))$ とおく．このとき仮定から $\kappa(\hat{\boldsymbol{c}}_1(s)) = \kappa(\boldsymbol{c}_2(s))$，$\tau(\hat{\boldsymbol{c}}_1(s)) = \tau(\boldsymbol{c}_2(s))$ が満たされ，$\hat{\boldsymbol{c}}_1$ と $\boldsymbol{c}_2$ の接ベクトル $\hat{\boldsymbol{t}}_1, \boldsymbol{t}_2$，主法線ベクトル $\hat{\boldsymbol{n}}_1, \boldsymbol{n}_2$，従法線ベクトル $\hat{\boldsymbol{b}}_1, \boldsymbol{b}_2$ がそれぞれ s_0 において一致する．以下，すべての $s \in (\alpha, \beta)$ でこれらが一致することを確かめる．そのために

$$f(s) = \|\hat{\boldsymbol{t}}_1(s) - \boldsymbol{t}_2(s)\|^2 + \|\hat{\boldsymbol{n}}_1(s) - \boldsymbol{n}_2(s)\|^2 + \|\hat{\boldsymbol{b}}_1(s) - \boldsymbol{b}_2(s)\|^2$$

によって区間 (α, β) 上の関数 f を定め，f' を計算すると，

$$\begin{aligned}
f'(s) = -2\{&(\hat{\boldsymbol{t}}_1'(s), \boldsymbol{t}_2(s)) + (\hat{\boldsymbol{t}}_1(s), \boldsymbol{t}_2'(s)) \\
&+(\hat{\boldsymbol{n}}_1'(s), \boldsymbol{n}_2(s)) + (\hat{\boldsymbol{n}}_1(s), \boldsymbol{n}_2'(s)) \\
&+(\hat{\boldsymbol{b}}_1'(s), \boldsymbol{b}_2(s)) + (\hat{\boldsymbol{b}}_1(s), \boldsymbol{b}_2'(s))\} \\
= -2\{&\kappa(\boldsymbol{c}_2(s))\big((\hat{\boldsymbol{n}}_1(s), \boldsymbol{t}_2(s)) + (\hat{\boldsymbol{t}}_1(s), \boldsymbol{n}_2(s))\big) \\
&-\kappa(\boldsymbol{c}_2(s))\big((\hat{\boldsymbol{n}}_1(s), \boldsymbol{t}_2(s)) + (\hat{\boldsymbol{t}}_1(s), \boldsymbol{n}_2(s))\big)
\end{aligned}$$

$$
\begin{aligned}
&+\tau(\boldsymbol{c}_2(s))((\hat{\boldsymbol{b}}_1(s), \boldsymbol{n}_2(s)) + (\hat{\boldsymbol{n}}_1(s), \boldsymbol{b}_2(s))) \\
&-\tau(\boldsymbol{c}_2(s))((\hat{\boldsymbol{b}}_1(s), \boldsymbol{n}_2(s)) + (\hat{\boldsymbol{n}}_1(s), \boldsymbol{b}_2(s)))\} \\
=\ &0
\end{aligned}
$$

となる．このように $f'(s) = 0$ であるから，$f(s_0) = 0$ より $f(s) = 0$，すなわち $\hat{\boldsymbol{t}}_1(s) = \boldsymbol{t}_2(s)$，$\hat{\boldsymbol{n}}_1(s) = \boldsymbol{n}_2(s)$，$\hat{\boldsymbol{b}}_1(s) = \boldsymbol{b}_2(s)$ となる．したがって，$\hat{\boldsymbol{c}}_1(s_0) = \boldsymbol{c}_2(s_0)$ より $\hat{\boldsymbol{c}}_1(s) = \boldsymbol{c}_2(s)$ でなければならない．以上で定理が証明された． ■

$\kappa > 0$ という条件を落とすとどのようなことが起きるか．これを示す一つの例を述べる．

◈**例 4.2.5**　次の二つの曲線を比べてみる．

$$
\boldsymbol{c}_1(t) = \begin{cases} (0,0,0) & (t=0) \\ (t, 0, 5e^{-1/t^2}) & (t \neq 0) \end{cases}
$$

$$
\boldsymbol{c}_2(t) = \begin{cases} (t, 5e^{-1/t^2}, 0) & (t<0) \\ 0 & (t=0) \\ (t, 0, 5e^{-1/t^2}) & (t>0) \end{cases}
$$

関数 $g(t) = 5e^{-1/t^2}$ $(t \neq 0)$, $g(0) = 0$ $(t = 0)$ の $t = 0$ におけるすべての微分係数が消えていることに注意すると，$\boldsymbol{c}_1$ と $\boldsymbol{c}_2$ の曲率はともに $t = 0$ で消えている．さらに $\boldsymbol{c}_1$ は平面曲線なのでねじれ率は 0 である．$\boldsymbol{c}_2$ は $t > 0$ において平面にあり，$t < 0$ の範囲でも別の平面にあり，$t = 0$ 以外のところでねじれ率は消えている．$t = 0$ においてもねじれ率は 0 であると定めることは自然であろう．すると，$\boldsymbol{c}_1$ と $\boldsymbol{c}_2$ は同じ曲率とねじれ率の曲線になるが，ユークリッドの運動で移り合うことはない．

さて，空間曲線の基本定理（存在）を紹介して，この節を終える．

定理 4.2.6 (**空間曲線の基本定理（存在）**)　区間 (α, β) 上の C^{∞} 級関数 κ と τ が与えられている．ただし $\kappa > 0$ とする．このとき，単位の速さの曲線 $\boldsymbol{c}(s)$ $(\alpha < s < \beta)$ で，その曲率とねじれ率がそれぞれ κ と τ に一致するものが存在する．

この定理は定理 4.2.1 と常微分方程式の解の存在と一意性に関する定理 2.8.4 から従う．

4.3　曲面の例

曲面の一般論に入る前に，直線が織りなす曲面を紹介する．

曲面 S が**線織面**とは，ある曲線に沿って直線が動くことで生成される曲面のことであり，次のような局所パラメータ表示 $\boldsymbol{\phi} : D \to S$ $(\subset \boldsymbol{R}^3)$ が存在する曲面である．

$$\boldsymbol{\phi}(u_1, u_2) = \boldsymbol{c}(u_1) + u_2 \boldsymbol{e}(u_1)$$

ここで $\boldsymbol{c}(t)$, $\boldsymbol{e}(t)$ は $\boldsymbol{R}^3$ の中の曲線で，$\boldsymbol{c}'(t) \neq \boldsymbol{0}$, $\boldsymbol{e}(t) \neq \boldsymbol{0}$ とする．$\boldsymbol{c}$ を準線，あるいは底曲線，$\boldsymbol{e}$ を方向曲線という．u_1 を止めたとき，$u_2 \to \boldsymbol{c}(u_1) + u_2 \boldsymbol{e}(u_1)$ は $\boldsymbol{c}(u_1)$ を通る方向 $\boldsymbol{e}(u_1)$ の直線を表している．これを線織面の母線という．

例をいくつか挙げる．一葉双曲面

$$\frac{{x_1}^2}{a^2} + \frac{{x_2}^2}{b^2} - \frac{{x_3}^2}{c^2} = 1$$

の場合，母線を明示するパラメータ表示は

$$\boldsymbol{\phi}(u_1, u_2) = (a \cos u_1, b \sin u_1, 0) + u_2(-a \sin u_1, b \cos u_1, c)$$

あるいは

$$\boldsymbol{\phi}(u_1, u_2) = (a \cos u_1, b \sin u_1, 0) + u_2(a \sin u_1, -b \cos u_1, c)$$

で与えられる．

双曲放物面

$$x_3 = \frac{{x_1}^2}{a^2} - \frac{{x_2}^2}{b^2}$$

の場合，母線を明示するパラメータ表示は

$$\boldsymbol{\phi}(u_1, u_2) = (au_1, 0, {u_1}^2) + u_2(a, b, 2u_1)$$

あるいは

$$\boldsymbol{\phi}(u_1, u_2) = (au_1, 0, {u_1}^2) + u_2(a, -b, 2u_1)$$

で与えられる．

図 4.7 左の**ヘリコイド**（常らせん面）は，パラメータ表示

$$\phi(u_1, u_2) = (u_2 \cos u_1, u_2 \sin u_1, u_1) = (0, 0, u_1) + u_2(\cos u_1, \sin u_1, 0) \quad (u_1, u_2 \in \mathbf{R})$$

で与えられる曲面である．

図 4.7 右の**メビウスの帯**は，パラメータ表示

$$\begin{aligned}\boldsymbol{\phi}(u_1, u_2) = {} & a(\cos u_1, \sin u_1, 0) \\ & + au_2\left(\cos\left(\frac{u_1}{2}\right), \cos\left(\frac{u_1}{2}\right)\sin u_1, \sin\left(\frac{u_1}{2}\right)\right)\end{aligned}$$

によって表現される曲面である．ただし厳密には u_2 の範囲を 0 を含む適当な開区間 $(-\alpha, \alpha)$ に制限したものをメビウスの帯とよんでいる．この場合は直線

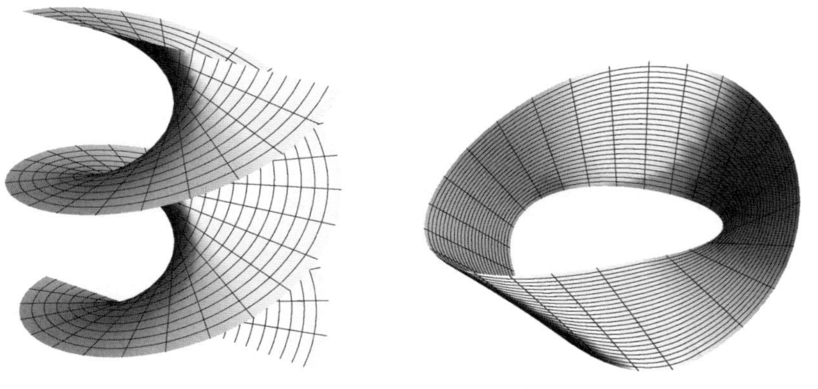

図 4.7 ヘリコイドとメビウスの帯

ではなく線分によって生成された曲面ということになる．区間に制限しない場合，自己交差するところが現れ，先に述べた曲面の定義から外れることになる．埋め込まれた曲面より広く，自己交差も認めるはめ込まれた曲面を考えることも多い．

一葉双曲面，双曲放物面などは，空間の領域の境界となっており，領域の外に向かっている単位法ベクトルを選ぶことによって連続な単位法ベクトル場が存在することがわかる．ヘリコイドにも連続な単位法ベクトル場が存在し，向きが付けられる曲面である．しかしメビウスの帯は向きを付けることができない曲面である．

4.4 第一基本量と第二基本量

曲面 S を考える．$\boldsymbol{\phi} : D \to S \ (\subset \boldsymbol{R}^3)$ を局所パラメータ表示とする．ここで D は $\boldsymbol{R}^2$ の領域である．$\boldsymbol{u} = (u_1, u_2) \in D$ に対して

$$\boldsymbol{\phi}(\boldsymbol{u}) = (\phi_1(\boldsymbol{u}), \phi_2(\boldsymbol{u}), \phi_3(\boldsymbol{u}))$$

と表す．点 $\boldsymbol{x} = \boldsymbol{\phi}(\boldsymbol{u})$ において，接ベクトル $\dfrac{\partial \boldsymbol{\phi}}{\partial u_1}, \dfrac{\partial \boldsymbol{\phi}}{\partial u_2}$ と単位法ベクトル

$$\boldsymbol{n}_S(\boldsymbol{\phi}) = \frac{1}{\|\frac{\partial \boldsymbol{\phi}}{\partial u_1} \times \frac{\partial \boldsymbol{\phi}}{\partial u_2}\|} \frac{\partial \boldsymbol{\phi}}{\partial u_1} \times \frac{\partial \boldsymbol{\phi}}{\partial u_2}$$

に注目する．$\dfrac{\partial \boldsymbol{\phi}}{\partial u_1}, \dfrac{\partial \boldsymbol{\phi}}{\partial u_2}$ で張られる 2 次元ベクトル空間と接平面 $T_{\boldsymbol{x}}S$ を（点 $\boldsymbol{x}$ を原点とみなすことで）同一視する．

まず，$(\boldsymbol{n}_S, \boldsymbol{n}_S) = 1$ より

$$\left(\frac{\partial \boldsymbol{n}_S(\boldsymbol{\phi})}{\partial u_1}, \boldsymbol{n}_S(\boldsymbol{\phi})\right) = \frac{1}{2}\frac{\partial}{\partial u_1}(\boldsymbol{n}_S(\boldsymbol{\phi}), \boldsymbol{n}_S(\boldsymbol{\phi})) = \frac{1}{2}\frac{\partial}{\partial u_1} 1 = 0 \tag{4.6}$$

である．このようにベクトル $\dfrac{\partial \boldsymbol{n}_S(\boldsymbol{\phi})}{\partial u_1}$ は $\boldsymbol{n}_S$ に直交し，S の点 $\boldsymbol{x} = \boldsymbol{\phi}(\boldsymbol{u})$ における接ベクトルである．同様に $\dfrac{\partial \boldsymbol{n}_S(\boldsymbol{\phi})}{\partial u_2}$ も接ベクトルである．ここで，$\dfrac{\partial \boldsymbol{\phi}}{\partial u_1}$ と $\dfrac{\partial \boldsymbol{\phi}}{\partial u_2}$ の線形結合として表される接ベクトル $\boldsymbol{v} = \alpha_1 \dfrac{\partial \boldsymbol{\phi}}{\partial u_1} + \alpha_2 \dfrac{\partial \boldsymbol{\phi}}{\partial u_2}$ に対して，

$$A_{\boldsymbol{x}}(\boldsymbol{v}) = -\alpha_1 \frac{\partial \boldsymbol{n}_S(\boldsymbol{\phi})}{\partial u_1} - \alpha_2 \frac{\partial \boldsymbol{n}_S(\boldsymbol{\phi})}{\partial u_2}$$

とおいて，$T_{\boldsymbol{x}}S$ の元を定め，$T_{\boldsymbol{x}}S$ の線形変換 $A_{\boldsymbol{x}}$ を定義する．これを曲面 S の点 $\boldsymbol{x}$ での**形作用素**という．この作用素の性質について調べる．

まず，$\boldsymbol{c}\colon I \to S$ を曲面 S 内の曲線とすると，接ベクトル $\boldsymbol{c}'(t)$ は $T_{\boldsymbol{c}(t)}S$ の元で，これに $A_{\boldsymbol{c}(t)}$ を作用させて，$T_{\boldsymbol{c}(t)}S$ の元 $A_{\boldsymbol{c}(t)}(\boldsymbol{c}'(t))$ を得る．D 内の曲線 $\boldsymbol{u}(t) = (u_1(t), u_2(t))$ を用いて $\boldsymbol{c}(t) = \boldsymbol{\phi}(\boldsymbol{u}(t))$ と表すと，$A_{\boldsymbol{c}(t)}$ の定義より，

$$\begin{aligned}
A_{\boldsymbol{c}(t)}(\boldsymbol{c}'(t)) &= A_{\boldsymbol{c}(t)}\left(\frac{du_1}{dt}\frac{\partial \boldsymbol{\phi}}{\partial u_1} + \frac{du_2}{dt}\frac{\partial \boldsymbol{\phi}}{\partial u_2}\right) \\
&= \frac{du_1}{dt}A_{\boldsymbol{c}(t)}\left(\frac{\partial \boldsymbol{\phi}}{\partial u_1}\right) + \frac{du_2}{dt}A_{\boldsymbol{c}(t)}\left(\frac{\partial \boldsymbol{\phi}}{\partial u_2}\right) \\
&= -\frac{du_1}{dt}\frac{\partial \boldsymbol{n}_S(\boldsymbol{\phi})}{\partial u_1} - \frac{du_2}{dt}\frac{\partial \boldsymbol{n}_S(\boldsymbol{\phi})}{\partial u_2} \\
&= -\frac{d}{dt}\boldsymbol{n}_S(\boldsymbol{\phi}(\boldsymbol{u}(t))) = -\frac{d}{dt}\boldsymbol{n}_S(\boldsymbol{c}(t))
\end{aligned}$$

となる．このように

$$A_{\boldsymbol{c}(t)}(\boldsymbol{c}'(t)) = -\frac{d}{dt}\boldsymbol{n}_S(\boldsymbol{c}(t)) \quad (t \in I) \tag{4.7}$$

が成り立つ．さらにこれを使うと，

$$\bigl(A_{\boldsymbol{c}(t)}(\boldsymbol{c}'(t)), \boldsymbol{c}'(t)\bigr) = \bigl(\boldsymbol{n}_S(\boldsymbol{c}(t)), \boldsymbol{c}''(t)\bigr) \tag{4.8}$$

が従う．実際，次のようにこれが確かめられる．

$$\begin{aligned}
&\bigl(-A_{\boldsymbol{c}(t)}(\boldsymbol{c}'(t)), \boldsymbol{c}'(t)\bigr) + \bigl(\boldsymbol{n}_S(\boldsymbol{c}(t)), \boldsymbol{c}''(t)\bigr) \\
&= \left(\frac{d}{dt}\boldsymbol{n}_S(\boldsymbol{c}(t)), \boldsymbol{c}'(t)\right) + (\boldsymbol{n}_S(\boldsymbol{c}(t)), \boldsymbol{c}''(t)) \\
&= \frac{d}{dt}(\boldsymbol{n}_S(\boldsymbol{c}(t)), \boldsymbol{c}'(t)) = \frac{d}{dt}0 = 0
\end{aligned}$$

さらに考察を続ける．$\left(\boldsymbol{n}_S(\boldsymbol{\phi}), \dfrac{\partial \boldsymbol{\phi}}{\partial u_i}\right) = 0 \ (i = 1, 2)$ に注意して，両辺を変数 u_j について偏微分すると，

$$\left(\frac{\partial \boldsymbol{n}_S(\boldsymbol{\phi})}{\partial u_j}, \frac{\partial \boldsymbol{\phi}}{\partial u_i}\right) + \left(\boldsymbol{n}_S(\boldsymbol{\phi}), \frac{\partial^2 \boldsymbol{\phi}}{\partial u_j \partial u_i}\right) = 0 \tag{4.9}$$

となり，$\dfrac{\partial^2 \boldsymbol{\phi}}{\partial u_i \partial u_j} = \dfrac{\partial \boldsymbol{\phi}}{\partial u_j \partial u_i}$ に注意すると，

$$\begin{aligned}\left(A_{\boldsymbol{x}}\left(\frac{\partial \boldsymbol{\phi}}{\partial u_i}\right), \frac{\partial \boldsymbol{\phi}}{\partial u_j}\right) &= \left(-\frac{\partial \boldsymbol{n}_S(\boldsymbol{\phi})}{\partial u_i}, \frac{\partial \boldsymbol{\phi}}{\partial u_j}\right) = \left(\boldsymbol{n}_S(\boldsymbol{\phi}), \frac{\partial^2 \boldsymbol{\phi}}{\partial u_i \partial u_j}\right) \\ &= \left(\boldsymbol{n}_S(\boldsymbol{\phi}), \frac{\partial^2 \boldsymbol{\phi}}{\partial u_j \partial u_i}\right) = \left(-\frac{\partial \boldsymbol{n}_S(\boldsymbol{\phi})}{\partial u_j}, \frac{\partial \boldsymbol{\phi}}{\partial u_i}\right) \\ &= \left(\frac{\partial \boldsymbol{\phi}}{\partial u_i}, -\frac{\partial \boldsymbol{n}_S(\boldsymbol{\phi})}{\partial u_j}\right) = \left(\frac{\partial \boldsymbol{\phi}}{\partial u_i}, A\left(\frac{\partial \boldsymbol{\phi}}{\partial u_j}\right)\right)\end{aligned}$$

となる．これから $A_{\boldsymbol{x}} : T_{\boldsymbol{x}}S \to T_{\boldsymbol{x}}S$ は（$T_{\boldsymbol{x}}S$ の内積 $(\ ,\ )$ に関する）対称変換であることがわかる．すなわち

$$(A_{\boldsymbol{x}}(\boldsymbol{v}), \boldsymbol{w}) = (\boldsymbol{v}, A_{\boldsymbol{x}}(\boldsymbol{w})), \quad \boldsymbol{v}, \boldsymbol{w} \in T_{\boldsymbol{x}}S \tag{4.10}$$

が成り立つ．

(4.7) を見ると，形作用素 $A_{\boldsymbol{x}}$ を局所パラメータ表示 $\phi : D \to S$ を用いないで定義することができる．まず連続な単位法ベクトル $\boldsymbol{n}_S$ が与えられているとする．次に接ベクトル $\boldsymbol{v} \in T_{\boldsymbol{x}}S$ に対して，$\boldsymbol{c}(0) = \boldsymbol{x}$, $\boldsymbol{c}'(0) = \boldsymbol{v}$ を満たす S 内の曲線 $\boldsymbol{c}(t)$ をとり，

$$A_{\boldsymbol{x}}(\boldsymbol{v}) = -\frac{d}{dt}\boldsymbol{n}_S(\boldsymbol{c}(t))|_{t=0}$$

と定める．

点 $\boldsymbol{x}$ における S の単位接ベクトル $\boldsymbol{v}$ と単位法ベクトル $\boldsymbol{n}_S(\boldsymbol{x})$ を含む平面（法裁面）Σ で S を切り，切り口に現れる曲線を $\boldsymbol{c}$ とする．（正確には点 $\boldsymbol{x}$ の周りのみ見ている．）この曲線を点 $\boldsymbol{x}$ から $\boldsymbol{v}$ 方向に測った弧長をパラメータとする曲線を $\boldsymbol{c}(s)$ と表し，$\boldsymbol{c}(0) = \boldsymbol{x}$, $\boldsymbol{c}'(0) = \boldsymbol{v}$ とする．$\boldsymbol{v}$ から $\boldsymbol{n}_S(\boldsymbol{x})$ に向かう方向を正の向きとして法裁面 Σ を向き付ける．すなわち Σ における原点中心の 90 度回転移動 J_Σ で，$J_\Sigma \boldsymbol{v} = \boldsymbol{n}_S(\boldsymbol{x})$ となるものを選ぶ．このとき，Σ 内の曲線 $\boldsymbol{c}$ の点 $\boldsymbol{c}(0)$ の符号付き曲率は $(\boldsymbol{c}''(0), J_\Sigma \boldsymbol{c}'(0)) = (\boldsymbol{c}''(0), \boldsymbol{n}_S(\boldsymbol{x}))$ で与えられる．(4.8) よりこれは $(A_{\boldsymbol{x}}(\boldsymbol{v}), \boldsymbol{v})$ に等しい．これを曲面 S の $\boldsymbol{n}_S$ に関する $\boldsymbol{v}$ 方向の**法曲率**という（図 4.8）．さらに単位の長さとは限らない接ベクトル $\boldsymbol{v} \in T_{\boldsymbol{x}}S$ に対しても

$$\kappa_n(\boldsymbol{v}) = \frac{(A_{\boldsymbol{x}}(\boldsymbol{v}), \boldsymbol{v})}{\|\boldsymbol{v}\|^2}$$

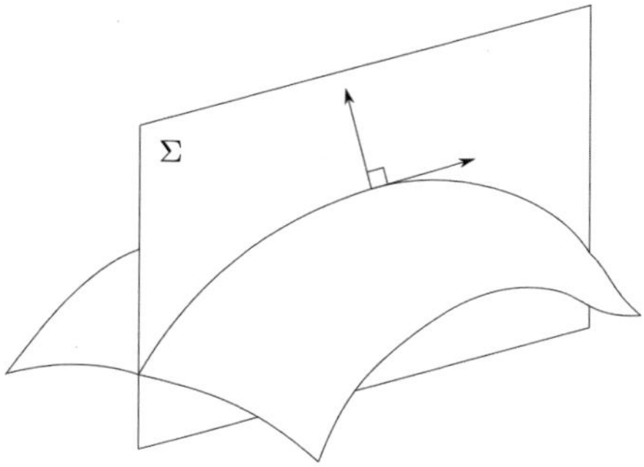

図 4.8 法曲率

とおいて $\boldsymbol{v}$ 方向の法曲率を定義する．

単位接ベクトル $\boldsymbol{v}$ を変数とする関数 $\kappa_n(\boldsymbol{v})$ は，ある単位接ベクトル $\boldsymbol{f}_1$ で最大値 k_1 をとるとする．この $\boldsymbol{f}_1$ と直交する二つの単位ベクトルの一つを $\boldsymbol{f}_2$ とする．$\{\boldsymbol{f}_1, \boldsymbol{f}_2\}$ は接ベクトル空間 $T_{\boldsymbol{x}}S$ の正規直交基底を与え，任意の単位接ベクトルは $\boldsymbol{v}(\theta) = \cos\theta\,\boldsymbol{f}_1 + \sin\theta\,\boldsymbol{f}_2$ $(\theta \in \boldsymbol{R})$ と表すことができる．このとき，

$$
\begin{aligned}
&\kappa_n(\boldsymbol{v}(\theta)) \\
&= (A_{\boldsymbol{x}}(\boldsymbol{v}(\theta)), \boldsymbol{v}(\theta)) \\
&= (\cos\theta\, A_{\boldsymbol{x}}(\boldsymbol{f}_1) + \sin\theta\, A_{\boldsymbol{x}}(\boldsymbol{f}_2), \cos\theta\,\boldsymbol{f}_1 + \sin\theta\,\boldsymbol{f}_2) \\
&= (A_{\boldsymbol{x}}(\boldsymbol{f}_1), \boldsymbol{f}_1)\cos^2\theta + 2(A_{\boldsymbol{x}}(\boldsymbol{f}_1), \boldsymbol{f}_2)\cos\theta\sin\theta + (A_{\boldsymbol{x}}(\boldsymbol{f}_2), \boldsymbol{f}_2)\sin^2\theta
\end{aligned}
$$

と表すことができる．続けて

$$
\begin{aligned}
\frac{d\kappa_n(\boldsymbol{v}(\theta))}{d\theta} &= 2((A_{\boldsymbol{x}}(\boldsymbol{f}_2), \boldsymbol{f}_2) - (A_{\boldsymbol{x}}(\boldsymbol{f}_1), \boldsymbol{f}_1))\sin\theta\cos\theta \\
&\quad +2(A_{\boldsymbol{x}}(\boldsymbol{f}_1), \boldsymbol{f}_2)(\cos^2\theta - \sin^2\theta)
\end{aligned}
$$

が得られる．$\kappa_n(\boldsymbol{v}(\theta))$ は $\theta = 0$ のとき最大値 k_1 であるとしているので

$$
\frac{d}{d\theta}\kappa_n(\boldsymbol{v}(\theta))|_{\theta=0} = 0
$$

である．したがって $(A_{\boldsymbol{x}}(\boldsymbol{f}_1), \boldsymbol{f}_2) = (\boldsymbol{f}_1, A_{\boldsymbol{x}}(\boldsymbol{f}_2)) = 0$ であることがわかる．

これから

$$\begin{aligned} A_{\boldsymbol{x}}(\boldsymbol{f}_1) &= (A_{\boldsymbol{x}}(\boldsymbol{f}_1), \boldsymbol{f}_1)\boldsymbol{f}_1 + (A_{\boldsymbol{x}}(\boldsymbol{f}_1), \boldsymbol{f}_2)\boldsymbol{f}_2 \\ &= (A_{\boldsymbol{x}}(\boldsymbol{f}_1), \boldsymbol{f}_1)\boldsymbol{f}_1 \\ &= k_1 \boldsymbol{f}_1 \end{aligned}$$

となる．このように k_1 は $A_{\boldsymbol{x}}$ の固有値で $\boldsymbol{f}_1$ は対応する固有ベクトルであることがわかる．さらに $k_2 = (\boldsymbol{A_x}(\boldsymbol{f}_2), \boldsymbol{f}_2)$ とおくと，$\kappa_n(\boldsymbol{v}(\theta)) = k_1 \cos^2\theta + k_2 \sin^2\theta$ と表すことができ，$\kappa_n(\boldsymbol{v}(\theta))$ は $\theta = \pi/2$ または $\theta = 3\pi/2$ のとき最小値 k_2 をとる．これは $A_{\boldsymbol{x}}$ の固有値で，$\boldsymbol{f}_2$ が対応する固有ベクトルである．このように $\boldsymbol{f}_1, \boldsymbol{f}_2$ はそれぞれ k_1, k_2 を固有値とする形作用素 $A_{\boldsymbol{x}} : T_{\boldsymbol{x}}S \to T_{\boldsymbol{x}}S$ の固有ベクトルである．

以上述べてきたことをオイラーの定理としてまとめる．

定理 4.4.1（**オイラーの定理**）　曲面 S の各点 $\boldsymbol{x}$ において，二つの単位接ベクトル $\boldsymbol{f}_1$ と $\boldsymbol{f}_2$ があって，次の性質をもつ．

(i)　法曲率 $\kappa_n(\boldsymbol{v})$ は $\boldsymbol{v} = \boldsymbol{f}_1$ のとき最大値 k_1 をとり，$\boldsymbol{v} = \boldsymbol{f}_2$ のとき最小値 k_2 をとる．

(ii)　$\boldsymbol{f}_1$ と $\boldsymbol{f}_2$ は直交する．

(iii)　単位接ベクトル $\boldsymbol{v} = \cos\theta\,\boldsymbol{f}_1 + \sin\theta\,\boldsymbol{f}_2$ に対して $\kappa_n(\boldsymbol{v}) = k_1 \cos^2\theta + k_2 \sin^2\theta$ が成り立つ．

定義 4.4.2　(i)　k_1 と k_2 を曲面 S の点 $\boldsymbol{x}$ におけ**主曲率**とよび，$\boldsymbol{f}_1$ および $\boldsymbol{f}_2$ を**主曲率ベクトル**という．

(ii)　接ベクトル $\boldsymbol{v}, \boldsymbol{w} \in T_{\boldsymbol{x}}S$ に対して，スカラー

$$\mathrm{II}(\boldsymbol{v}, \boldsymbol{w}) = (A_{\boldsymbol{x}}(\boldsymbol{v}), \boldsymbol{w})$$

を対応させる．この対応を曲面 S の点 $\boldsymbol{x}$ での**第二基本形式**という．(4.10) の通り，$\mathrm{II}(\boldsymbol{v}, \boldsymbol{w}) = \mathrm{II}(\boldsymbol{w}, \boldsymbol{v})$ が成り立つ．

なお，曲面 S の単位法ベクトル $\boldsymbol{n}_S$ を $-\boldsymbol{n}_S$ に変えると，法曲率，主曲率，第二基本形式は符号だけ変わることに注意する．

さて，曲面 S の局所パラメータ表示 $\boldsymbol{\phi}: D \to S\,(\subset \boldsymbol{R}^3)$ を使って議論を続ける．まず

$$g_{ij}(\boldsymbol{u}) = \left(\frac{\partial \boldsymbol{\phi}}{\partial u_i}, \frac{\partial \boldsymbol{\phi}}{\partial u_j}\right), \quad i, j = 1, 2$$

とおいて，滑らかな関数を成分にもつ 2×2 行列

$$\mathrm{I}(\boldsymbol{u}) = \begin{pmatrix} g_{11}(\boldsymbol{u}) & g_{12}(\boldsymbol{u}) \\ g_{21}(\boldsymbol{u}) & g_{22}(\boldsymbol{u}) \end{pmatrix}$$

を考える．これを局所パラメータ表示 $\boldsymbol{\phi} : D \to S$ を用いて得られた S の**第一基本量**という．復習すると，I の行列式を $G(\boldsymbol{\phi})$ と表し，S の面積素を $d\sigma_S = \sqrt{G(\boldsymbol{\phi})}\,du_1 du_2$ と定義した（1.4 節参照）．

$\boldsymbol{\phi}$ の 2 次微分 $\dfrac{\partial^2 \boldsymbol{\phi}}{\partial u_i \partial u_j}$ $(i, j = 1, 2)$ を接方向と法線方向に分けて表現すると，

$$\frac{\partial^2 \boldsymbol{\phi}}{\partial u_i \partial u_j} = \Gamma^1_{ij}(\boldsymbol{u}) \frac{\partial \boldsymbol{\phi}}{\partial u_1} + \Gamma^2_{ij}(\boldsymbol{u}) \frac{\partial \boldsymbol{\phi}}{\partial u_2} + h_{ij}(\boldsymbol{u})\, \boldsymbol{n}_S(\boldsymbol{\phi}) \tag{4.11}$$

となる．ここに現れる 8 個の（領域 D 上の）滑らかな関数からなる系 $\{\Gamma^k_{ij}\}$ を**クリストッフェルの記号**という．$\dfrac{\partial^2 \boldsymbol{\phi}}{\partial u_i \partial u_j} = \dfrac{\partial^2 \boldsymbol{\phi}}{\partial u_j \partial u_i}$ に注意すると，$\Gamma^1_{ij} = \Gamma^1_{ji}$，$\Gamma^2_{ij} = \Gamma^2_{ji}$ である．また

$$h_{ij}(\boldsymbol{u}) = \left(\boldsymbol{n}_S(\boldsymbol{\phi}(\boldsymbol{u})), \frac{\partial^2 \boldsymbol{\phi}(\boldsymbol{u})}{\partial u_i \partial u_j}\right), \quad i, j = 1, 2$$

であるが，(4.9) が示すように，

$$h_{ij}(\boldsymbol{u}) = \left(A_{\phi(\boldsymbol{u})}\left(\frac{\partial \boldsymbol{\phi}}{\partial u_i}\right), \frac{\partial \boldsymbol{\phi}}{\partial u_j}\right)$$

である．$h_{ij}(\boldsymbol{u}) = h_{ji}(\boldsymbol{u})$ が成り立ち，$h_{ij}(\boldsymbol{u})$ を成分にもつ対称行列

$$\mathrm{II}(\boldsymbol{u}) = \begin{pmatrix} h_{11}(\boldsymbol{u}) & h_{12}(\boldsymbol{u}) \\ h_{21}(\boldsymbol{u}) & h_{22}(\boldsymbol{u}) \end{pmatrix}$$

を**第二基本量**という．基底 $\left\{\dfrac{\partial \boldsymbol{\phi}}{\partial u_1}, \dfrac{\partial \boldsymbol{\phi}}{\partial u_2}\right\}$ に関する第二基本形式 II の行列表現である．

命題 4.4.3 クリストッフェルの記号は第一基本量とその 1 階の微分係数のみを用いて表すことができる．具体的には，

$$\Gamma_{ij}^{k} = \frac{1}{2}g^{k1}\left(\frac{\partial g_{1j}}{\partial u_i} + \frac{\partial g_{1i}}{\partial u_j} - \frac{\partial g_{ij}}{\partial u_1}\right) + \frac{1}{2}g^{k2}\left(\frac{\partial g_{2j}}{\partial u_i} + \frac{\partial g_{2i}}{\partial u_j} - \frac{\partial g_{ij}}{\partial u_2}\right)$$

ただし g^{ij} は第一基本量の逆行列の (i,j) 成分を表している．すなわち

$$\begin{pmatrix} g^{11} & g^{12} \\ g^{21} & g^{22} \end{pmatrix} = \begin{pmatrix} g_{11} & g_{12} \\ g_{21} & g_{22} \end{pmatrix}^{-1} = \frac{1}{g_{11}g_{22} - g_{12}g_{21}}\begin{pmatrix} g_{22} & -g_{12} \\ -g_{21} & g_{11} \end{pmatrix}$$

証明 まず

$$\begin{aligned}
\frac{\partial g_{lj}}{\partial u_i} &= \frac{\partial}{\partial u_i}\left(\frac{\partial \boldsymbol{\phi}}{\partial u_l}, \frac{\partial \boldsymbol{\phi}}{\partial u_j}\right) \\
&= \left(\frac{\partial^2 \boldsymbol{\phi}}{\partial u_i \partial u_l}, \frac{\partial \boldsymbol{\phi}}{\partial u_j}\right) + \left(\frac{\partial \boldsymbol{\phi}}{\partial u_l}, \frac{\partial^2 \boldsymbol{\phi}}{\partial u_i \partial u_j}\right) \\
&= \left(\sum_{k=1}^{2} \Gamma_{il}^{k} \frac{\partial \boldsymbol{\phi}}{\partial u_k}, \frac{\partial \boldsymbol{\phi}}{\partial u_j}\right) + \left(\frac{\partial \boldsymbol{\phi}}{\partial u_l}, \sum_{k=1}^{2} \Gamma_{ij}^{k} \frac{\partial \boldsymbol{\phi}}{\partial u_k}\right) \\
&= \sum_{k=1}^{2} (\Gamma_{il}^{k} g_{kj} + \Gamma_{ij}^{k} g_{kl})
\end{aligned}$$

となり，これを使って

$$\sum_{k=1}^{2} \Gamma_{ij}^{k} g_{kl} = \frac{1}{2}\left(\frac{\partial g_{lj}}{\partial u_i} + \frac{\partial g_{il}}{\partial u_j} - \frac{\partial g_{ij}}{\partial u_l}\right)$$

が得られる．さらに両辺に g^{kl} を掛けて l について和をとると求める式になる． ■

4.5 ガウス曲率

曲面 S の局所パラメータ表示 $\boldsymbol{\phi} : D \to S\,(\subset \boldsymbol{R}^3)$ を使って議論する．D 上の滑らかな関数 a_{ij} $(i,j = 1,2)$ を用いて，

$$A_{\boldsymbol{x}}\left(\frac{\partial \boldsymbol{\phi}}{\partial u_1}\right) = a_{11}\frac{\partial \boldsymbol{\phi}}{\partial u_1} + a_{12}\frac{\partial \boldsymbol{\phi}}{\partial u_2}$$
$$A_{\boldsymbol{x}}\left(\frac{\partial \boldsymbol{\phi}}{\partial u_2}\right) = a_{21}\frac{\partial \boldsymbol{\phi}}{\partial u_1} + a_{22}\frac{\partial \boldsymbol{\phi}}{\partial u_2}$$

と一意的に表すとき，

$$h_{ij} = a_{i1}g_{1j} + a_{i2}g_{2j}$$

が成り立つ．実際

$$\begin{aligned} h_{ij} &= \left(A_{\boldsymbol{x}} \left(\frac{\partial \boldsymbol{\phi}}{\partial u_i} \right), \frac{\partial \boldsymbol{\phi}}{\partial u_j} \right) \\ &= \left(a_{i1} \frac{\partial \boldsymbol{\phi}}{\partial u_1} + a_{i2} \frac{\partial \boldsymbol{\phi}}{\partial u_2}, \frac{\partial \boldsymbol{\phi}}{\partial u_j} \right) \\ &= a_{i1}g_{1j} + a_{i2}g_{2j} \end{aligned}$$

となる．また，行列で表すと

$$\begin{pmatrix} h_{11} & h_{12} \\ h_{21} & h_{22} \end{pmatrix} = \begin{pmatrix} a_{11} & a_{12} \\ a_{21} & a_{22} \end{pmatrix} \begin{pmatrix} g_{11} & g_{12} \\ g_{21} & g_{22} \end{pmatrix}$$

となり，したがって

$$\begin{pmatrix} a_{11} & a_{12} \\ a_{21} & a_{22} \end{pmatrix} = \begin{pmatrix} h_{11} & h_{12} \\ h_{21} & h_{22} \end{pmatrix} \begin{pmatrix} g^{11} & g^{12} \\ g^{12} & g^{22} \end{pmatrix} \tag{4.12}$$

が得られ，a_{ij} は次のように表すことができる．

$$a_{11} = \frac{h_{11}g_{22} - h_{12}g_{12}}{g_{11}g_{22} - {g_{12}}^2}, \qquad a_{12} = \frac{h_{12}g_{11} - h_{11}g_{12}}{g_{11}g_{22} - {g_{12}}^2}$$

$$a_{21} = \frac{h_{21}g_{22} - h_{22}g_{12}}{g_{11}g_{22} - {g_{12}}^2}, \qquad a_{22} = \frac{h_{22}g_{11} - h_{21}g_{12}}{g_{11}g_{22} - {g_{12}}^2}$$

曲面 S の点 $\boldsymbol{x}$ での**ガウス曲率** $K(\boldsymbol{x})$，**平均曲率** $H(\boldsymbol{x})$ および**平均曲率ベクトル** $\boldsymbol{H}_{\boldsymbol{x}}$ をそれぞれ次のように定義する．

$$K(\boldsymbol{x}) = \det A_{\boldsymbol{x}} = a_{11}a_{22} - a_{12}a_{21}$$

$$H(\boldsymbol{x}) = \frac{1}{2} \operatorname{trace} A_{\boldsymbol{x}} = \frac{1}{2}(a_{11} + a_{22})$$

$$\boldsymbol{H}_{\boldsymbol{x}} = H(\boldsymbol{x})\, \boldsymbol{n}_S(\boldsymbol{x})$$

k_1, k_2 を主曲率とすると，

$$K(\boldsymbol{x}) = k_1k_2, \qquad H(\boldsymbol{x}) = \frac{1}{2}(k_1 + k_2)$$

より，k_1, k_2 は 2 次方程式

$$k^2 - 2H(\boldsymbol{x})k + K(\boldsymbol{x}) = 0$$

の解である．したがって

$$k_1 = H(\boldsymbol{x}) + \sqrt{H(\boldsymbol{x})^2 - K(\boldsymbol{x})}, \quad k_2 = H(\boldsymbol{x}) - \sqrt{H(\boldsymbol{x})^2 - K(\boldsymbol{x})}$$

と選ぶことができる．

ここで曲面 S の連続単位法ベクトル $\boldsymbol{n}_S$ を $-\boldsymbol{n}_S$ に換えたとき，ガウス曲率と平均曲率ベクトルは変わらないが，平均曲率は符号だけ変わることに注意する．

定義 4.5.1　曲面の点を四つの種類に分ける．

(i) $K(\boldsymbol{x}) > 0$ のとき，点 $\boldsymbol{x}$ は**楕円的**であるという．主曲率 k_1 と k_2 は同符号である．

(ii) $K(\boldsymbol{x}) < 0$ のとき，点 $\boldsymbol{x}$ は**双曲的**であるという．主曲率 k_1 と k_2 は異符号である．

(iii) $K(\boldsymbol{x}) = 0$ かつ $A_{\boldsymbol{x}} \neq 0$ のとき，点 $\boldsymbol{x}$ は**放物的**であるいう．主曲率 k_1 と k_2 のうち一つだけ 0 である．

(iv) $A_{\boldsymbol{x}} = 0$ のとき，点 $\boldsymbol{x}$ は**平面的**であるという．主曲率 k_1 と k_2 はともに 0 である．

(4.12) より K, H を次のように表すことができる．

$$K = \frac{h_{11}h_{22} - {h_{12}}^2}{g_{11}g_{22} - {g_{12}}^2}$$

$$H = \frac{h_{11}g_{22} - 2h_{12}g_{12} + h_{22}g_{11}}{2(g_{11}g_{22} - {g_{12}}^2)}$$

さらに

$$h_{ij} = \left(\frac{\partial^2 \boldsymbol{\phi}}{\partial u_i \partial u_j}, \boldsymbol{n}_S\right) = \frac{\left(\dfrac{\partial^2 \phi}{\partial u_i \partial u_j}, \dfrac{\partial \phi}{\partial u_1} \times \dfrac{\partial \phi}{\partial u_2}\right)}{\left(\left\|\dfrac{\partial \boldsymbol{\phi}}{\partial u_1}\right\|^2 \left\|\dfrac{\partial \boldsymbol{\phi}}{\partial u_2}\right\|^2 - \left(\dfrac{\partial \boldsymbol{\phi}}{\partial u_1}, \dfrac{\partial \boldsymbol{\phi}}{\partial u_2}\right)^2\right)^{1/2}}$$

と表すと，局所パラメータ表示を直接使ってガウス曲率と平均曲率がそれぞれ次のように表現される．

命題 4.5.2

$$K = \frac{\left(\dfrac{\partial^2 \boldsymbol{\phi}}{\partial {u_1}^2}, \dfrac{\partial \boldsymbol{\phi}}{\partial u_1} \times \dfrac{\partial \boldsymbol{\phi}}{\partial u_2}\right)\left(\dfrac{\partial^2 \boldsymbol{\phi}}{\partial {u_2}^2}, \dfrac{\partial \boldsymbol{\phi}}{\partial u_1} \times \dfrac{\partial \boldsymbol{\phi}}{\partial u_2}\right) - \left(\dfrac{\partial^2 \boldsymbol{\phi}}{\partial u_1 \partial u_2}, \dfrac{\partial \boldsymbol{\phi}}{\partial u_1} \times \dfrac{\partial \boldsymbol{\phi}}{\partial u_2}\right)^2}{\left(\left\|\dfrac{\partial \boldsymbol{\phi}}{\partial u_1}\right\|^2 \left\|\dfrac{\partial \boldsymbol{\phi}}{\partial u_2}\right\|^2 - \left(\dfrac{\partial \boldsymbol{\phi}}{\partial u_1}, \dfrac{\partial \boldsymbol{\phi}}{\partial u_2}\right)^2\right)^2}$$

$$H = \frac{\left(\left\|\dfrac{\partial \boldsymbol{\phi}}{\partial u_2}\right\|^2 \dfrac{\partial^2 \boldsymbol{\phi}}{\partial {u_1}^2} - 2\left(\dfrac{\partial \boldsymbol{\phi}}{\partial u_1}, \dfrac{\partial \boldsymbol{\phi}}{\partial u_2}\right) \dfrac{\partial^2 \boldsymbol{\phi}}{\partial u_1 \partial u_2} + \left\|\dfrac{\partial \boldsymbol{\phi}}{\partial u_1}\right\|^2 \dfrac{\partial^2 \boldsymbol{\phi}}{\partial {u_2}^2}, \dfrac{\partial \boldsymbol{\phi}}{\partial u_1} \times \dfrac{\partial \boldsymbol{\phi}}{\partial u_2}\right)}{2\left(\left\|\dfrac{\partial \boldsymbol{\phi}}{\partial u_1}\right\|^2 \left\|\dfrac{\partial \boldsymbol{\phi}}{\partial u_2}\right\|^2 - \left(\dfrac{\partial \boldsymbol{\phi}}{\partial u_1}, \dfrac{\partial \boldsymbol{\phi}}{\partial u_2}\right)^2\right)^{3/2}}$$

系 4.5.3　$\boldsymbol{\phi}(u_1, u_2) = (u_1, u_2, f(u_1, u_2))$ のとき

$$\boldsymbol{n}_S = \left(-\frac{\partial f}{\partial u_1}, -\frac{\partial f}{\partial u_2}, 1\right)$$

$$K = \frac{\dfrac{\partial^2 f}{\partial u_1^2}\dfrac{\partial^2 f}{\partial u_2^2} - \left(\dfrac{\partial^2 f}{\partial u_1 \partial u_2}\right)^2}{\left(1 + \left(\dfrac{\partial f}{\partial u_1}\right)^2 + \left(\dfrac{\partial f}{\partial u_2}\right)^2\right)^2}$$

$$H = \frac{\left(1 + \left(\dfrac{\partial f}{\partial u_2}\right)^2\right)\dfrac{\partial^2 f}{\partial^2 u_1} - 2\dfrac{\partial f}{\partial u_1}\dfrac{\partial f}{\partial u_2}\dfrac{\partial^2 f}{\partial u_1 \partial u_2} + \left(1 + \left(\dfrac{\partial f}{\partial u_1}\right)^2\right)\dfrac{\partial^2 f}{\partial^2 u_2}}{2\left(1 + \left(\dfrac{\partial f}{\partial u_1}\right)^2 + \left(\dfrac{\partial f}{\partial u_2}\right)^2\right)^{3/2}}$$

◆**例 4.5.4**　猿の腰掛とよばれる曲面

$$\{(u_1, u_2, u_1^3 - 3u_1u_2^2) \mid (u_1, u_2) \in \boldsymbol{R}^2\}$$

のガウス曲率と平均曲率は次のように与えられる（図 4.9）．

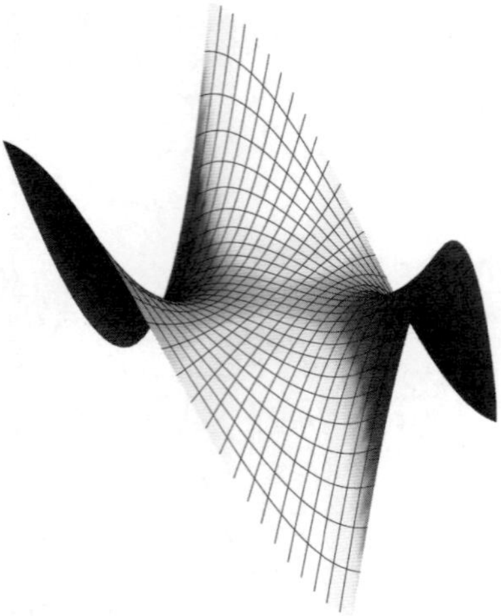

図 4.9　猿の腰掛

$$K = \frac{-36(u_1^2 + u_2^2)}{\left(1 + 9(u_1^2 + u_2^2)^2\right)^2}$$
$$H = \frac{-27u_1^5 + 54u_1^3u_2^2 + 81u_1u_2^4}{(1 + 9u_1^4 + 18u_1^2u_2^2 + 9u_2^4)^{3/2}}$$

$u_1^3 - 3u_1u_2^2$ は複素数 $z = u_1 + \sqrt{-1}\,u_2$ の 3 乗ベキ z^3 の実部である．これから平均曲率は 120 度回転では不変となっていることがわかる．しかしガウス曲率は，x_3 軸を中心とする回転で不変である．

◆**例 4.5.5**　円環面 $\left(\sqrt{x_1{}^2 + x_2{}^2} - a\right)^2 + x_3{}^2 = b^2$ $(a > b > 0)$ を次のように局所パラメータ表示する．

$$\boldsymbol{\phi}(u_1, u_2) = ((a + b\cos u_2)\cos u_1, (a + b\cos u_2)\sin u_1, b\sin u_2)$$

このとき，ガウス曲率 K，平均曲率 H，主曲率 k_1, k_2 はそれぞれ

$$K = \frac{\cos u_2}{b(a + b\cos u_2)}$$
$$H = -\frac{a + 2b\cos u_2}{2b(a + b\cos u_2)}$$

$$k_1 = -\frac{\cos u_2}{a + b\cos u_2}, \qquad k_2 = -\frac{1}{b}$$

となる．$u_2 = \pm\frac{\pi}{2}$ のとき，ガウス曲率は消え，放物的な点である．$u_2 \in (-\frac{\pi}{2}, \frac{\pi}{2})$ のとき，ガウス曲率は正となり，その点は楕円的である．$u_2 \in [-\pi, -\frac{\pi}{2}) \cup (\frac{\pi}{2}, \pi]$ のとき，ガウス曲率は負となり，その点は双曲的である．

命題 4.5.6　空間の領域 V 上の関数 f と等位面 $S = \{\boldsymbol{x} \in V \mid f(\boldsymbol{x}) = a\}$ を考える．S において $\operatorname{grad} f \neq \boldsymbol{0}$ とする．このとき曲面 S のガウス曲率 K と平均曲率ベクトル $\boldsymbol{H}$ は次のように与えられる．ただし $f_{x_i} = \dfrac{\partial f}{\partial x_i}$, $f_{x_i x_j} = \dfrac{\partial^2 f}{\partial x_i \partial x_j}$ $(i, j = 1, 2, 3)$ とする．

$$\begin{aligned}
K = {} & \frac{1}{\|\operatorname{grad} f\|^4} \\
& \times\{(f_{x_2x_2}f_{x_3x_3} - f_{x_2x_3}^2)f_{x_1}^2 + (f_{x_1x_1}f_{x_3x_3} - f_{x_1x_3}^2)f_{x_2}^2 \\
& \quad + (f_{x_1x_1}f_{x_2x_2} - f_{x_1x_2}^2)f_{x_3}^2 \\
& \quad + 2(f_{x_1x_3}f_{x_2x_3} - f_{x_1x_2}f_{x_3x_3})f_{x_1}f_{x_2} \\
& \quad + 2(f_{x_1x_2}f_{x_1x_3} - f_{x_2x_3}f_{x_1x_1})f_{x_2}f_{x_3} \\
& \quad + 2(f_{x_1x_2}f_{x_2x_3} - f_{x_1x_3}f_{x_2x_2})f_{x_3}f_{x_1}\} \\
\boldsymbol{H} = {} & -\frac{1}{2\|\operatorname{grad} f\|^3} \\
& \times\{(f_{x_1x_1} + f_{x_2x_2})f_{x_3}^2 + (f_{x_2x_2} + f_{x_3x_3})f_{x_1}^2 + (f_{x_3x_3} + f_{x_1x_1})f_{x_2}^2 \\
& \quad - 2(f_{x_1x_2}f_{x_1}f_{x_2} + f_{x_2x_3}f_{x_2}f_{x_3} + f_{x_3x_1}f_{x_3}f_{x_1})\}\frac{\operatorname{grad} f}{\|\operatorname{grad} f\|}
\end{aligned}$$

証明　$\dfrac{\partial f}{\partial x_3} \neq 0$ として，定理 1.4.1 の 1 次微分の式と練習問題 1 の 4 の 2 次微分の式を系 4.5.2 のガウス曲率と平均曲率の式に代入すればよい．■

◆**例 4.5.7**　$f(x_1, x_2, x_3) = {x_1}^2 + {x_2}^2 + {x_3}^2$ の等位面，すなわち球面 $S^2(r) = \{(x_1, x_2, x_3) \mid {x_1}^2 + {x_2}^2 + {x_3}^2 = r^2\}$ のガウス曲率，（球面の外向き法ベクトルに関する）平均曲率，主曲率を求める．$f_{x_1} = 2x_1$，$f_{x_2} = 2x_2$，$f_{x_3} = 2x_3$，$f_{x_1x_1} = f_{x_2x_2} = f_{x_3x_3} = 2$，$f_{x_1x_2} = f_{x_2x_3} = f_{x_3x_1} = 0$ を命題 4.5.6 の

式に代入して

$$K = \frac{1}{r^2}, \qquad H = -\frac{1}{r}$$

を得る．特に主曲率は $k_1 = k_2 = -\dfrac{1}{r}$ である．

◆**例 4.5.8** 楕円面 $\dfrac{{x_1}^2}{a^2} + \dfrac{{x_2}^2}{b^2} + \dfrac{{x_3}^2}{c^2} = 1$ のガウス曲率 K は

$$K = \frac{1}{a^2b^2c^2\left(\dfrac{{x_1}^2}{a^4} + \dfrac{{x_2}^2}{b^4} + \dfrac{{x_3}^2}{c^4}\right)^2}$$

で与えられる．したがって楕円面の点はすべて楕円的である．

同様に二葉双曲面 $\dfrac{{x_1}^2}{a^2} + \dfrac{{x_2}^2}{b^2} - \dfrac{{x_3}^2}{c^2} + 1 = 0$ のガウス曲率 K は

$$K = \frac{1}{a^2b^2c^2\left(\dfrac{{x_1}^2}{a^4} + \dfrac{{x_2}^2}{b^4} + \dfrac{{x_3}^2}{c^4}\right)^2}$$

で与えられる．したがって二葉双曲面の点はすべて楕円的である．

◆**例 4.5.9** 一葉双曲面 $\dfrac{{x_1}^2}{a^2} + \dfrac{{x_2}^2}{b^2} - \dfrac{{x_3}^2}{c^2} = 1$ のガウス曲率 K は

$$K = \frac{-1}{a^2b^2c^2\left(\dfrac{{x_1}^2}{a^4} + \dfrac{{x_2}^2}{b^4} + \dfrac{{x_3}^2}{c^4}\right)^2}$$

で与えられる．したがって一葉双曲面の点はすべて双曲的である．

さて，連続単位法ベクトル $\boldsymbol{n}_S$ は，曲面 S から $\boldsymbol{R}^3$ の単位球面 $S^2(1)$ への写像とみなすことができる．このように考えた単位法ベクトル $\boldsymbol{n}_S : S \to S^2(1)$ を**ガウス写像**という．

命題 4.5.10 次の式が成り立つ．

$$\frac{\partial \boldsymbol{n}_S(\boldsymbol{\phi})}{\partial u_1} \times \frac{\partial \boldsymbol{n}_S(\boldsymbol{\phi})}{\partial u_2} = K(\boldsymbol{\phi}(\boldsymbol{u}))\sqrt{G(\boldsymbol{\phi}(\boldsymbol{u}))}\,\boldsymbol{n}_S(\boldsymbol{\phi})$$

証明

$$\frac{\partial \boldsymbol{n}_S(\boldsymbol{\phi})}{\partial u_1} \times \frac{\partial \boldsymbol{n}_S(\boldsymbol{\phi})}{\partial u_2} = \left(a_{1,1}\frac{\partial \boldsymbol{\phi}}{\partial u_1} + a_{1,2}\frac{\partial \boldsymbol{\phi}}{\partial u_2}\right)\left(a_{2,1}\frac{\partial \boldsymbol{\phi}}{\partial u_1} + a_{2,2}\frac{\partial \boldsymbol{\phi}}{\partial u_2}\right)$$
$$= (a_{1,1}a_{2,2} - a_{1,2}a_{2,1})\frac{\partial \boldsymbol{\phi}}{\partial u_1} \times \frac{\partial \boldsymbol{\phi}}{\partial u_2}$$
$$= (a_{1,1}a_{2,2} - a_{1,2}a_{2,1})\left\|\frac{\partial \boldsymbol{\phi}}{\partial u_1} \times \frac{\partial \boldsymbol{\phi}}{\partial u_2}\right\| \boldsymbol{n}_S$$
$$= K(\boldsymbol{\phi}(\boldsymbol{u}))\sqrt{G(\boldsymbol{\phi}(\boldsymbol{u}))}\ \boldsymbol{n}_S(\boldsymbol{\phi})$$

■

この命題より，ガウス曲率が0ではない点でガウス写像は非退化となり，そのヤコビアンはガウス曲率を表し，したがってガウス曲率の絶対値は，曲面の面積とガウス写像による像の面積の無限小比を表している（変数変換による重積分の変換公式参照）．実際 $\boldsymbol{\phi} : D \to S$ を局所パラメータ表示とし，D の中の領域 R に対して，$\boldsymbol{\phi}(R)$ においてガウス曲率は0ではなく，ガウス写像が単射になっているとすると，$\boldsymbol{n}_S(\boldsymbol{\phi}) : D \to S^2(1)$ は $S^2(1)$ の局所パラメータ表示を与え，$S^2(1)$ の面積素は $\left\|\frac{\partial \boldsymbol{n}_S(\boldsymbol{\phi})}{\partial u_1} \times \frac{\partial \boldsymbol{n}_S(\boldsymbol{\phi})}{\partial u_2}\right\| du_1du_2 = |K(\boldsymbol{\phi})| \left\|\frac{\partial \boldsymbol{\phi}}{\partial u_1} \times \frac{\partial \boldsymbol{\phi}}{\partial u_2}\right\| du_1du_2$ と表される．したがって $\boldsymbol{n}_S(\boldsymbol{\phi}(R))$ の面積は

$$\iint_R |K(\boldsymbol{\phi})| \left\|\frac{\partial \boldsymbol{\phi}}{\partial u_1} \times \frac{\partial \boldsymbol{\phi}}{\partial u_2}\right\| du_1du_2$$

である．一方 $\boldsymbol{\phi}(R)$ の面積は

$$\iint_R \left\|\frac{\partial \boldsymbol{\phi}}{\partial u_1} \times \frac{\partial \boldsymbol{\phi}}{\partial u_2}\right\| du_1du_2$$

である．ガウス曲率はこのような幾何的意味をもつ．

さて，ガウスの驚きの定理を紹介してこの節を終える．

定理 4.5.11（**ガウスの驚きの定理**）　曲面のガウス曲率は第一基本量 $\mathrm{I} = (g_{ij})$ のみで書き表すことができる．

詳細は省略するが，第一基本量が特別な形をしている場合のガウス曲率の表

現をここに記しておく．これは 4.8 節で引用される．ここでは慣習に従って，$E = g_{11}$, $F = g_{12} = g_{21}$, $G = g_{22}$ と書く．

$F = 0$ のとき，

$$K = -\frac{1}{2\sqrt{EG}}\left\{\frac{\partial}{\partial u_1}\left(\frac{1}{\sqrt{EG}}\frac{\partial G}{\partial u_1}\right) + \frac{\partial}{\partial u_2}\left(\frac{1}{\sqrt{EG}}\frac{\partial E}{\partial u_2}\right)\right\}$$

と表される．さらに $F = 0$, $E = G$ のとき

$$K = -\frac{1}{2E}\left(\frac{\partial^2}{\partial {u_1}^2} + \frac{\partial^2}{\partial {u_2}^2}\right)\log E \tag{4.13}$$

と表される．

$F = 0$, $E = G$ のとき，局所座標系 (u_1, u_2) を**等温座標系**という．パラメータ表示 $\boldsymbol{\phi} : D \to S\,(\subset \boldsymbol{R}^3)$ に戻って表現すると

$$\left\|\frac{\partial \boldsymbol{\phi}}{\partial u_1}\right\| = \left\|\frac{\partial \boldsymbol{\phi}}{\partial u_2}\right\|, \quad \left(\frac{\partial \boldsymbol{\phi}}{\partial u_1}, \frac{\partial \boldsymbol{\phi}}{\partial u_2}\right) = 0$$

を満たすパラメータ表示が定める局所座標系が等温座標系ということになる．このようなパラメータ表示の存在と等温座標系の存在が知られている（たとえば [7] 参照）．

4.6 平均曲率ベクトル

この節では平均曲率ベクトルについて考える．曲面が変形すればその面積も変化する．その変化率は平均曲率によって表現されることを説明する．

連続単位法ベクトル場 $\boldsymbol{n}_S : S \to \boldsymbol{R}^3$ によって向き付けられた曲面 S を考える．f を曲面 S 上の滑らかな関数で，ある有界閉集合の外では 0 であると仮定する．パラメータ $t \in \boldsymbol{R}$ に対して

$$S_t = \{\boldsymbol{x} + tf(\boldsymbol{x})\boldsymbol{n}_S(\boldsymbol{x}) \mid \boldsymbol{x} \in S\}$$

とおく．このとき $|t|$ が十分小さいならば，S_t も曲面をなし，次の等式が成り立つ．

$$\frac{d}{dt}(S_t\text{の面積})|_{t=0} = -2\iint_S f\,(\boldsymbol{H}, \boldsymbol{n}_S)\,d\sigma_S \tag{4.14}$$

ここで $\boldsymbol{H}$ は曲面 S の平均曲率ベクトルを表している．これを曲面の**面積の第一変分公式**という．

$f(\boldsymbol{H}, \boldsymbol{n}_S)$ が正ならば面積の変化率は負となる．これは，平均曲率ベクトルは曲面の面積が減る方向を指しており，その大きさが変化の割合と関係していることを示唆している．

以下において面積の第一変分公式 (4.14) を検証しよう．局所パラメータ表示 $\boldsymbol{\phi} : D \to S$ が与えられた領域で考えてみる．$\boldsymbol{\phi}_t : D \to \boldsymbol{R}^3$ を次のように定める．

$$\boldsymbol{\phi}_t(\boldsymbol{u}) = \boldsymbol{\phi}(\boldsymbol{u}) + tf(\boldsymbol{\phi}(\boldsymbol{u}))\,\boldsymbol{n}_S(\boldsymbol{\phi}(\boldsymbol{u})), \qquad \boldsymbol{u} = (u_1, u_2) \in D$$

このとき，

$$\frac{\partial \boldsymbol{\phi}_t}{\partial u_i} = \frac{\partial \boldsymbol{\phi}}{\partial u_i} + t\left(\frac{\partial f(\boldsymbol{\phi})}{\partial u_i}\boldsymbol{n}_S(\boldsymbol{\phi}) + f(\boldsymbol{\phi})\frac{\partial \boldsymbol{n}_S(\boldsymbol{\phi})}{\partial u_i}\right) \quad (i = 1, 2)$$

となる．したがって十分 $|t|$ が小さいとき，$\left\|\dfrac{\partial \boldsymbol{\phi}_t}{\partial u_1} \times \dfrac{\partial \boldsymbol{\phi}_t}{\partial u_2}\right\| > 0$ となっていることがわかる．このように十分小さい $|t|$ に対して，S_t は曲面であり，$\boldsymbol{\phi}_t : D \to \boldsymbol{R}^3$ が局所パラメータ表示となっている．この表示に関する第一基本量を計算する．まず (4.6) から

$$\frac{\partial \boldsymbol{\phi}}{\partial u_i} \perp \boldsymbol{n}_S(\boldsymbol{\phi}), \quad \frac{\partial \boldsymbol{n}_S(\boldsymbol{\phi})}{\partial u_i} \perp \boldsymbol{n}_S(\boldsymbol{\phi}) \quad (i = 1, 2)$$

に注意して

$$\begin{aligned} g_{ij}^{(t)} &:= \left(\frac{\partial \boldsymbol{\phi}_t}{\partial u_i}, \frac{\partial \boldsymbol{\phi}_t}{\partial u_j}\right) \\ &= \left(\frac{\partial \boldsymbol{\phi}}{\partial u_i}, \frac{\partial \boldsymbol{\phi}}{\partial u_j}\right) + tf(\boldsymbol{\phi})\left(\frac{\partial \boldsymbol{\phi}}{\partial u_i}, \frac{\partial \boldsymbol{n}_S(\boldsymbol{\phi})}{\partial u_j}\right) + tf(\boldsymbol{\phi})\left(\frac{\partial \boldsymbol{n}_S(\boldsymbol{\phi})}{\partial u_i}, \frac{\partial \boldsymbol{\phi}}{\partial u_j}\right) \\ &\quad + t^2\left(\frac{\partial f(\boldsymbol{\phi})}{\partial u_i}\boldsymbol{n}_S(\boldsymbol{\phi}) + f(\boldsymbol{\phi})\frac{\partial \boldsymbol{n}_S(\boldsymbol{\phi})}{\partial u_i}, \frac{\partial f(\boldsymbol{\phi})}{\partial u_j}\boldsymbol{n}_S(\boldsymbol{\phi}) + f(\boldsymbol{\phi})\frac{\partial \boldsymbol{n}_S(\boldsymbol{\phi})}{\partial u_j}\right) \end{aligned}$$

となる．ここで

$$r_{ij} = \left(\frac{\partial f(\boldsymbol{\phi})}{\partial u_i}\boldsymbol{n}_S(\boldsymbol{\phi}) + f(\boldsymbol{\phi})\frac{\partial \boldsymbol{n}_S(\boldsymbol{\phi})}{\partial u_i}, \frac{\partial f(\boldsymbol{\phi})}{\partial u_j}\boldsymbol{n}_S(\boldsymbol{\phi}) + f(\boldsymbol{\phi})\frac{\partial \boldsymbol{n}_S(\boldsymbol{\phi})}{\partial u_j}\right)$$

とおいて，$h_{ij} = -\left(\dfrac{\partial \boldsymbol{\phi}}{\partial u_i}, \dfrac{\partial \boldsymbol{n}_S(\boldsymbol{\phi})}{\partial u_j}\right) = -\left(\dfrac{\partial \boldsymbol{n}_S(\boldsymbol{\phi})}{\partial u_i}, \dfrac{\partial \boldsymbol{\phi}}{\partial u_j}\right)$ に注意すると，

$$g_{ij}^{(t)} = g_{ij} - 2tf(\boldsymbol{\phi})h_{ij} + t^2 r_{ij} \tag{4.15}$$

と整理される．特に

$$\frac{d}{dt} g_{ij}^{(t)}|_{t=0} = -2f(\boldsymbol{\phi})h_{ij}$$

が成り立つ．さらに (4.15) をみて，

$$\det \begin{pmatrix} g_{11}^{(t)} & g_{12}^{(t)} \\ g_{21}^{(t)} & g_{22}^{(t)} \end{pmatrix} = A - 2f(\boldsymbol{\phi})Bt + Ct^2$$

と表してみる．このとき $A = g_{11}g_{22} - g_{12}g_{21}$ であり，(4.12) を用いて，B は

$$\begin{aligned} B &= g_{11}h_{22} + g_{22}h_{11} - g_{12}h_{21} - g_{21}h_{21} \\ &= \mathrm{trace}\left[\begin{pmatrix} h_{11} & h_{12} \\ h_{21} & h_{22} \end{pmatrix}\begin{pmatrix} g^{11} & g^{12} \\ g^{21} & g^{22} \end{pmatrix}\right] \cdot \det \begin{pmatrix} g_{11} & g_{12} \\ g_{21} & g_{22} \end{pmatrix} \\ &= \mathrm{trace}\begin{pmatrix} a_{11} & a_{12} \\ a_{21} & a_{22} \end{pmatrix} \det \begin{pmatrix} g_{11} & g_{12} \\ g_{21} & g_{22} \end{pmatrix} \\ &= (a_{11} + a_{22}) \det \begin{pmatrix} g_{11} & g_{12} \\ g_{21} & g_{22} \end{pmatrix} \\ &= 2H(\boldsymbol{\phi}) \det \begin{pmatrix} g_{11} & g_{12} \\ g_{21} & g_{22} \end{pmatrix} \end{aligned}$$

となる．ここで $\begin{pmatrix} a_{11} & a_{12} \\ a_{21} & a_{22} \end{pmatrix}$ は形作用素の行列表現で，したがってそのトレース（対角成分の和）は平均曲率の 2 倍と一致する．これから

$$\frac{d}{dt}\det \begin{pmatrix} g_{11}^{(t)} & g_{12}^{(t)} \\ g_{21}^{(t)} & g_{22}^{(t)} \end{pmatrix} |_{t=0} = -4f(\boldsymbol{\phi})H(\boldsymbol{\phi}) \det \begin{pmatrix} g_{11} & g_{12} \\ g_{21} & g_{22} \end{pmatrix}$$

となり，これを用いて

$$
\begin{aligned}
&\frac{d}{dt}\left(\boldsymbol{\phi}_t(D)\text{ の面積}\right)|_{t=0}\\
&= \iint_D \frac{d}{dt}\sqrt{\det\begin{pmatrix} g_{11}^{(t)} & g_{12}^{(t)} \\ g_{21}^{(t)} & g_{22}^{(t)} \end{pmatrix}}|_{t=0}\, du_1 du_2\\
&= \iint_D \left(2\sqrt{\det\begin{pmatrix} g_{11} & g_{12} \\ g_{21} & g_{22} \end{pmatrix}}\right)^{-1} \frac{d}{dt}\det\begin{pmatrix} g_{11}^{(t)} & g_{12}^{(t)} \\ g_{21}^{(t)} & g_{22}^{(t)} \end{pmatrix}|_{t=0}\, du_1 du_2\\
&= -2\iint_D f(\boldsymbol{\phi})H(\boldsymbol{\phi})\sqrt{\det\begin{pmatrix} g_{11} & g_{12} \\ g_{21} & g_{22} \end{pmatrix}} du_1 du_2\\
&= -2\iint_{\boldsymbol{\phi}(D)} f\,(\boldsymbol{H}, \boldsymbol{n}_S) d\sigma_S
\end{aligned}
$$

となって，(4.14) に至る．このように f がある有界集合の外では 0 と仮定し，その集合が一つの局所パラメータ表示に含まれると仮定して面積に関する第一変分公式を導いた．パラメータ表示できる一つの領域に含まれない場合は三角形領域による分割を考え，それぞれの三角形領域で第一変分公式が満たされることから，それらを足し合わせることによって，求める公式に至る． ■

「閉じた空間曲線を境界にもつ曲面の中で面積が最小であるものを求めよ」という有名なプラトー問題がある．もしこの解を与える曲面が存在するならば，面積に関する第一変分公式 (4.14) からわかるように，その曲面の平均曲率は消えていなければならない．

平均曲率が消えている曲面を**極小曲面**という．極小という言い方ではあるが，必ずしも変分に関して面積が極小値をとるという意味ではない．1 変数関数，多変数関数の極値問題と同様にその面積に関する 2 次微分の性質が重要である．

◈**例 4.6.1** $t \in [0, \pi/2]$ に対して，$\boldsymbol{R}^2$ から $\boldsymbol{R}^3$ への写像

$$
\begin{aligned}
\psi_t(u_1, u_2) &= \cos t\,(\sinh u_2\,\sin u_1, -\sinh u_2 \cos u_1, u_1)\\
&\quad + \sin t\,(\cosh u_2 \cos u_1, \cosh u_2 \sin u_1, u_2)
\end{aligned}
$$

を考える．$t = 0$ のとき $S_0 = \psi_0(\boldsymbol{R}^2)$ はヘリコイド（常らせん面）のパラメー

タ表示であり，$t=\pi/2$ のとき $S_{\pi/2}$ はカテノイド（懸垂面，図 4.10）を表している．これは懸垂曲線 $(0,\cosh u_2,u_2)$ $(-\infty<u_2<+\infty)$ を x_3 軸の周りに回転してできる曲面であり，パラメータ u_1 の範囲を $[0,2\pi)$ と制限して考える．

$S_t=\psi_t(\boldsymbol{R}^2)$ の第一基本量 I，第二基本量 II は

$$\mathrm{I}=\begin{pmatrix}(\cosh u_2)^2 & 0\\ 0 & (\cosh u_2)^2\end{pmatrix},\qquad \mathrm{II}=\begin{pmatrix}-\sin t & \cos t\\ \cos t & \sin t\end{pmatrix}$$

で与えられ，ガウス曲率 K，平均曲率 H はそれぞれ

$$K=-\frac{1}{(\cosh u_2)^4},\qquad H=0$$

によって与えられる．第一基本量 I は t に無関係で，(u_1,u_2) はすべての S_t に対して等温座標系であることがわかる．一方，第二基本量 II は t のみで表現されている．また $H=0$ であるから，S_t はすべて極小曲面である．ガウス写像は t に無関係で

$$\frac{1}{\cosh u_2}(\cos u_1,\sin u_1,-\sinh u_2)$$

で与えられる．懸垂面 $S_{\pi/2}$ でみてみると，ガウス写像 $\boldsymbol{n}_{S_{\pi/2}}:S_{\pi/2}\to S^2(1)$ は 1 対 1 写像で，その像は $S^2(1)$ の 2 点 $(0,0,\pm1)$ を除いた領域である．した

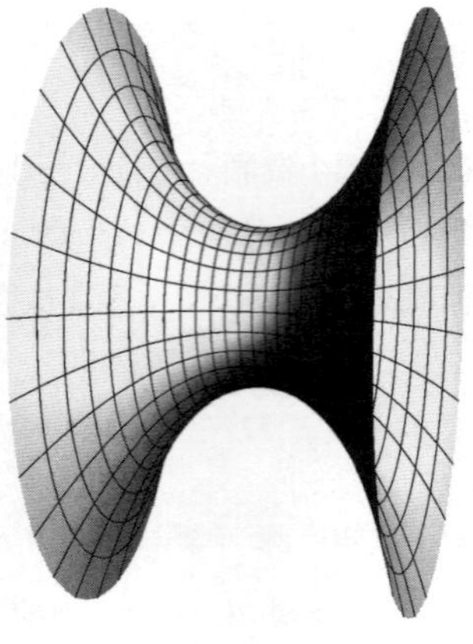

図 4.10 懸垂面

がって，特にガウス曲率の広義積分 $\iint_{S_{\pi/2}} K d\sigma_{S_{\pi/2}}$ は収束し，その値は $S^2(1)$ の面積に等しいことがわかる（命題 4.5.10 参照）．

懸垂面は懸垂曲線を回転して得られる極小曲面であるが，無限遠方に広がる回転不変な極小曲面はこのような懸垂面に限ることが知られている．

4.7　測地線

連続単位法ベクトル $\boldsymbol{n}_S$ によって向き付けられた曲面 S を考える．1.4 節において説明したように，S の各点 $\boldsymbol{x}$ での接ベクトル空間 $T_{\boldsymbol{x}}S$ の向きを定める線形変換 $J_S : T_{\boldsymbol{x}}S \to T_{\boldsymbol{x}}S$ が与えられている．

曲面 S 内の滑らかな曲線 $\mathbf{c}(t)$ $(\alpha \leq t \leq \beta)$ に対して，空間ベクトル $\mathbf{c}''(t)$ は，(4.8) により次のように表すことができる．

$$\begin{aligned}\mathbf{c}''(t) &= [\mathbf{c}''(t)]^T + (A_{\mathbf{c}(t)}\mathbf{c}'(t), \mathbf{c}'(t))\,\boldsymbol{n}_S(\mathbf{c}(t)) \\ &= [\mathbf{c}''(t)]^T + \kappa_n(\mathbf{c}'(t))\|\mathbf{c}'(t)\|^2\,\boldsymbol{n}_S(\mathbf{c}(t))\end{aligned}$$

ここで $[\mathbf{c}''(t)]^T$ は $\mathbf{c}''(t)$ の点 $\mathbf{c}(t)$ での S の接平面 $T_{\mathbf{c}(t)}S$ に関する成分を表し，$\kappa_n(\mathbf{c}'(t))$ は $\mathbf{c}'(t)$ 方向の法曲率を表す（図 4.11）．

$\mathbf{c}$ が単位の速さのとき，すなわち $\|\mathbf{c}'(t)\| = 1$ のとき，$\mathbf{c}''(t)$ は $\mathbf{c}'(t)$ と直交し，したがって $[\mathbf{c}''(t)]^T = (\mathbf{c}''(t), J_S\mathbf{c}'(t))J_S\mathbf{c}'(t)$ と表される．そこで

$$\kappa_g(\mathbf{c}(t)) = (\mathbf{c}''(t), J_S\mathbf{c}'(t))$$

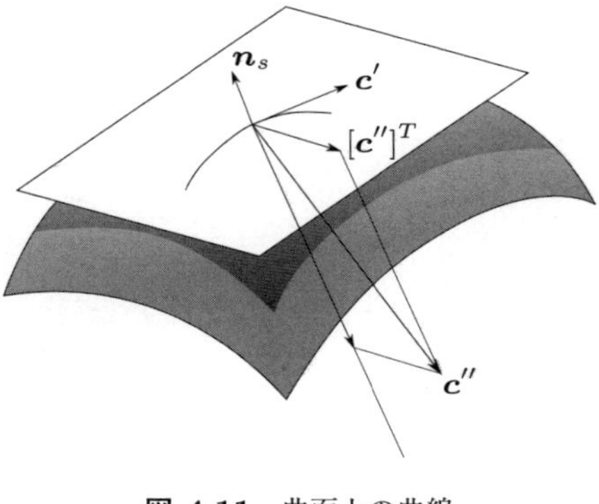

図 4.11　曲面上の曲線

とおくと，

$$\boldsymbol{c}''(t) = \kappa_g(\boldsymbol{c}(t))J_S\boldsymbol{c}'(t) + \kappa_n(\boldsymbol{c}'(t))\boldsymbol{n}_S(\boldsymbol{c}(t))$$

と分解される．$\kappa_g(\boldsymbol{c}(t))$ を単位の速さの曲線 $\boldsymbol{c}$ の点 $\boldsymbol{c}(t)$ での**測地的曲率**という．弧長パラメータの曲線とは限らず，

$$\begin{aligned}\kappa_g(\boldsymbol{c}(t)) &= \frac{([\boldsymbol{c}''(t)]^T, J_S\boldsymbol{c}'(t))}{\|\boldsymbol{c}'(t)\|^3}\\ &= \frac{(\boldsymbol{c}''(t), J_S\boldsymbol{c}'(t))}{\|\boldsymbol{c}'(t)\|^3}\end{aligned}$$

によって，曲線 $\boldsymbol{c}$ の $\boldsymbol{c}(t)$ での測地的曲率を定義する．S が平面のときは，測地的曲率とは符号付き曲率のことである．これがいたるところ消えているならば曲線は直線（の一部）であり，その逆も正しい．線分はその両端の 2 点をつなぐ最短な曲線のことである．このことを曲面で考えてみると，測地的曲率がいたるところ消えている曲線はどのような曲線なのか，曲面上の 2 点を結ぶ曲線の中で長さの最も短いものは何か，と問うことになる（図 4.12）．

はじめに，曲線の変分について説明する．曲面 S の 2 点 $\boldsymbol{x}, \boldsymbol{y}$ を結ぶ滑らかな曲線 $\boldsymbol{c}\colon [\alpha, \beta] \to S$ を考える．$\boldsymbol{c}(\alpha) = \boldsymbol{x}$, $\boldsymbol{c}(\beta) = \boldsymbol{y}$ とする．区間 $[\alpha, \beta]$ と 0 を含む開区間 $(-\varepsilon, \varepsilon)$ の直積 $[\alpha, \beta] \times (-\varepsilon, \varepsilon)$ から S への C^∞ 級写像 H で次の性質を満たすものを曲線 $\boldsymbol{c}$ の C^∞ 級**変分** (variation) という（図 4.13）．

$$\begin{cases} H(t, 0) = \boldsymbol{c}(t) & (\alpha \leq t \leq \beta) \\ H(a, v) = \boldsymbol{x} & (-\varepsilon < v < \varepsilon) \\ H(b, v) = \boldsymbol{y} & (-\varepsilon < v < \varepsilon) \end{cases}$$

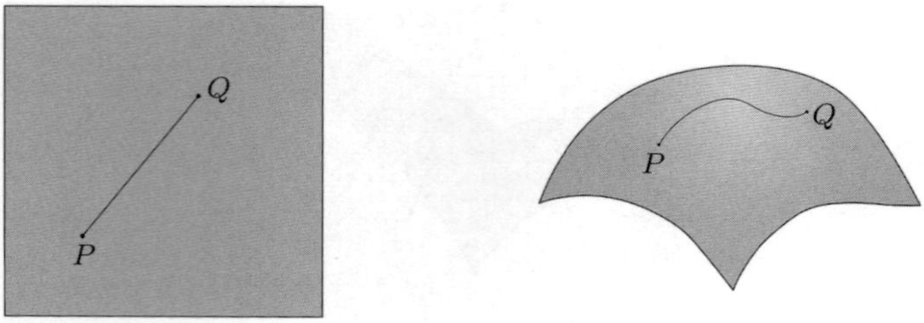

図 4.12　直線と曲線

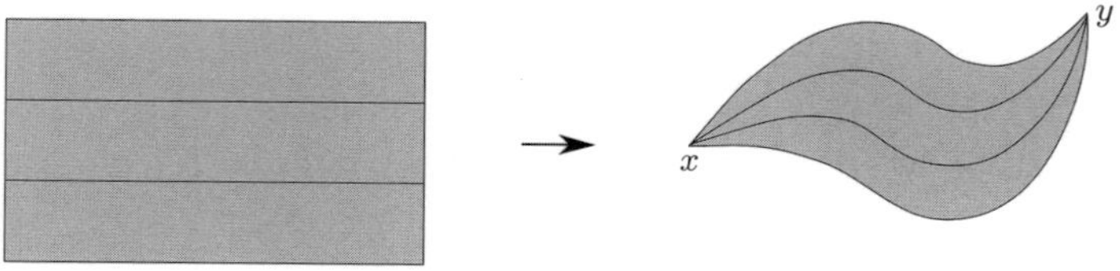

図 4.13　曲線の変分

このとき，各 $v \in (-\varepsilon, \varepsilon)$ に対して，$\boldsymbol{c}_v(t) = H(t, v)$ $(\alpha \leq t \leq \beta)$ とおいて，2 点 $\boldsymbol{x}, \boldsymbol{y}$ を結ぶ滑らかな曲線の族 $\{\boldsymbol{c}_v \mid v \in (-\varepsilon, \varepsilon)\}$ が得られる．曲線 $\boldsymbol{c}_v : [\alpha, \beta] \to S$ の長さ $L(\boldsymbol{c}_v) = \int_\alpha^\beta \|\boldsymbol{c}_v'(t)\| dt$ を考える．もし $\boldsymbol{c} = \boldsymbol{c}_0$ が最短ならば，$L(\boldsymbol{c}_v)$ は $v = 0$ のとき最小値をとることになり，したがってその微分 $\dfrac{d}{dv}L(\boldsymbol{c}_v)$ は $v = 0$ で消えていなければならない．これが，$\boldsymbol{c}$ が曲面 S の 2 点 $\boldsymbol{x}, \boldsymbol{y}$ を結ぶ最短の曲線であるための必要条件である．

以下，$\dfrac{d}{dv}L(\boldsymbol{c}_v)|_{v=0}$ を求める．まず，

$$\boldsymbol{V}(t) = \frac{\partial H}{\partial v}(t, 0) \qquad (\alpha \leq t \leq \beta)$$

とおく．$\boldsymbol{V}(t)$ は，$\boldsymbol{V}(\alpha) = \boldsymbol{V}(\beta) = \boldsymbol{0}$ を満たす曲線 $\boldsymbol{c}$ に沿うベクトル場で S に接している．すなわち $\boldsymbol{V}(t) \in T_{\boldsymbol{c}(t)}S$ $(\alpha \leq t \leq \beta)$ を満たしている．これを（変分 H から導かれる）$\boldsymbol{c}$ に沿う**変分ベクトル場**という．ここで曲線の長さは曲線のパラメータの選び方にはよらないので，$\boldsymbol{c}$ は弧長にパラメータをもっている，すなわち $\|\boldsymbol{c}'(t)\| = 1$ とする．このとき，次が成り立つ．

$$\frac{dL(\boldsymbol{c}_v)}{dv}|_{v=0} = -\int_\alpha^\beta (\boldsymbol{V}(t), \boldsymbol{k}_g(\boldsymbol{c}(t)) J_S \boldsymbol{c}'(t))\, dt$$

この式を曲線の**弧長に関する第一変分公式**といい，次のように導く．

$\left(\dfrac{\partial H}{\partial t}(t, 0), \dfrac{\partial H}{\partial t}(t, 0)\right) = \|\boldsymbol{c}'(t)\|^2 = 1$ に注意すると，

$$\begin{aligned}\frac{\partial}{\partial v}L(\boldsymbol{c}_v)|_{v=0} &= \int_\alpha^\beta \frac{\partial}{\partial v}\sqrt{\left(\frac{\partial H}{\partial t}, \frac{\partial H}{\partial t}\right)}|_{v=0} dt \\ &= \int_\alpha^\beta \left(\frac{\partial^2 H}{\partial v \partial t}(t, 0), \frac{\partial H}{\partial t}(t, 0)\right) dt\end{aligned}$$

$$= \int_\alpha^\beta \left\{ \frac{d}{dt}\left(\frac{\partial H}{\partial v}(t,0), \frac{\partial H}{\partial t}(t,0) \right) - \left(\frac{\partial H}{\partial v}(t,0), \frac{\partial^2 H}{\partial^2 t}(t,0) \right) \right\} dt$$

$$= (\boldsymbol{V}(\beta), \boldsymbol{c}'(\beta)) - (\boldsymbol{V}(\alpha), \boldsymbol{c}'(\alpha)) - \int_\alpha^\beta (\boldsymbol{V}(t), \boldsymbol{c}''(t))dt$$

$$= -\int_\alpha^\beta (\boldsymbol{V}(t), \boldsymbol{k}_g(\boldsymbol{c}(t))J_S\boldsymbol{c}'(t))dt$$

次に弧長に関する第一変分公式から導かれる一つの観察を述べる．変分ベクトル場 $\boldsymbol{V}(t)$ が $\kappa_g(\boldsymbol{c}(t))J_S\boldsymbol{c}'(t)$ と同じ方向を向いていて $(\boldsymbol{V}(t), \boldsymbol{k}_g(\boldsymbol{c}(t))J_S\boldsymbol{c}'(t)) \geq 0$ となり，さらにあるところで $(\boldsymbol{V}(t), \kappa_g(\boldsymbol{c}(t))J_S\boldsymbol{c}'(t)) > 0$ とすると，第一変分公式から $\frac{d}{dv}L(\boldsymbol{c}_v)|_{v=0} < 0$ となる．したがって 0 に十分近い正の数 v に対して，$L(\boldsymbol{c}_v) < L(\boldsymbol{c}_0) = L(\boldsymbol{c})$ が成り立つ．特に $\boldsymbol{c}$ は 2 点 $\boldsymbol{x}, \boldsymbol{y}$ を結ぶ最短な曲線ではないことになる．このように，測地的曲率 $\kappa_g(\boldsymbol{c}(t))$ が $[\alpha, \beta]$ において消えていることが，$\boldsymbol{c}(t)$ が 2 点 $\boldsymbol{x}$ と $\boldsymbol{y}$ を結ぶ最短の曲線であるための必要条件であることになる．実際，ある $t = \tau$ で $\kappa_g(\boldsymbol{c}(\tau)) \neq 0$ ならば，いたるところ $(\boldsymbol{V}(t), \kappa_g(\boldsymbol{c}(t))J_S\boldsymbol{c}'(t)) \geq 0$, かつ $t = \tau$ の近くで $(\boldsymbol{V}(t), \kappa_g(\boldsymbol{c}(t))J_S\boldsymbol{c}'(t)) > 0$ を満たす曲線 $\boldsymbol{c}$ に沿うベクトル場 $\boldsymbol{V}(t)$ が見つかり，さらに $\boldsymbol{V}(t)$ が変分ベクトル場となるような $\boldsymbol{c}$ の変分が存在する．

定義 4.7.1 $[\boldsymbol{c}''(t)]^T = 0$ を満たす滑らかな曲線 $\boldsymbol{c} : (\alpha, \beta) \to S$ を曲面 S の **測地線**という．

◆**例題 4.7.2** (i) $\boldsymbol{c}(t)$ が測地線ならば $\tilde{\boldsymbol{c}}(t) = \boldsymbol{c}(a\,t + b)$ も測地線である．ただし a, b は定数である．

(ii) 滑らかな曲線 $\boldsymbol{c} : (\alpha, \beta) \to S$ が測地線のとき，かつそのときに限り，速さ $\|\boldsymbol{c}'(t)\|$ が一定で，測地的曲率 $\kappa_g(\boldsymbol{c})$ が消えている．

証明 (i) $\tilde{\boldsymbol{c}}''(t) = a^2\boldsymbol{c}''(at + b)$ より，$\boldsymbol{c}(t)$ が測地線ならば $\tilde{\boldsymbol{c}}(t) = \boldsymbol{c}(a\,t + b)$ も測地線である．

(ii) $[\boldsymbol{c}''(t)]^T = 0$ ならば，明らかに測地的曲率が消え，

$$\frac{d}{dt}(\boldsymbol{c}'(t), \boldsymbol{c}'(t)) = 2(\boldsymbol{c}''(t), \boldsymbol{c}') = 2([\boldsymbol{c}''(t)]^T, \boldsymbol{c}') = 0$$

により，$\|\boldsymbol{c}'(t)\|$ は変化しない．また，速さが一定ならば $\boldsymbol{c}'(t)$ と $[\boldsymbol{c}''(t)]^T$ は垂直で，さらに測地的曲率が消えるならば，明らかに $[\boldsymbol{c}''(t)]^T = 0$ でなければならない． ■

◈**例 4.7.3**　線織面において．母線は測地線である．実際，母線はユークリッド空間 $\boldsymbol{R}^3$ の直線であるから，その母線のどの 2 点を選んでも，それらを結ぶ $\boldsymbol{R}^3$ での，したがって線織面での最短な曲線である．

◈**例 4.7.4**　球面 $S^2(r) = \{\boldsymbol{x} \in \boldsymbol{R}^3 \mid \|\boldsymbol{x}\| = r\}$ を考える．点 $\boldsymbol{x} \in S^2(r)$ での接平面は $\{\boldsymbol{x} + \boldsymbol{v} \mid \boldsymbol{v} \in \boldsymbol{R}^3, \boldsymbol{v} \perp \boldsymbol{x}\}$ となる．単位法ベクトルは $\dfrac{\boldsymbol{x}}{r} \left(= \dfrac{\boldsymbol{x}}{\|\boldsymbol{x}\|} \right)$ である．$S^2(r)$ 上の曲線 $\boldsymbol{c}(t)$ $(\alpha \leq t \leq \beta)$ に対してつねに $(\boldsymbol{c}(t), \boldsymbol{c}(t)) = r$ なので，両辺微分して $2(\boldsymbol{c}'(t), \boldsymbol{c}(t)) = 0$ であり，さらに両辺微分して $2(\boldsymbol{c}''(t), \boldsymbol{c}(t)) + 2(\boldsymbol{c}'(t), \boldsymbol{c}'(t)) = 0$ となる．これから

$$\begin{aligned}\boldsymbol{c}''(t) &= [\boldsymbol{c}'']^T + \left(\boldsymbol{c}''(t), \frac{\boldsymbol{c}(t)}{r} \right) \frac{\boldsymbol{c}(t)}{r} \\ &= [\boldsymbol{c}'']^T - (\boldsymbol{c}'(t), \boldsymbol{c}'(t)) \frac{\boldsymbol{c}(t)}{r^2}\end{aligned}$$

となる．$\boldsymbol{c}$ が測地線であるならば速さ $\|\boldsymbol{c}'(t)\|$ は一定で変化しないので，速さを η とすると，

$$\boldsymbol{c}''(t) = -\frac{\eta^2}{r^2} \boldsymbol{c}(t)$$

を満たす．これを解いて

$$\boldsymbol{c}(t) = \cos\left(\frac{\eta}{r} t\right) \boldsymbol{p} + \sin\left(\frac{\eta}{r} t\right) \boldsymbol{v}$$

である．ただし $\boldsymbol{c}(0) = \boldsymbol{p}$，$\boldsymbol{c}'(0) = \dfrac{\eta}{r} \boldsymbol{v}$ で，$\boldsymbol{p}, \boldsymbol{v} \in S^2(r)$ は直交している．このように球面の測地線の軌跡は，大円である（図 4.14）．これは中心を通る平面による球面との切り口である．

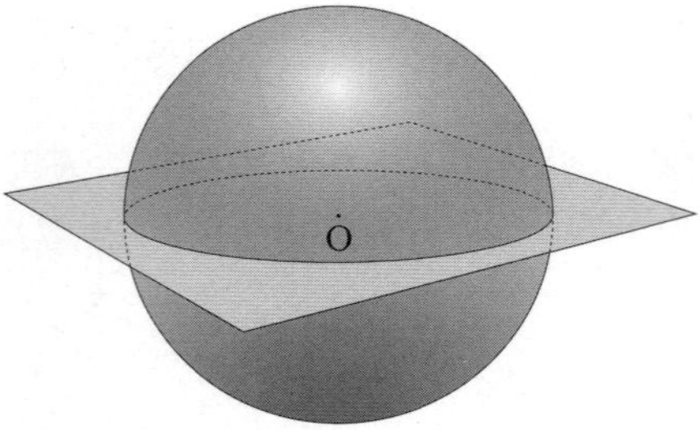

図 4.14 大円

さて，曲面の局所パラメータ表示 $\boldsymbol{\phi} : D \to S$ を用いて，測地線が満たす方程式を導く．滑らかな曲線 $\boldsymbol{c} : [\alpha, \beta] \to S$ を考え，$\boldsymbol{c}(t) \in \boldsymbol{\phi}(D)$ とする．$\boldsymbol{c}(t) = \boldsymbol{\phi}(\boldsymbol{u}(t))$ と表し，$\boldsymbol{u}(t) = (u_1(t), u_2(t))$ とする．このとき，$\boldsymbol{c}(t)$ が測地線であることと，$\{u_1(t), u_2(t)\}$ が次の微分方程式系を満たすことは同値である．

$$\begin{cases} {u_1}''(t) + \displaystyle\sum_{i,j=1}^{2} {u_i}'(t){u_j}'(t)\Gamma_{ij}^1(u_1(t), u_2(t)) = 0 \\ {u_2}''(t) + \displaystyle\sum_{i,j=1}^{2} {u_i}'(t){u_j}'(t)\Gamma_{ij}^2(u_1(t), u_2(t)) = 0 \end{cases} \tag{4.16}$$

ここで $\{\Gamma_{ij}^k \mid i, j, k = 1, 2\}$ はクリストッフェルの記号である．この方程式を**測地線の方程式**とよぶ.

測地線の方程式が成り立つことを確認するには,

$$\frac{d\boldsymbol{c}}{dt} = \frac{du_1}{dt}\frac{\partial \boldsymbol{\phi}}{\partial u_1} + \frac{du_2}{dt}\frac{\partial \boldsymbol{\phi}}{\partial u_2}$$

の両辺を微分して，(4.11) を参照すると

$$\begin{aligned} &\left[\frac{d^2\boldsymbol{c}}{dt^2}\right]^T \\ &= \frac{d^2u_1}{dt^2}\frac{\partial \boldsymbol{\phi}}{\partial u_1} + \left(\frac{du_1}{dt}\right)^2\left[\frac{\partial^2 \boldsymbol{\phi}}{\partial {u_1}^2}\right]^T + \frac{du_1}{dt}\frac{du_2}{dt}\left[\frac{\partial^2 \boldsymbol{\phi}}{\partial u_2 \partial u_1}\right]^T \\ &\quad + \frac{d^2u_2}{dt^2}\frac{\partial \boldsymbol{\phi}}{\partial u_2} + \frac{du_2}{dt}\frac{du_1}{dt}\left[\frac{\partial^2 \boldsymbol{\phi}}{\partial u_1 \partial u_2}\right]^T + \left(\frac{du_2}{dt}\right)^2\left[\frac{\partial^2 \boldsymbol{\phi}}{\partial {u_2}^2}\right]^T \end{aligned}$$

$$
\begin{aligned}
&= \frac{d^2u_1}{dt^2}\frac{\partial \boldsymbol{\phi}}{\partial u_1} + \frac{d^2u_2}{dt^2}\frac{\partial \boldsymbol{\phi}}{\partial u_2} \\
&\quad + \left(\frac{du_1}{dt}\right)^2 \left(\Gamma_{11}^1 \frac{\partial \boldsymbol{\phi}}{\partial u_1} + \Gamma_{11}^2 \frac{\partial \boldsymbol{\phi}}{\partial u_2}\right) + \frac{du_1}{dt}\frac{du_2}{dt}\left(\Gamma_{21}^1 \frac{\partial \boldsymbol{\phi}}{\partial u_1} + \Gamma_{21}^2 \frac{\partial \boldsymbol{\phi}}{\partial u_2}\right) \\
&\quad + \frac{du_2}{dt}\frac{du_1}{dt}\left(\Gamma_{12}^1 \frac{\partial \boldsymbol{\phi}}{\partial u_1} + \Gamma_{12}^2 \frac{\partial \boldsymbol{\phi}}{\partial u_2}\right) + \left(\frac{du_2}{dt}\right)^2 \left(\Gamma_{22}^1 \frac{\partial \boldsymbol{\phi}}{\partial u_1} + \Gamma_{22}^2 \frac{\partial \boldsymbol{\phi}}{\partial u_2}\right) \\
&= \left(\frac{d^2u_1}{dt^2} + \sum_{i.j=1}^{2} \frac{du_i}{dt}\frac{du_j}{dt}\Gamma_{ij}^1\right)\frac{\partial \boldsymbol{\phi}}{\partial u_1} + \left(\frac{d^2u_2}{dt^2} + \sum_{i.j=1}^{2} \frac{du_i}{dt}\frac{du_j}{dt}\Gamma_{ij}^2\right)\frac{\partial \boldsymbol{\phi}}{\partial u_2}
\end{aligned}
$$

となり，(4.16) が導かれる．

微分方程式の解の存在と一意性に関する定理 2.8.4 を援用すると，曲面の点 $\boldsymbol{x}$ と接ベクトル $\boldsymbol{v}$ に対して，0 を含む開区間 (α, β) で定義された測地線 $\boldsymbol{c} : (\alpha, \beta) \to S$ で，$\boldsymbol{c}(0) = \boldsymbol{x}$, $\boldsymbol{c}'(0) = \boldsymbol{v}$ を満たすものがただ一つ存在することがわかる．さらに測地線の定義される区間を可能な限り伸ばしていくことができるが，一般に実数全体になるとは限らない．また，速さ 1 の測地線上の 2 点 $\boldsymbol{c}(s), \boldsymbol{c}(t)$ の曲面内での距離は，$|s-t|$ が十分小さいならば，$|s-t|$ で与えられることが知られている（ガウスの補題）．このように測地線は局所的には最短線と考えてよいことがわかる．

なお，測地線の方程式には，第一基本量で決まるクリストッフェルの記号 $\{\Gamma_{ij}^k\}$ が現れるのみである．この点はガウス曲率の場合と同様であり，曲面の第一基本量から決まるもの（内在的なもの）である．特に曲面の空間への埋め込まれ方には依存しない（例 4.6.1 参照）．

4.8　ガウス‐ボネの定理

連続単位法ベクトル場 $\boldsymbol{n}_S : S \to \boldsymbol{R}^3$ によって向き付けられた曲面 S を考える．S は連結とする．S の各点 $\boldsymbol{x}$ での接平面 $T_{\boldsymbol{x}}S$ にはその向きを与える線形変換 $J_S : T_{\boldsymbol{x}}S \to T_{\boldsymbol{x}}S$ が単位法ベクトル場を通して与えられている．

S の中の正則閉領域，すなわち，いくつかの区分的に滑らかな単純閉曲線 $\boldsymbol{c}_i : [\alpha_i, \beta_i] \to S$ $(i = 1, 2, \ldots, m)$ によって囲まれた S の閉領域 $\overline{\Omega} = \Omega \cup \partial\Omega$ を考える．区間 $[\alpha_i, \beta_i]$ の分割 $\alpha_i = \alpha_{i;0} < \alpha_{i;1} < \cdots < \alpha_{i;n_i-1} < \alpha_{i;n_i} = \beta_i$ を見つけて，部分区間 $[\alpha_{i;k-1}, \alpha_{i;k}]$ に $\boldsymbol{c}_i$ を制限したものを $\boldsymbol{c}_{i;k}$ とすると，$\boldsymbol{c}_{i;k}$

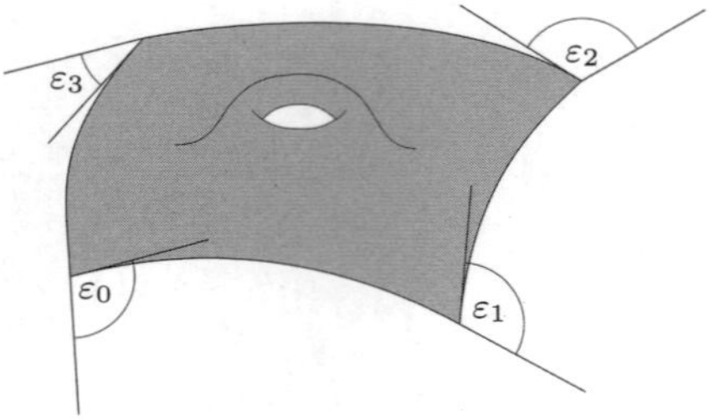

図 4.15 外角の和

は滑らかな曲線となっている．点 $\boldsymbol{c}(\alpha_{i;k})$ を**頂点**，曲線 $\boldsymbol{c}_{i;k}$ を**辺**とこの節ではよぶことにする．（$\boldsymbol{c}_i : [\alpha_i, \beta_i] \to S$ が正則閉曲線であっても，便宜上始点 $\boldsymbol{c}_i(\alpha_i)$（終点 $\boldsymbol{c}_i(\beta_i)$）を頂点とよぶことになる．）さらに領域 Ω を左手に見ながら進行している，すなわち $J_S\boldsymbol{c}'_{i;k}(s)$ は領域側を指しているとする．領域の内側で測った，頂点 $\boldsymbol{c}(\alpha_{i;k})$ での辺 $\boldsymbol{c}_{i;k}$ と辺 $\boldsymbol{c}_{i;k+1}$ のなす角 $\iota_{i;k} \in (0, 2\pi)$ を**内角**とよぶ．ただし $k = n_i$ のとき，$\boldsymbol{c}_{i;n_{i+1}} = \boldsymbol{c}_{i;1}$，$\boldsymbol{c}'_{i;n_{i+1}}(\alpha_{i;n_i}) = \boldsymbol{c}'_{i;1}(\alpha_{i;0})$ とし，$\iota_{i;n_i} = \iota_{i;0}$ とおく．

$$\varepsilon_{i;k} = \pi - \iota_{i;k} \in (-\pi, \pi)$$

を頂点 $\boldsymbol{c}_{i;k}(\alpha_{i;k})$ での**外角**という．接ベクトル $\boldsymbol{c}'_{i;k}(\alpha_{i;k})$ から $\boldsymbol{c}'_{i;k+1}(\alpha_{i;k})$ に正の向きに測った角を $\theta \in [0, 2\pi)$ とするとき，$0 \leq \theta \leq \pi$ ならば，$\varepsilon_{i;k} = \theta$ であり，$\pi < \theta < 2\pi$ ならば，$\varepsilon_{i;k} = \theta - 2\pi$ である．$\sum_{i=1,\dots,m;k=1,\dots,n_i} \varepsilon_{i;k}$ を正則閉領域 $\overline{\Omega}$ の**外角の和**という（図 4.15）．次に曲線 $\boldsymbol{c}_{i;k} : [\alpha_{i;k-1}, \alpha_{i;k}] \to S$ の点 $\boldsymbol{c}_{i;k}(t)$ での測地的曲率 $\boldsymbol{k}_g(\boldsymbol{c}_{i;k}(t))$ の積分 $\displaystyle\int_{\alpha_{i;k-1}}^{\alpha_{i;k}} \kappa_g(\boldsymbol{c}_{i;k}(t))\|\boldsymbol{c}_{i;k}{}'(t)\|dt$ を考え，

$$\int_{\partial\Omega} \kappa_g ds := \sum_{i=1}^{m} \sum_{k=1}^{n_i} \int_{\alpha_{i;k-1}}^{\alpha_{i;k}} \kappa_g(\boldsymbol{c}_{i;k}(t))\|\boldsymbol{c}_{i;k}{}'(t)\|dt$$

と表す．

一つの区分的に滑らかな単純閉曲線 $\boldsymbol{c} : [\alpha, \beta] \to S$ によって囲まれた S の閉領域 $\overline{\Omega} = \Omega \cup \partial\Omega$ で円板と位相同型である正則閉領域をここでは簡単のため N 角形領域とよぶ．N は頂点の数（辺の数）を表す．

ガウス－ボネの定理（局所版）を述べる．

定理 4.8.1（**ガウス - ボネの定理（局所版）**）　向き付けられた曲面 S のガウス曲率を K とする．$\overline{\Omega} = \Omega \cup \partial\Omega$ を S の中の N 角形領域とし，ある局所パラメータ表示 $\boldsymbol{\phi} : D \to S$ があって，$\overline{\Omega} \subset \boldsymbol{\phi}(D)$ と仮定する．このとき，

$$\iint_{\Omega} K\, d\sigma_S + \int_{\partial\Omega} \kappa_g ds + \sum_{k=0}^{N-1} \varepsilon_k = 2\pi$$

が成り立つ．ただし $\sum_{k=0}^{N-1} \varepsilon_k$ は $\overline{\Omega}$ のすべての外角の和を表す．

$N = 3$ の場合を考える．内角 $\iota_k = \pi - \varepsilon_k$ の和は，$3\pi - (\varepsilon_0 + \varepsilon_1 + \varepsilon_2)$ と等しい．

系 4.8.2　S の中の，局所パラメータ表示される領域に含まれる三角形領域 $\overline{\Omega}$ に対して

$$\iint_{\Omega} K\, d\sigma_S + \int_{\partial\Omega} \kappa_g ds = \iota_0 + \iota_1 + \iota_2 - \pi$$

が成り立つ．

三つの測地線で囲まれた三角形領域を**測地三角形**という．このとき $\kappa_g = 0$ より

$$\iint_{\Omega} K\, d\sigma_S = \iota_0 + \iota_1 + \iota_2 - \pi$$

が成り立つ．したがって，もし測地三角形上でガウス曲率の積分の値が正の数ならば $\iota_0+\iota_1+\iota_2 > \pi$ であり，ガウス曲率の積分の値が負の数ならば $\iota_0+\iota_1+\iota_2 < \pi$ であることがわかる．このことから，任意の測地三角形の内角の和が π 以上ならば，ガウス曲率はいたるところ非負であり，一方，π 以下ならば，ガウス曲率はいたるところ非正でなければならない．

定理 4.8.1 の証明　曲面の向きに順応する局所パラメータ表示 $\boldsymbol{\phi} : D \to S$ を用いて議論する．$\boldsymbol{n}_S = \dfrac{\partial \boldsymbol{\phi}}{\partial u_1} \times \dfrac{\partial \boldsymbol{\phi}}{\partial u_2} \Big/ \left\| \dfrac{\partial \boldsymbol{\phi}}{\partial u_1} \times \dfrac{\partial \boldsymbol{\phi}}{\partial u_2} \right\|$ とする．この節では，慣習に従って第一基本量を

$$E = g_{11} = \left(\frac{\partial \boldsymbol{\phi}}{\partial u_1}, \frac{\partial \boldsymbol{\phi}}{\partial u_1}\right)$$
$$F = g_{12} = \left(\frac{\partial \boldsymbol{\phi}}{\partial u_1}, \frac{\partial \boldsymbol{\phi}}{\partial u_2}\right)$$
$$G = g_{22} = \left(\frac{\partial \boldsymbol{\phi}}{\partial u_2}, \frac{\partial \boldsymbol{\phi}}{\partial u_2}\right)$$

と表し，以下

$$E = G, \qquad F = 0$$

を仮定する．すなわち局所座標系 (u_1, u_2) は等温座標系であるとする（4.5 節参照）．

まず，

$$\boldsymbol{f}_1 = \frac{1}{\sqrt{E}}\frac{\partial \boldsymbol{\phi}}{\partial u_1}, \quad \boldsymbol{f}_2 = J_S \boldsymbol{f}_1 = \frac{1}{\sqrt{E}}\frac{\partial \boldsymbol{\phi}}{\partial u_2}$$

とおく．このとき，$\{\boldsymbol{f}_1(\boldsymbol{u}), \boldsymbol{f}_2(\boldsymbol{u})\}$ $(\boldsymbol{u} \in D)$ は，接ベクトル空間 $T_{\boldsymbol{x}}S$ $(\boldsymbol{x} = \boldsymbol{\phi}(\boldsymbol{u}))$ の正規直交基底となっている．

次に弧長にパラメータをもつ曲線 $\boldsymbol{c} : I \to S$ を考える．$\boldsymbol{c}(s) \in \boldsymbol{\phi}(D)$ とし，$\boldsymbol{c}(s) = \boldsymbol{\phi}(\boldsymbol{u}(s))$ と表す．$\boldsymbol{u}(s)$ $(s \in I)$ は D 内の曲線である．このとき，区間 I 上の滑らかな関数 $\theta : I \to \boldsymbol{R}$ が存在して

$$\frac{d\boldsymbol{c}(s)}{ds} = \quad \cos\theta(s)\boldsymbol{f}_1(\boldsymbol{u}(s)) + \sin\theta(s)\boldsymbol{f}_2(\boldsymbol{u}(s)) \tag{4.17}$$
$$J_S\frac{d\boldsymbol{c}(s)}{ds} = -\sin\theta(s)\boldsymbol{f}_1(\boldsymbol{u}(s)) + \cos\theta(s)\boldsymbol{f}_2(\boldsymbol{u}(s))$$

と表すことができる．関数 θ を $\boldsymbol{f}_1$ に関する $\boldsymbol{c}$ の回転角という．式 (4.17) の両辺を微分して

$$\frac{d^2\boldsymbol{c}(s)}{ds^2} = -\sin\theta(s)\frac{d\theta}{ds}\boldsymbol{f}_1(\boldsymbol{u}(s)) + \cos\theta(s)\frac{d\boldsymbol{f}_1(\boldsymbol{u}(s))}{ds} + \cos\theta(s)\frac{d\theta}{ds}\boldsymbol{f}_2(\boldsymbol{u}(s)) + \sin\theta(s)\frac{d\boldsymbol{f}_2(\boldsymbol{u}(s))}{ds}$$

となる．これと

$$\left(\frac{d\boldsymbol{f}_1(\boldsymbol{u}(s))}{ds}, \boldsymbol{f}_2(\boldsymbol{u}(s))\right) + \left(\boldsymbol{f}_1(\boldsymbol{u}(s)), \frac{d\boldsymbol{f}_2(\boldsymbol{u}(s))}{ds}\right) = \frac{d}{ds}(\boldsymbol{f}_1(\boldsymbol{u}_1(s)), \boldsymbol{f}_2(\boldsymbol{u}(s))) = 0$$

となることに注意すると，

$$\boldsymbol{k}_g(\boldsymbol{c}(s)) = \left(\frac{d^2\boldsymbol{c}(s)}{ds^2}, J_S\frac{d\boldsymbol{c}(s)}{ds}\right) = \frac{d\theta(s)}{ds} + \left(\frac{d\boldsymbol{f}_1(\boldsymbol{u}(s))}{ds}, \boldsymbol{f}_2(\boldsymbol{u}(s))\right)$$

が得られる．ここで

$$\left(\frac{\partial^2\boldsymbol{\phi}}{\partial u_1\partial u_2}, \frac{\partial\boldsymbol{\phi}}{\partial u_2}\right) = \frac{1}{2}\frac{\partial}{\partial u_1}\left(\frac{\partial\boldsymbol{\phi}}{\partial u_2}, \frac{\partial\boldsymbol{\phi}}{\partial u_2}\right) = \frac{1}{2}\frac{\partial E}{\partial u_1}$$

さらに $F=0$ により

$$\left(\frac{\partial^2\boldsymbol{\phi}}{\partial {u_1}^2}, \frac{\partial\boldsymbol{\phi}}{\partial u_2}\right) + \left(\frac{\partial\boldsymbol{\phi}}{\partial u_1}, \frac{\partial\boldsymbol{\phi}}{\partial u_1\partial u_2}\right) = 0$$

となり，したがって

$$\left(\frac{\partial^2\boldsymbol{\phi}}{\partial {u_1}^2}, \frac{\partial\boldsymbol{\phi}}{\partial u_2}\right) = -\frac{1}{2}\frac{\partial}{\partial u_2}\left(\frac{\partial\boldsymbol{\phi}}{\partial u_1}, \frac{\partial\boldsymbol{\phi}}{\partial u_1}\right) = -\frac{1}{2}\frac{\partial E}{\partial u_2}$$

となる．これらから

$$\begin{aligned}
&\left(\frac{d\boldsymbol{f}_1(\boldsymbol{u}(s))}{ds}, \boldsymbol{f}_2(\boldsymbol{u}(s))\right) \\
&= \left(\frac{d}{ds}\left(\frac{1}{\sqrt{E}}\frac{\partial\boldsymbol{\phi}}{\partial u_1}\right), \frac{1}{\sqrt{E}}\frac{\partial\boldsymbol{\phi}}{\partial u_2}\right) \\
&= \left(\frac{1}{\sqrt{E}}\frac{d}{ds}\left(\frac{\partial\boldsymbol{\phi}}{\partial u_1}\right), \frac{1}{\sqrt{E}}\frac{\partial\boldsymbol{\phi}}{\partial u_2}\right) \\
&= \frac{1}{E}\left\{\left(\frac{\partial^2\boldsymbol{\phi}}{\partial u_1^2}, \frac{\partial\boldsymbol{\phi}}{\partial u_2}\right)\frac{du_1}{ds} + \left(\frac{\partial\boldsymbol{\phi}}{\partial u_1\partial u_2}, \frac{\partial\boldsymbol{\phi}}{\partial u_2}\right)\frac{du_2}{ds}\right\} \\
&= \frac{1}{2E}\left(\frac{\partial E}{\partial u_1}\frac{du_2}{ds} - \frac{\partial E}{\partial u_2}\frac{du_1}{ds}\right)
\end{aligned}$$

が得られる．以上まとめて

$$\kappa_g(\boldsymbol{c}(s)) = \frac{d\theta(s)}{ds} + \frac{1}{2E(\boldsymbol{u}(s))}\left(-\frac{\partial E}{\partial u_2}(\boldsymbol{u}(s))\frac{du_1(s)}{ds} + \frac{\partial E}{\partial u_1}(\boldsymbol{u}(s))\frac{du_2(s)}{ds}\right) \tag{4.18}$$

が導かれる．

ここで $\boldsymbol{R}^2$ の領域 D 上のベクトル場 $\boldsymbol{A}=(a_1, a_2)$ を

$$a_1 = -\frac{1}{2E}\frac{\partial E}{\partial u_2}, \quad a_2 = \frac{1}{2E}\frac{\partial E}{\partial u_1}$$

によって定義する．このとき，

$$\frac{\partial a_2}{\partial u_1} - \frac{\partial a_1}{\partial u_2} = \frac{1}{2}\frac{\partial}{\partial u_1}\left(\frac{1}{E}\frac{\partial E}{\partial u_1}\right) + \frac{1}{2}\frac{\partial}{\partial u_2}\left(\frac{1}{E}\frac{\partial E}{\partial u_2}\right)$$

となり，したがって (4.13) から

$$\frac{\partial a_2}{\partial u_1} - \frac{\partial a_1}{\partial u_2} = -KE \tag{4.19}$$

が導かれる．

局所パラメータ表示 $\boldsymbol{\phi} : D \to S$ によって N 角形領域 Ω に移される D 内の領域を R とする．さらに領域 R を囲む区分的に滑らかな単純閉曲線を $\boldsymbol{u} : [\alpha, \beta] \to D$ とし，$\boldsymbol{c}(s) = \boldsymbol{\phi}(\boldsymbol{u}(s))$ とする．グリーンの定理 2.6.3 を思い出すと

$$\iint_R \left(\frac{\partial a_2}{\partial u_1} - \frac{\partial a_1}{\partial u_2}\right) du_1 du_2 = \int_{\boldsymbol{u}} \boldsymbol{A} = \sum_{k=0}^{N-1} \int_{\alpha_k}^{\alpha_{k+1}} (\boldsymbol{A}, \boldsymbol{u}_k'(s)) ds$$

となる．(4.19) より左辺は

$$-\iint_R KE du_1 du_2$$

に等しく，(4.18) より右辺は

$$\int_{\partial\Omega} \kappa_g(\boldsymbol{c}(s)) ds - \sum_{k=0}^{N-1} \int_{\alpha_k}^{\alpha_{k+1}} \frac{d\theta}{ds} ds$$

に等しい．さらに $\boldsymbol{f}_1$ に関する $\boldsymbol{c}$ の回転角 θ について，

$$\begin{aligned} \varepsilon_0 &= \lim_{t>\alpha, t\to\alpha} \theta(t) - \lim_{t<\beta, t\to\beta} \theta(t) \\ \varepsilon_k &= \lim_{t>\alpha_k, t\to\alpha_k} \theta(t) - \lim_{t<\alpha_k, t\to\alpha_k} \theta(t) \end{aligned}$$

となるように決められていることに注意すると，$\boldsymbol{u} : [\alpha, \beta] \to D$ が単純閉曲線なので

$$\sum_{k=0}^{N-1} \left(\int_{\alpha_k}^{\alpha_{k+1}} \frac{d\theta}{ds} ds + \varepsilon_k\right) = 2\pi$$

すなわち

$$\sum_{k=0}^{N-1}\int_{\alpha_k}^{\alpha_{k+1}}\frac{d\theta}{ds}ds = 2\pi - \sum_{k=0}^{N-1}\varepsilon_k$$

が成り立つ．実際には u は滑らかではなく角をもっているが，これを丸めてできる滑らかな単純閉曲線の回転数は1である（定理 4.1.11 参照）．以上から，求める式

$$\iint_\Omega K d\sigma_S + \int_{\partial\Omega}\kappa_g ds + \sum_{k=1}^{N}\varepsilon_k = 2\pi$$

に到達した．■

さて，ガウス - ボネの定理の大域版を説明する．2.8 節において，正則閉領域（区分的に滑らかな境界をもつコンパクト曲面）の三角形分割を導入したが，閉曲面に対しても同様に導入できる．改めて記すことにする．

以下の条件を満たす正則閉領域の族 $\{\Delta_i \mid i = 1, 2, \ldots, F\}$ を閉曲面 S の**三角形分割**という．

(i) Δ_i は S の三角形領域である．

(ii) S は $\{\Delta_i\}$ で被覆されている，すなわち $S = \bigcup_{i=1}^{F}\Delta_i$．

(iii) Δ_i と Δ_j の共通部分 $\Delta_i \cap \Delta_j$ は，空集合でなければ，共通の一つの頂点か，または，共通の一つの辺である．

(iv) 各 Δ_i に対して，局所パラメータ表示 $\boldsymbol{\phi}: D \to S$ が見つかって，Δ_i は $\boldsymbol{\phi}(D)$ に含まれるようにできる．

境界をもつコンパクト曲面あるいは閉曲面 X の三角形分割 $\{\Delta_i \mid i = 1, 2, \ldots, F\}$ に対して

$$\chi(X) = （頂点の数）－（辺の数）＋（面の数）$$

によって定まる数を X の**オイラー数**という．

オイラー数は，一つの三角形分割から決めた数である．しかし三角形分割の仕方によらずに決まることが知られている．その証明の概略を次に述べる．

三角形分割の三角形をさらに三角形分割して得られる三角形分割を，もとの細分という．一つの三角形を二つの三角形に分割すると，頂点は一つ増え，辺

は二つ増え，面は一つ増えるので，オイラー数には影響を与えない．これを繰り返しても同じくオイラー数に変化はない．このようにして細分によってオイラー数の変化はないことがわかる．一方，二つの三角形分割に対してそれらの共通の細分を見つけることができる．これらのことから，オイラー数は三角形分割の仕方によらずに決まる数であるといえる．

さらに，境界をもつコンパクト曲面あるいは閉曲面の間に同相写像があるならば，それらのオイラー数は一致することが知られている．

◆**例 4.8.3** 下の図で表しているアルファベット C, E, A, D, B に対応した三角形分割された領域のオイラー数は，順に $1, 1, 0, 0, -1$ である．

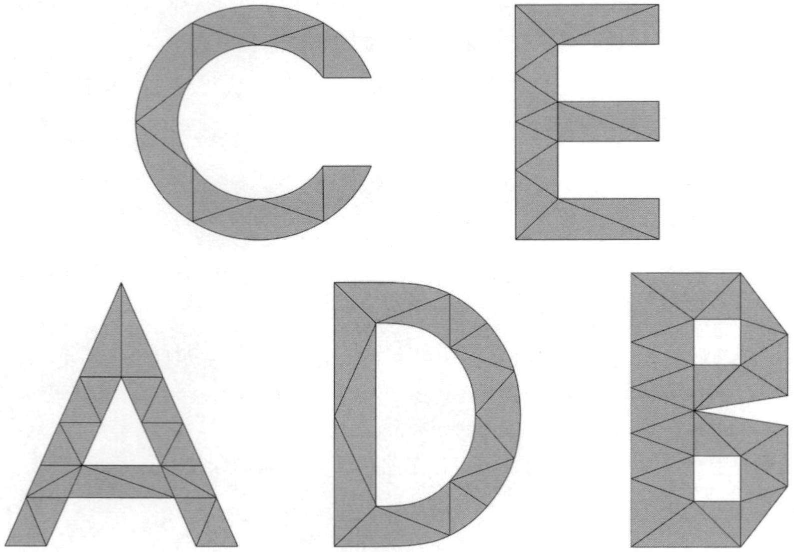

図 4.16 三角形分割

◆**例 4.8.4** 球面のオイラー数は 2 で，円環面のオイラー数は 0 である．

ガウス－ボネの定理（大域版）を述べ，証明する．

定理 4.8.5（**ガウス - ボネの定理（大域版）**）　向き付けられた曲面 S のガウス曲率を K とする．S の正則閉領域 $\overline{\Omega} = \Omega \cup \partial\Omega$ に対して，次の等式が成り立つ．

$$\iint_{\Omega} K d\sigma_S + \int_{\partial\Omega} \kappa_g ds + \sum_{k=0}^{N-1} \varepsilon_k = 2\pi\chi(\overline{\Omega})$$

ただし $\sum_{k=0}^{N-1} \varepsilon_k$ は $\overline{\Omega}$ のすべての外角の和を表す．

証明　$\overline{\Omega}$ の三角形分割 $\{\Delta_i \mid i = 1, 2, \ldots, F\}$ を一つ選ぶ．頂点の個数を V，辺の個数を E，面の個数を F とする．さらに Δ_i の頂点あるいは辺で，Ω の内部にあるものをそれぞれ内部頂点あるいは内部辺とよび，Ω の境界 $\partial\Omega$ 上にあるものをそれぞれ外部頂点，外部辺とよぶ．内部頂点全体の個数を V_i，外部頂点全体の個数を V_e で表す．また内部辺全体の個数を E_i，外部辺全体の個数を E_e で表す．

系 4.8.2 より，各 Δ_i に対して

$$\iint_{\Delta_i} K d\sigma_S + \int_{\partial\Delta_i} \kappa_g \, ds = (\Delta_i \text{ の内角の和}) - \pi \qquad (i = 1, 2, \ldots, F)$$

が成り立つ．これらを足し合わせて，

$$\iint_{\Omega} K d\sigma_S + \sum_{i=1}^{F} \int_{\partial\Delta_i} \kappa_g \, ds = \sum_{i=1}^{F} (\Delta_i \text{ の内角の和}) - \pi F \tag{4.20}$$

となる．ここで Δ_i と Δ_j がそれぞれの辺 $\boldsymbol{c}_{i;k}$ と $\boldsymbol{c}_{j;l}$ を共有しているとすると，$\boldsymbol{c}_{i;k}$ と $\boldsymbol{c}_{j;l}$ は互いに向きが逆である．したがって測地的曲率の積分は符号が反対になって，

$$\int_{\boldsymbol{c}i;k} \kappa_g \, ds + \int_{\boldsymbol{c}_{j;l}} \kappa_g \, ds = 0$$

となる．これに注意すると

$$\sum_{i=1}^{F} \int_{\partial\Delta_i} \kappa_g \, ds = \int_{\partial\Omega} \kappa_g \, ds \tag{4.21}$$

が成り立つ．また，

$$\sum_{i=1}^{F} (\Delta_i \text{ の内角の和}) = 2\pi V_i + \pi V_e - (\text{外部頂点での外角の和})$$

より，

$$-\pi F + \sum_{i=1}^{F} (\Delta_i \text{ の内角の和}) + \sum_{k=1}^{N} \varepsilon_k = -\pi F + 2\pi V_i + \pi V_e \qquad (4.22)$$

となる．ここで $V = V_i + V_e$, $E = E_i + E_e$, $V_e = E_e$，さらに三角形が F 個あることから $3F = 2E_i + E_e$ となり，書き直して $-F = 2F - 2E_i - E_e$ となっている．これらを使って

$$\begin{aligned}
&-\pi F + 2\pi V_i + \pi V_e \\
&= \pi(-F + 2V_i + V_e) \\
&= \pi(2F - 2E_i - E_e + 2V_i + V_e) \\
&= \pi(2F - 2E_i - E_e + 2V - 2V_e + V_e) \\
&= \pi(2F - 2E + 2E_e - E_e + 2V - 2V_e + V_e) \\
&= 2\pi(F - E + V) \\
&= 2\pi\chi(\overline{\Omega})
\end{aligned}$$

以上 (4.20)–(4.22) と合わせて証明が完了する． ■

閉曲面，すなわち境界のないコンパクト曲面に対して，定理 4.8.5 を改めて述べる．

定理 4.8.6 連結かつ向き付けられた閉曲面 S に対して，次の等式が成り立つ．

$$\iint_S K d\sigma_S = 2\pi\chi(S)$$

さて，閉曲面のオイラー数について考える．閉曲面 X と Y のそれぞれから一つずつ円板と同相な領域をくりぬいて穴をあける．これら二つの穴の縁を貼り合わせることで閉曲面が得られる．これを X と Y の**連結和**といい，$X\sharp Y$ で表す．閉曲面の伸縮自在な変形で，曲面の形は変わり，閉曲面上にあけた穴は，どこの場所にも移動する．しかし同相なものは同じであるという観点からは変形した曲面も同じものである．連結和はこの観点から決まる曲面である．二つ

の曲面 X, Y が同相であるという関係を $X \cong Y$ と表すとすれば，連結和については次の規則が成り立つことが知られている．

(i)　$X \cong X'$, $Y \cong Y'$ ならば，$X \sharp Y \cong X' \sharp Y'$

(ii)　$X \sharp Y \cong Y \sharp X$

(iii)　$(X \sharp Y) \sharp Z \cong X \sharp (Y \sharp Z)$

S を球面とすれば，$S \sharp X \cong X$ が成り立ち，閉曲面間の連結和という演算において球面が単位元の役割をもつ．

閉曲面 X, Y とそれぞれの三角形分割 $\{\Delta_i^{(X)} \mid i = 1, \ldots, F^{(X)}\}$, $\{\Delta_j^{(Y)} \mid j = 1, \ldots, F^{(Y)}\}$ を考える．X の三角形領域 $\Delta_i^{(X)}$ を一つとり，Y の三角形領域 $\Delta_j^{(Y)}$ を一つとり，それぞれの内部をくりぬいて穴をあけ，$\Delta_i^{(X)}$ の境界と $\Delta_j^{(Y)}$ の境界を頂点どうし，辺どうしが一致するように貼り合わせる．このとき，連結和 $X \sharp Y$ とその三角形分割が得られ，その頂点数，辺数，面数からオイラー数において次の等式が成り立つことがわかる．

$$\chi(X \sharp Y) = \chi(X) + \chi(Y) - 2$$

円環面と同相な曲面を T とし，正の整数 g に対して，g 個の T の連結和が作る閉曲面 $T(g) = T \sharp T \sharp \cdots \sharp T$ を定める．これは g 人乗りの浮き輪の形をした閉曲面で，種数 g の閉曲面とよばれる．（図 2.9 に $g = 3$ の閉曲面が描かれている．）球面は $g = 0$ の閉曲面と考える．このとき $\chi(T) = 0$ より

$$\chi(T(g)) = 2 - 2g$$

が得られる．閉曲面の分類結果から，向き付け可能な閉曲面は，球面 S，円環面 T，および $T(g)$ $(g = 2, 3, \ldots)$ のどれかと同相であることが知られている．

さて，定理 4.8.6 の応用を述べてこの節を終える．

命題 4.8.7　単位球面 $S^2(1)$ 上の単純閉曲線 $\boldsymbol{c}$ が，$S^2(1)$ を等しい面積をもつ二つの領域に分割するための必要かつ十分条件は，$\displaystyle\int_{\boldsymbol{c}} \kappa_g ds = 0$ である．

証明　単純閉曲線 $\boldsymbol{c}$ は $S^2(1)$ を二つの領域 Ω, Ω^c に分割することがよく知られ

ている．$S^2(1)$ は内部の球体から外向きの単位法ベクトルによって向き付ける．さらに $\Omega \cup \boldsymbol{c}$ が正則閉領域である，すなわち，$\boldsymbol{c}$ は Ω を右に見て進行しているとする．このとき，単位球面のガウス曲率は 1 であるから，ガウス－ボネの定理から，Ω の面積と $\boldsymbol{c}$ の測地的曲率の積分 $\int_{\boldsymbol{c}} \kappa_g ds$ の和は 2π（$S^2(1)$ の面積の半分）であることが従う．これから命題が従う． ■

次の定理はヤコビによるものである．

定理 4.8.8 曲率 $|\kappa|$ がいたるところ正である正則閉曲線 $\boldsymbol{c}: [\alpha, \beta] \to \boldsymbol{R}^3$ を考える．点 $\boldsymbol{c}(t)$ での単位主法線ベクトル $\boldsymbol{n}(t)$ を $\boldsymbol{R}^3$ の単位球面 $S^2(1)$ への曲線とみなし，それが単純閉曲線であるとする．このとき，$\boldsymbol{n}$ は $S^2(1)$ を等しい面積をもつ二つの領域に分割する．

証明 $\boldsymbol{c}(t)$ は単位の速さであるとする．接ベクトル，単位主法線ベクトル，単位従法線ベクトルをそれぞれ $\boldsymbol{t}(t), \boldsymbol{n}(t), \boldsymbol{b}(t)$ とする．$\tau(t)$ を $\boldsymbol{c}(t)$ のねじれ率とする．さらに $S^2(1)$ の曲線 $\boldsymbol{n}(t)$ $(\alpha \leq t \leq \beta)$ の長さを L とし，弧長パラメータを $s \in [0, L]$ で表す．

まず，フルネ－セレの公式の中の式

$$\frac{d\boldsymbol{n}}{dt} = -|\kappa|\boldsymbol{t} + \tau\boldsymbol{b}$$

の両辺を微分して，

$$\frac{d^2\boldsymbol{n}}{dt^2} = -\frac{d|\kappa|}{dt}\boldsymbol{t} + \frac{d\tau}{dt}\boldsymbol{b} - (|\kappa|^2 + \tau^2)\boldsymbol{n}$$

が導かれる．さらに，これらから

$$\left(\frac{d^2\boldsymbol{n}}{dt^2}, \boldsymbol{n} \times \frac{d\boldsymbol{n}}{dt}\right) = \frac{d\tau}{dt}|\kappa| - \tau\frac{d|\kappa|}{dt} \tag{4.23}$$

が得られる．また，

$$1 = \left(\frac{d\boldsymbol{n}}{ds}, \frac{d\boldsymbol{n}}{ds}\right) = \left(\frac{dt}{ds}\right)^2 \left(\frac{d\boldsymbol{n}}{dt}, \frac{d\boldsymbol{n}}{dt}\right) = \left(\frac{dt}{ds}\right)^2 (|\kappa|^2 + \tau^2)$$

より，

$$\frac{dt}{ds} = \frac{1}{\sqrt{|\kappa|^2 + \tau^2}} \tag{4.24}$$

に注意する．

$S^2(1)$ 上の連続単位法ベクトルとして，

$$\boldsymbol{n}_{S^2(1)}(\boldsymbol{v}) = \boldsymbol{v}, \quad \boldsymbol{v} \in S^2(1)$$

をとると，$J_{S^2(1)}\dfrac{d\boldsymbol{n}}{dt} = \boldsymbol{n} \times \dfrac{d\boldsymbol{n}}{dt}$ と表すことができるので，(4.23), (4.24) により，$\boldsymbol{n}(t)$ の測地的曲率 $\kappa_g(\boldsymbol{n}(t))$ は次のように求められる．

$$\begin{aligned}
\kappa_g(\boldsymbol{n}(t)) &= \frac{\left(\dfrac{d^2\boldsymbol{n}}{dt^2}, J_{S^2(1)}\dfrac{d\boldsymbol{n}}{dt}\right)}{\left\|\dfrac{d\boldsymbol{n}}{dt}\right\|^3} = \frac{\left(\dfrac{d^2\boldsymbol{n}}{dt^2}, \boldsymbol{n} \times \dfrac{d\boldsymbol{n}}{dt}\right)}{\left\|\dfrac{d\boldsymbol{n}}{dt}\right\|^3} \\
&= \frac{\dfrac{d\tau}{dt}|\kappa| - \tau\dfrac{d|\kappa|}{dt}}{\left(\dfrac{ds}{dt}\right)^3} = \frac{\dfrac{d\tau}{dt}|\kappa| - \tau\dfrac{d|\kappa|}{dt}}{(|\kappa|^2 + \tau^2)^{3/2}} = \frac{\dfrac{d\tau}{dt}|\kappa| - \tau\dfrac{d|\kappa|}{dt}}{(|\kappa|^2 + \tau^2)}\frac{dt}{ds} \\
&= \frac{d}{dt}\arctan\left(\frac{\tau}{|\kappa|}\right)\frac{dt}{ds} = \frac{d}{ds}\arctan\left(\frac{\tau}{|\kappa|}\right)
\end{aligned}$$

$\boldsymbol{n}(t)$ は $S^2(1)$ の単純閉曲線という仮定から，$S^2(1)$ を二つの領域 Ω, Ω^c に分割することが知られている．ここで $J_{S^2(1)}\dfrac{d\boldsymbol{n}}{dt}$ が Ω 側を指して進行しているとする．このとき，

$$\begin{aligned}
\int_{\partial\Omega} \kappa_g ds &= \int_0^L \frac{d}{ds}\arctan\left(\frac{\tau}{|\kappa|}\right) ds \\
&= \int_0^L d\arctan\left(\frac{\tau}{|\kappa|}\right) \\
&= 0
\end{aligned}$$

したがって命題 4.8.7 より，Ω の面積は 2π であることがわかる．■

練習問題 4

1.　二つの平面正則曲線 $\boldsymbol{c}_1(t)$ $(\alpha_1 \leq t \leq \beta_1)$ と $\boldsymbol{c}_2(t)$ $(\alpha_2 \leq t \leq \beta_2)$ が点 P で接しているとする，すなわち，ある t_1, t_2 があって，$P = \boldsymbol{c}_1(t_1) = \boldsymbol{c}_2(t_2)$，$\boldsymbol{c}_1'(t_1) = \boldsymbol{c}_2'(t_2)$ とする．$\boldsymbol{c}_1$ は P の近傍 B を二つの領域 B^+, B^- に分割しているとし，点 P を始点とするベクトル $J\boldsymbol{c}_1'(t_1)$ は B^+ の方向を指しているとする．

(i) B において $\boldsymbol{c}_2$ が B^- に含まれる，すなわち $\boldsymbol{c}_2 \cap B \subset \boldsymbol{c}_1 \cup B^-$ ならば，符号付き曲率について，$\kappa(\boldsymbol{c}_2(t_2)) \leq \kappa(\boldsymbol{c}_1(t_1))$ が成り立つことを示せ．

(ii) $\kappa(\boldsymbol{c}_2(t_2)) < \kappa(\boldsymbol{c}_1(t_1))$ ならば，B が十分小さいとき，$\boldsymbol{c}_2 \cap B \subset \boldsymbol{c}_1 \cup B^-$ が成り立つことを示せ．

2.　二つの曲面 S_1 と S_2 が点 P で接しているとする．すなわち，$P \in S_1 \cap S_2$ で $T_P S_1 = T_P S_2$ とする．点 P での共通の単位法ベクトル $\boldsymbol{\nu}$ に関する S_1 と S_2 それぞれの形作用素を $A_P^{(1)}, A_P^{(2)}$ とする．S_1 が点 P の近傍 U を二つの連結開集合 U^+ と U^- に分けているとし，$\boldsymbol{\nu}$ は U^+ の方向を指しているとする．

(i) $S_2 \cap U$ が $S_1 \cup U^-$ に含まれているならば，$A_P^{(1)} \leq A_P^{(2)}$，すなわち，

$$(A_P^{(1)}(\boldsymbol{v}), \boldsymbol{v}) \leq (A_P^{(2)}(\boldsymbol{v}), \boldsymbol{v}) \qquad (\forall\ \boldsymbol{v} \in T_p S_1 = T_p S_2,\ \|\boldsymbol{v}\| = 1)$$

が成り立つことを示せ．

(ii) 任意の単位ベクトル $\boldsymbol{v} \in T_p S_1 = T_p S_2$ に対して，$(A_P^{(1)}(\boldsymbol{v}), \boldsymbol{v}) < (A_P^{(2)}(\boldsymbol{v}), \boldsymbol{v})$ とする．このとき，点 P の十分小さな近傍 U に対して，$S_2 \cap U$ が $U^- \cup S_1$ に含まれていることを示せ．

3.　閉曲面にはガウス曲率が正となる点が存在することを示せ．

4.　$\boldsymbol{R}^3$ 上の滑らかな関数 f の等位面 $S = \{\boldsymbol{x} \in \boldsymbol{R}^3 \mid f(\boldsymbol{x}) = a\}$ を考える．S の各点 $\boldsymbol{x}$ で $\|\mathrm{grad}\, f(\boldsymbol{x})\| \neq 0$ とすると，S は埋め込まれた曲面となり，$\boldsymbol{n}_S = \mathrm{grad}\, f / \|\mathrm{grad}\, f\|$ が一つの単位法ベクトル場を与える．このとき，S の点 $\boldsymbol{x}$ での形作用素 $A_{\boldsymbol{x}} : T_{\boldsymbol{x}} S \to T_{\boldsymbol{x}} S$ と平均曲率ベクトル場 $\boldsymbol{H}(\boldsymbol{x})$ はそれぞれ次のように与えられることを示せ．

$$A_{\boldsymbol{x}}(\boldsymbol{u}) = \frac{1}{\|\mathrm{grad}\, f(\boldsymbol{x})\|}\overline{\nabla}_{\boldsymbol{u}}\mathrm{grad}\, f(\boldsymbol{x}) - \frac{1}{\|\mathrm{grad}\, f(\boldsymbol{x})\|}(\overline{\nabla}_{\boldsymbol{u}}\mathrm{grad}\, f(\boldsymbol{x}), \boldsymbol{n}_S)\boldsymbol{n}_S$$

$$\boldsymbol{H}(\boldsymbol{x}) = -\frac{1}{\|\mathrm{grad}\, f(\boldsymbol{x})\|}\left(\Delta f - \frac{(\mathrm{grad}\, f)d\nabla f(\mathrm{grad}\, f)^T}{\|\mathrm{grad}\, f\|^2}\right)\boldsymbol{n}_S$$

ここで記号の説明をする．ベクトル場 $\boldsymbol{B} = (b_1, b_2, b_3)$ とベクトル $\boldsymbol{u} = (u_1, u_2, u_3)$ に対して，

$$\begin{aligned}\overline{\nabla}_{\mathbf{u}}\boldsymbol{B}(\boldsymbol{x}) &= \frac{d}{dt}|_{t=0}\boldsymbol{B}(\boldsymbol{x} + t\boldsymbol{u}) \quad (\boldsymbol{u}\text{-方向微分}) \\ &= \left(\sum_{i=1}^{3} u^i \frac{\partial b_1}{\partial x^i}(\boldsymbol{x}), \sum_{i=1}^{3} u_i \frac{\partial b_2}{\partial x^i}(\boldsymbol{x}), \sum_{i=1}^{3} u^i \frac{\partial b_3}{\partial x^i}(\boldsymbol{x})\right)\end{aligned}$$

5. 局所パラメータ表示 $\boldsymbol{\phi} : D \to \boldsymbol{R}^3$ で与えられた曲面 $S = \boldsymbol{\phi}(D)$ を考える．S の面積

$$\mathcal{A}(S) = \iint_D \left\| \frac{\partial \boldsymbol{\phi}}{\partial u_1} \times \frac{\partial \boldsymbol{\phi}}{\partial u_2} \right\| du_1 du_2$$

は次のように上から評価されることを示せ．

$$\mathcal{A}(S) \leq \frac{1}{2}\iint_D \left\| \frac{\partial \boldsymbol{\phi}}{\partial u_1} \right\|^2 + \left\| \frac{\partial \boldsymbol{\phi}}{\partial u_2} \right\|^2 du_1 du_2$$

さらに右辺の積分が有限で，$\boldsymbol{\phi}$ が定める局所座標系 (u_1, u_2) が等温座標系ならば，この不等式は等式となることを示せ．

練習問題の解答

練習問題 1

1. 省略.

2. 例題 1.1.4 を見て,

$$\|\boldsymbol{a} \times \boldsymbol{b}\|^2 = \|\boldsymbol{a}\|^2\|\boldsymbol{b}\|^2 - (\boldsymbol{a}, \boldsymbol{b})^2 \leq \|\boldsymbol{a}\|^2\|\boldsymbol{b}\|^2$$

となる. これを使って,

$$\begin{aligned}\frac{1}{4}\left(\|\boldsymbol{a}\|^2 + \|\boldsymbol{b}\|^2\right)^2 - \|\boldsymbol{a} \times \boldsymbol{b}\|^2 &\geq \frac{1}{4}\left(\|\boldsymbol{a}\|^2 + \|\boldsymbol{b}\|^2\right)^2 - \|\boldsymbol{a}\|^2\|\boldsymbol{b}\|^2 \\ &= \frac{1}{4}\left(\|\boldsymbol{a}\|^2 - \|\boldsymbol{b}\|^2\right)^2 \\ &\geq 0\end{aligned}$$

を得る. さらに等号成立条件は, $\|\boldsymbol{a}\| = \|\boldsymbol{b}\|$ かつ $(\boldsymbol{a}, \boldsymbol{b}) = 0$ であることがわかる.

3. (i) を使って $(\boldsymbol{c}(s), \int_\alpha^\beta \boldsymbol{c}(t)dt) = \int_\alpha^\beta (\boldsymbol{c}(s), \boldsymbol{c}(t))dt$ に注意し, コーシーシュワルツの不等式 $|(\boldsymbol{a}, \boldsymbol{b})| \leq \|\boldsymbol{a}\|\|\boldsymbol{b}\|$ を使う. $\boldsymbol{k} = \int_\alpha^\beta \boldsymbol{c}(t)dt$ とおいて, (i) に代入すると, コーシー・シュワルツの不等式を使って,

$$\begin{aligned}\left\|\int_\alpha^\beta \boldsymbol{c}(t)dt\right\|^2 &= \int_\alpha^\beta \left(\int_\alpha^\beta \boldsymbol{c}(s)ds, \boldsymbol{c}(t)\right) dt \\ &\leq \int_\alpha^\beta \left\|\int_\alpha^\beta \boldsymbol{c}(s)ds\right\| \|\boldsymbol{c}(t)\|dt \\ &= \left\|\int_\alpha^\beta \boldsymbol{c}(t)dt\right\| \int_\alpha^\beta \|\boldsymbol{c}(t)\|dt\end{aligned}$$

が導かれる. これから

$$\left\|\int_\alpha^\beta \boldsymbol{c}(t)dt\right\| \leq \int_\alpha^\beta \|\boldsymbol{c}(t)\|dt$$

が得られる.

4. 定理 1.4.1 の式を微分する.

5. $f(x_1, x_2, x_3) = (\sqrt{x_1^2 + x_2^2} - a)^2 + x_3^2$, $\rho = \sqrt{x_1^2 + x_2^2}$ とおくと，単位法ベクトルは以下のようになる.

$$\boldsymbol{n}_T = \frac{\nabla f}{\|\nabla f\|} = \frac{1}{b}\left(\frac{(\rho - a)x_1}{\rho}, \frac{(\rho - a)x_2}{\rho}, x_3\right)$$

次に $D = (0, 2\pi) \times (0, 2\pi)$ とおき，

$$\boldsymbol{\phi}(u_1, u_2) = ((a + b\cos u_1)\cos u_2, (a + b\cos u_1)\sin u_2, b\sin u_1)$$

とすると，$\boldsymbol{\phi} : D \to T$ は T の局所パラメータ表示を与え，

$$\boldsymbol{n}_T = (\cos u_1 \cos u_2, \cos u_1 \sin u_2, \sin u_1)$$

となることがわかる．また $T \setminus \boldsymbol{\phi}(D)$ は 1 点で交差する二つの円周であるから面積は 0 であり，$m(T) = m(\boldsymbol{\phi}(D))$ ということになる．したがって

$$\begin{aligned} m(T) &= \iint_D \left\| \frac{\partial \boldsymbol{\phi}}{\partial u_1} \times \frac{\partial \boldsymbol{\phi}}{\partial u_2} \right\| du_1 du_2 \\ &= \iint_D (ab + b^2 \cos u_2) du_1 du_2 \\ &= \int_0^{2\pi} \left(\int_0^{2\pi} (ab + b^2 \cos u_2) du_1 \right) du_2 \\ &= 4ab\pi^2 \end{aligned}$$

同様に

$$\iint_T x_3^2 d\sigma_T = \iint_D b^2 \sin^2 u_1 (ab + b^2 \cos u_2) du_1 du_2 = 2ab^2\pi^2$$

なお，T で囲まれる領域 V の体積は，ベクトル場 $\boldsymbol{A} = (0, 0, x_3)$ にガウスの発散定理を適用して，

$$\begin{aligned} \iiint_V dx_1 dx_2 dx_3 &= \iiint_V \frac{\partial x_3}{\partial x_3} dx_1 dx_2 dx_3 = \iint_T \left(\boldsymbol{A}, \frac{\nabla f}{\|\nabla f\|} \right) d\sigma_T \\ &= \frac{1}{b} \iint_T {x_3}^2 d\sigma_T = 2ab\pi^2 \end{aligned}$$

となる.

練習問題 2

1. $\frac{\partial f}{\partial u}(u,v) = \phi(u,v)$, $\frac{\partial f}{\partial v}(u,v) = \psi(u,v)$ とおく．このとき，

$$\mathrm{rot}\,\boldsymbol{A} = (\psi(x_1,x_2) - \phi(x_3,x_1), \psi(x_2,x_3) - \phi(x_1,x_2), \psi(x_3,x_1) - \phi(x_2,x_3))$$

となり，条件 $\mathrm{rot}\,\boldsymbol{A} = \boldsymbol{0}$ は，

$$\psi(x_1,x_2) = \phi(x_3,x_1), \quad \psi(x_2,x_3) = \phi(x_1,x_2), \quad \psi(x_3,x_1) = \phi(x_2,x_3)$$

と表される．これを解く．まず初めの等式 $\psi(x_1,x_2) = \phi(x_3,x_1)$ から $\psi(x_1,x_2) = \phi(x_3,x_1) = g(x_1)$ となる関数 $g(x_1)$ がある．したがって $\frac{\partial f}{\partial x_2}(x_1,x_2) = \psi(x_1,x_2) = g(x_1)$ となり，$f(x_1,x_2) = g(x_1)x_2 + h(x_1)$ となる関数 $h(x_1)$ が見つかる．また $\phi(x_3,x_1) = g(x_1)$ より，$\phi(x_1,x_2) = g(x_2)$ であるから $\frac{\partial f}{\partial x_1}(x_1,x_2) = g(x_2)$ となり，$f(x_1,x_2) = g(x_2)x_1 + k(x_2)$ となる関数 $k(x_2)$ が見つかる．このように $f(x_1,x_2)$ は x_1, x_2 それぞれについて 1 次関数である．したがって定数 a,b,c,d があって，$f(x_1,x_2) = ax_1x_2 + bx_1 + cx_2 + d$ とおくことができる．$g(x_1) = ax_1 + c$, $g(x_2) = ax_2 + b$ となり，$b = c$ が従う．以上から $f(u,v) = auv + b(u+v) + d$ を得る．

2. $\dfrac{\partial f}{\partial x_1} = a_1(x_1,x_2,x_3)$ が成り立ち，

$$\begin{aligned}
\frac{\partial f}{\partial x_2} &= \int_{\alpha_1}^{x_1} \frac{\partial a_1}{\partial x_2}(t,x_2,x_3)dt + a_2(\alpha_1,x_2,x_3) \\
&= \int_{\alpha_1}^{x_1} \frac{\partial a_2}{\partial x_1}(t,x_2,x_3)dt + a_2(\alpha_1,x_2,x_3) \\
&= \int_{\alpha_1}^{x_1} \frac{d}{dt}a_2(t,x_2,x_3)dt + a_2(\alpha_1,x_2,x_3) \\
&= a_2(x_1,x_2,x_3) - a_2(\alpha_1,x_2,x_3) + a_2(\alpha_1,x_2,x_3) \\
&= a_2(x_1,x_2,x_3)
\end{aligned}$$

となる．上の 2 番目の等号は $\mathrm{rot}\,\boldsymbol{A} = \boldsymbol{0}$ より $\dfrac{\partial a_1}{\partial x_2} = \dfrac{\partial a_2}{\partial x_1}$ となることから得られる．同様に仮定 $\mathrm{rot}\,\boldsymbol{A} = \boldsymbol{0}$ を使って

$$\begin{aligned}
\frac{\partial f}{\partial x_3} &= \int_{\alpha_1}^{x_1} \frac{\partial a_1}{\partial x_3}(t,x_2,x_3)dt + \int_{\alpha_2}^{x_2} \frac{\partial a_2}{\partial x_3}(\alpha_1,t,x_3)dt + a_3(\alpha_1,\alpha_2,\alpha_3) \\
&= \int_{\alpha_1}^{x_1} \frac{\partial a_3}{\partial x_1}(t,x_2,x_3)dt + \int_{\alpha_2}^{x_2} \frac{\partial a_3}{\partial x_2}(\alpha_1,t,x_3)dt + a_3(\alpha_1,\alpha_2,\alpha_3) \\
&= \int_{\alpha_1}^{x_1} \frac{d}{dt}a_3(t,x_2,x_3)dt + \int_{\alpha_2}^{x_2} \frac{d}{dt}a_3(\alpha_1,t,x_3)dt + a_3(\alpha_1,\alpha_2,\alpha_3)
\end{aligned}$$

$$
\begin{aligned}
&= a_3(x_1,x_2,x_3) - a_3(\alpha_1,x_2,x_3) + a_3(\alpha_1,x_2,x_3) \\
&\quad - a_3(\alpha_1,\alpha_2,x_3) + a_3(\alpha_1,\alpha_2,x_3) \\
&= a_3(x_1,x_2,x_3)
\end{aligned}
$$

となり，$\boldsymbol{A} = \operatorname{grad} f$ が R において成り立つ.

3. $\operatorname{div} \boldsymbol{B} = 0$ を仮定しているので

$$
\begin{aligned}
(\operatorname{rot} \boldsymbol{F}, \boldsymbol{e}_1) &= \frac{\partial f_3}{\partial x_2} - \frac{\partial f_2}{\partial x_3} = b_1(x_1,x_2,x_3) \\
(\operatorname{rot} \boldsymbol{F}, \boldsymbol{e}_2) &= \frac{\partial f_1}{\partial x_3} - \frac{\partial f_3}{\partial x_1} = b_2(x_1,x_2,x_3) \\
(\operatorname{rot} \boldsymbol{F}, \boldsymbol{e}_3) &= \frac{\partial f_2}{\partial x_1} - \frac{\partial f_1}{\partial x_2} \\
&= b_2(x_1,x_2,x_3) - \int_{\alpha_3}^{x_3} \frac{\partial b_1}{\partial x_1}(x_1,x_2,t)dt - \int_{\alpha_3}^{x_3} \frac{\partial b_2}{\partial x_2}(x_1,x_2,t)dt \\
&= b_3(x_1,x_2,\alpha_3) + \int_{\alpha_3}^{x_3} \frac{\partial b_3}{\partial x_3}(x_1,x_2,t)dt \\
&= b_3(x_1,x_2,\alpha_3) + b_3(x_1,x_2,x_3) - b_3(x_1,x_2,\alpha_3) \\
&= b_3(x_1,x_2,x_3)
\end{aligned}
$$

となって，$\operatorname{rot} \boldsymbol{B} = \boldsymbol{F}$ が確かめられる.

4. $\operatorname{rot} \boldsymbol{A}$ の計算は省略する．$\operatorname{div} \boldsymbol{A}$ について，

$$
\begin{aligned}
\operatorname{div} \boldsymbol{A}(\boldsymbol{x}) &= \sum_{i=1}^{3} \frac{\partial}{\partial x_i} \int_{\alpha}^{\beta} f\,(\boldsymbol{c}(t) - \boldsymbol{x}) c_i'(t)\,dt \\
&= -\int_a^b \sum_{i=1}^{3} \frac{\partial f}{\partial x_i}(\boldsymbol{c}(t) - \boldsymbol{x}) \frac{dc_i(t)}{dt} dt \\
&= -\int_{\alpha}^{\beta} \frac{d}{dt} f(\boldsymbol{c}(t) - \boldsymbol{x}) dt \\
&= f(\boldsymbol{c}(\alpha) - \boldsymbol{x}) - f(\boldsymbol{c}(\beta) - \boldsymbol{x}) \\
&= 0
\end{aligned}
$$

となる.

5. 命題 2.4.5 (ii) を使って

$$\begin{aligned}\varepsilon_0 \frac{\partial^2 \boldsymbol{E}}{\partial t^2} &= \frac{1}{\mu_0}\frac{\partial}{\partial t}\mathrm{rot}\,\boldsymbol{B} = \frac{1}{\mu_0}\mathrm{rot}\,\frac{\partial \boldsymbol{B}}{\partial t} \\ &= \frac{1}{\mu_0}\mathrm{rot}\,(-\mathrm{rot}\,\boldsymbol{E}) = -\frac{1}{\mu_0}(\mathrm{grad}\,\mathrm{div}\,\boldsymbol{E} - \Delta\boldsymbol{E}) \\ &= \frac{1}{\mu_0}\Delta\boldsymbol{E}\end{aligned}$$

となって電場 $\boldsymbol{E}$ が波動方程式を満たすことがわかる．同様に磁束密度 $\boldsymbol{B}$ も波動方程式を満たす．

6. ベクトル場 $\boldsymbol{A} = (f(x,y), g(x,y))$ に対して，単位円 $C: x^2+y^2=1$ で囲まれる単位円板 $D: x^2+y^2 \leq 1$ においてグリーンの定理を適用すると，

$$\begin{aligned}&\int_0^{2\pi}(g(\cos\theta,\sin\theta)\cos\theta - f(\cos\theta,\sin\theta)\sin\theta)d\theta \\ &= \int_C f\,dx + g\,dy = \iint_D \left(\frac{\partial g}{\partial x} - \frac{\partial f}{\partial y}\right)dxdy\end{aligned}$$

が成り立つ．ここで $f(x,y) = 3x^2y + e^x y$, $g(x,y) = -3xy^2 + e^x$ とすると，求める値は

$$\begin{aligned}\iint_D \left(\frac{\partial g}{\partial x} - \frac{\partial f}{\partial y}\right)dxdy &= -3\iint_D (x^2+y^2)dxdy \\ &= -3\int_0^{2\pi}\int_0^1 r^3\,drd\theta = -\frac{3}{2}\pi\end{aligned}$$

練習問題 3

1. 例題 3.1.6 から (i)–(iii) が従う．命題 2.4.1 (ii) と定理 2.4.6 (i) に注意すると $\mathrm{rot}(f\,\mathrm{grad}\,g) = f\,\mathrm{rot}(\mathrm{grad}\,g) + \mathrm{grad}\,f \times \mathrm{grad}\,g = \mathrm{grad}\,f \times \mathrm{grad}\,g$ となって (ii) を使うと (iv) が得られる．さらにこの等式とストークスの定理より (v) が従う．

2. $f(\boldsymbol{x}) = \frac{1}{2}m_{11}x_1^2 + \frac{1}{2}m_{22}x_2^2 + \frac{1}{2}m_{33}x_3^2 + m_{12}x_1x_2 + m_{13}x_1x_3 + m_{23}x_2x_3$ は，$\mathrm{grad}\,f(\boldsymbol{x}) = \boldsymbol{x}M$, $\Delta f = \mathrm{trace}\,M$ を満たす．したがって

$$\begin{aligned}\frac{\mathrm{trace}\,M}{3} &= \frac{1}{4\pi}\iiint_{B(O,1)} \Delta f\,dx_1dx_2dx_3 \\ &= \frac{1}{4\pi}\iint_{S^2(1)} (\mathrm{grad}\,f, \boldsymbol{x})d\sigma_{S^2(1)} \\ &= \frac{1}{4\pi}\iint_{S^2(1)} \boldsymbol{x}M\boldsymbol{x}^T d\sigma_{S^2(1)}\end{aligned}$$

3. $\boldsymbol{R}^3$ 上の有界な調和関数 h を考える．$|h|$ は定数 M を超えないとする．点 P，原点 O それぞれを中心とする半径 ρ の球体 $B(P,\rho), B(O,\rho)$ について，定理 3.2.5 で述べた球体平均の性質を適用すると，

$$\begin{aligned}
&|h(P)-h(O)| \\
&= \frac{3}{4\pi\rho^3}\left|\iiint_{B(P,\rho)} h\ dx_1dx_2dx_3 - \iiint_{B(O,\rho)} h\ dx_1dx_2dx_3\right| \\
&= \frac{3}{4\pi\rho^3}\left|\iiint_{B(P,\rho)\setminus B(O,\rho)} hdx_1dx_2dx_3 - \iiint_{B(O,\rho)\setminus B(P,\rho)} h\ dx_1dx_2dx_3\right| \\
&\le \frac{3}{4\pi\rho^3}\left(\iiint_{B(P,\rho)\setminus B(O,\rho)} |h|dx_1dx_2dx_3 + \iiint_{B(O,\rho)\setminus B(P,\rho)} |h|\ dx_1d_2dx_3\right) \\
&\le \frac{3M}{4\pi\rho^3}(m(B(P,\rho)\setminus B(O,\rho)) + m(B(O,\rho)\setminus B(P,\rho)))
\end{aligned}$$

が成り立つ．ただし $\boldsymbol{R}^3$ の領域 Ω に対して，$m(\Omega)$ はその体積を表す．さて，ρ を十分大きくとって，$\rho > r(P)$ とすると，

$$B(P,\rho)\setminus B(O,\rho) \subset B(P,\rho)\setminus B(P,\rho - r(P))$$

である．したがって

$$\begin{aligned}
m(B(P,\rho)\setminus B(O,\rho)) &\le m(B(P,\rho)\setminus B(P,\rho - r(P))) \\
&= \frac{4\pi}{3}(\rho^3 - (\rho - r(P)^3)) \\
&\le \frac{4\pi}{3}(3\rho^2 r(P) + 3\rho\ r(P)^2 + r(P)^3)
\end{aligned}$$

となり，$\rho \to +\infty$ のとき，$m(B(P,\rho)\setminus B(O,\rho))/\rho^3$ は 0 に収束し，同様に

$$\lim_{\rho\to\infty} m(B(O,\rho)\setminus B(P,\rho))/\rho^3 = 0$$

である．したがって上の不等式から $h(P) = h(O)$ が導かれ，h は定数であることがわかる．（この証明は，次の論文に負う．E. Nelson, A proof of Liouville's theorem, Proc. Amer. Math. Soc. **12** (1961), 995. ）

4.

$$\Delta\left(\frac{\partial h}{\partial x_i}\right) = \frac{\partial}{\partial x_i}\Delta h \quad (i = 1, 2, 3)$$

に注意すると，h が調和関数のとき，$\dfrac{\partial}{\partial x^i}h$ $(i=1,2,3)$ も調和関数である．これから定理 3.2.5 と例題 3.1.6 (i) を使って，

$$\begin{aligned}\frac{\partial h}{\partial x^i}(P) &= \frac{3}{4\pi(r(P)+1)^3}\iiint_{B(P,r(P)+1)}\frac{\partial h}{\partial x_i}dx_1dx_2dx_3 \\ &= \frac{3}{4\pi(r(P)+1)^3}\iint_{S(P,r(P)+1)}h\nu_i d\sigma_{S(P,r(P)+1)}\end{aligned}$$

となる．したがって

$$\left|\frac{\partial h}{\partial x_i}(P)\right| \leq \frac{3(a(r(P)+1)^k+b)}{r(P)+1}$$

となり，右辺は，ある定数 a_1, b_1 があって，$a_1r(P)^{k-1}+b_1$ で上から押さえられるので，

$$\left|\frac{\partial h}{\partial x^i}(P)\right| \leq a_1r(P)^{k-1}+b_1 \quad (P\in \boldsymbol{R}^3)$$

が導かれる．さらに $\dfrac{\partial^2 h}{\partial x_i\partial x_j}$ $(i,j=1,2,3)$ に対して同様の議論を適用すると，ある正の定数 a_2, b_2 が見つかって，

$$\left|\frac{\partial^2 h}{\partial x^i\partial x^j}(P)\right| \leq a_2r(P)^{k-2}+b_2 \quad (P\in \boldsymbol{R}^3)$$

が成り立つことがわかる．n を k を超えない最大の整数とすると，上の議論を繰り返して，調和関数 $\dfrac{\partial^{n+1}h}{\partial x_{i_1}\cdots\partial x_{i_{n+1}}}$ $(i_1,\ldots,i_{n+1}=1,2,3)$ は有界となり，前問のとおり，これらは定数となる．これから $\dfrac{\partial^n h}{\partial x_{i_1}\cdots\partial x_{i_n}}$ は 1 次関数となるが，その増大度は r^{k-n} で押さえられ，$k-n<1$ より，これも定数であることになる．以上から h は，次数が k を超えない多項式であることがわかる．

5. ベクトル場が定義されている領域を V とする．V の点 P とそれを中心とした球体 $B(P,10r)$ をとる．r は十分小さくとって $B(P,10r)$ は V に含まれるとする．$|t|$ が十分小さいとき，$B(P,r)\subset\phi_t(B(P,2r))\subset B(P,3r)$ が満たされていることに注意すると，$B(P,r)$ の外では 0 である関数 f に対して，

$$\iiint_V f(\boldsymbol{x})dx_1dx_2dx_3 = \iiint_V f(\phi_t(\boldsymbol{x}))J_{\phi_t}(\boldsymbol{x})dx_1dx_2dx_3$$

が得られる．これと系 3.1.4 を使って，

$$\begin{aligned}
&\iiint_V f\,\mathrm{div}\,\boldsymbol{A}\,dx_1dx_2dx_3\\
&= -\iiint_V (\mathrm{grad}\,f, \boldsymbol{A})dx_1dx_2dx_3\\
&= -\iiint_V \frac{d}{dt}f(\phi_t(\boldsymbol{x}))|_{t=0}\,dx_1dx_2dx_3\\
&= -\lim_{t\to 0}\frac{1}{t}\iiint_V f(\phi_t(\boldsymbol{x})) - f(\boldsymbol{x})dx_1dx_2dx_3\\
&= -\lim_{t\to 0}\frac{1}{t}\iiint_V f(\phi_t(\boldsymbol{x}))(1-J_{\phi_t}(\boldsymbol{x}))dx_1dx_2dx_3\\
&= \iiint_V f\frac{d}{dt}J_{\phi_t}(\boldsymbol{x})|_{t=0}\,dx_1dx_2dx_3
\end{aligned}$$

このように $B(P,r)$ の外では 0 である関数 f すべてに対して,

$$\iiint_V f(\mathrm{div}\,\boldsymbol{A} - \frac{d}{dt}J_{\phi_t}(\boldsymbol{x})|_{t=0})dx_1dx_2dx_3 = 0$$

が成り立つ．これから $B(P,r)$ において

$$\mathrm{div}\,\boldsymbol{A} = \frac{d}{dt}J_{\phi_t}(\boldsymbol{x})|_{t=0}$$

が従う．

6. $g_A = \dfrac{1}{r_A}\displaystyle\int_0^{r_A} q(t)t^2dt + \int_{r_A}^{\infty} q(t)t\,dt$ (例題 1.3.4 参照) より

$$\mathrm{grad}\,g_A = -\frac{1}{{r_A}^2}\int_0^{r_A} q(t)t^2dt\ \mathrm{grad}\,r_A$$

である．これから $\varepsilon \to 0$ のときの極限を求めると,

$$\boldsymbol{E}_A = \begin{cases} \boldsymbol{0} & (r_A < R)\\ -\dfrac{\sigma R^2}{{r_A}^2}\,\mathrm{grad}\,r_A & (R < r_A < R+d)\\ -\dfrac{\sigma R^2 - \rho(R+d)^2}{{r_A}^2}\,\mathrm{grad}\,r_A & (R+d < r_A) \end{cases}$$

となる．

次に $A = (-\alpha, 0, 0)$, $R = \alpha$ として，$\alpha \to +\infty$ とするとき，固定された $P(p_1, p_2, p_3)$ において，$\mathrm{grad}\,r_A(P)$ は定ベクトル $(1,0,0)$ に収束し，$0 < p_1 < d$ ならば $-\dfrac{\sigma R^2}{r_A(P)^2}$ は

$-\sigma$ に収束し，$d < p_1$ ならば，$-\dfrac{\sigma R^2 - \rho(R+d)^2}{r_A(P)^2}$ は $-\sigma + \rho$ に収束する．したがって

$$\boldsymbol{E}(p_1, p_2, p_3) = \begin{cases} (0,0,0) & (p_1 < 0) \\ (-\sigma, 0, 0) & (0 < p_1 < d) \\ (-\sigma+\rho, 0, 0) & (d < p_1) \end{cases}$$

となる．(iii) を示す．

$$\begin{aligned}
&\iiint_{\boldsymbol{R}^3} (-\boldsymbol{E}, \operatorname{grad} f)\, dx_1 dx_2 dx_3 \\
&= \iint \left(\int_0^d \sigma \frac{\partial f}{\partial x_1} dx_1 \right) dx_2 dx_3 + \iint \left(\int_d^\infty (\sigma - \rho) \frac{\partial f}{\partial x_1} dx_1 \right) dx_2 dx_3 \\
&= \rho \iint f(d, x_2, x_3) dx_1 dx_2 - \sigma \iint f(0, x_2, x_3) dx_2 dx_3
\end{aligned}$$

7. $f(\boldsymbol{x}) = \dfrac{1}{\|\boldsymbol{x}\|}$ とおき，さらに正の数 δ に対して，$f_\delta(\boldsymbol{x}) = \dfrac{1}{\sqrt{\|\boldsymbol{x}\|^2 + \delta}}$ とおく．これから二つのベクトル場を次のように定める．

$$\boldsymbol{A}(P) = c_0 I \int_\alpha^\beta f(\boldsymbol{c}(t) - \boldsymbol{r}(P)) \boldsymbol{c}'(t)\, dt$$

$$\boldsymbol{A}_\delta(P) = c_0 I \int_\alpha^\beta f_\delta(\boldsymbol{c}(t) - \boldsymbol{r}(P)) \boldsymbol{c}'(t)\, dt$$

$\boldsymbol{A}_\delta$ は $\boldsymbol{R}^3$ 全体で滑らかなベクトル場である．$\boldsymbol{F} = \operatorname{rot} \boldsymbol{A}$ が成り立ち，$\boldsymbol{F}_\delta = \operatorname{rot} \boldsymbol{A}_\delta$ とおくと，$\boldsymbol{F}_\delta = -\displaystyle\int_{\boldsymbol{C}} \operatorname{grad} f_\delta(\boldsymbol{r} - \boldsymbol{r}(P)) \times d\boldsymbol{r}$ と表すことができ，さらに $\operatorname{div} \boldsymbol{A}_\delta = 0$ が成り立つ（練習問題 2 の 4 参照）．したがって命題 2.4.5 (ii) より

$$\operatorname{rot} \boldsymbol{F}_\delta = \operatorname{rot} \operatorname{rot} \boldsymbol{A}_\delta = -\Delta \boldsymbol{A}_\delta$$

となる．これから，命題 2.4.5 (i) に注意して，

$$\begin{aligned}
&\iiint_{\boldsymbol{R}^3} (\boldsymbol{F}_\delta, \operatorname{rot} \boldsymbol{X}) dx_1 dx_2 dx_3 \\
&= \iiint_{\boldsymbol{R}^3} (\operatorname{rot} \boldsymbol{F}_\delta, \boldsymbol{X}) dx_1 dx_2 dx_3 - \iiint_{\boldsymbol{R}^3} (\operatorname{div} \boldsymbol{F}_\delta \times \boldsymbol{X}) dx_1 dx_2 dx_3 \\
&= \iiint_{\boldsymbol{R}^3} (\operatorname{rot} \boldsymbol{F}_\delta, \boldsymbol{X}) dx_1 dx_2 dx_3 \\
&= -\iiint_{\boldsymbol{R}^3} (\Delta \boldsymbol{A}_\delta, \boldsymbol{X}) dx_1 dx_2 dx_3 \\
&= -\iiint_{\boldsymbol{R}^3} (\boldsymbol{A}_\delta, \Delta \boldsymbol{X}) dx_1 dx_2 dx_3
\end{aligned}$$

となる．ここで $\delta \to 0$ とすると，

$$\iiint_{\boldsymbol{R}^3} (\boldsymbol{F}, \operatorname{rot} \boldsymbol{X}) dx_1 dx_2 dx_3 = -\iiint_{\boldsymbol{R}^3} (\boldsymbol{A}, \Delta \boldsymbol{X}) dx_1 dx_2 dx_3$$

が得られる．さらに定理 3.2.4 (i) を適用すると，右辺

$$\begin{aligned}
&-\iiint_{\boldsymbol{R}^3} (\boldsymbol{A}, \Delta \boldsymbol{X}) dx_1 dx_2 dx_3 \\
&= -c_0 I \iiint_{\boldsymbol{R}^3} \left(\int_\alpha^\beta \frac{(\boldsymbol{c}'(t), \Delta \boldsymbol{X}(\boldsymbol{x}))}{\|\boldsymbol{c}(t) - \boldsymbol{x}\|} dt \right) dx_1 dx_2 dx_3 \\
&= c_0 I \int_\alpha^\beta \left(-\iiint_{\boldsymbol{R}^3} \frac{(\boldsymbol{c}'(t), \Delta \boldsymbol{X}(\boldsymbol{x}))}{\|\boldsymbol{c}(t) - \boldsymbol{x}\|} dx_1 dx_2 dx_3 \right) dt \\
&= 4\pi c_0 I \int_\alpha^\beta (\boldsymbol{c}'(t), \boldsymbol{X}(\boldsymbol{c}(t))) dt = 4\pi c_0 I \int_{\boldsymbol{c}} \boldsymbol{V}
\end{aligned}$$

が導かれる．

8. (i), (ii) は省略する．(iii) を示す．円柱座標 $x_1 = \rho\cos\theta$, $x_2 = \rho\sin\theta$, $x_3 = z$ を使えば，$\boldsymbol{X} = (a_1, a_2, a_3)$ に対して，

$$\begin{aligned}
&\iiint_{\boldsymbol{R}^3} (\boldsymbol{B}, \operatorname{rot} \boldsymbol{X}) dx_1 dx_2 dx_3 \\
&= b \iiint_{\rho \le 1} \left(\frac{\partial a_2}{\partial x_1} - \frac{\partial a_1}{\partial x_2} \right) dx_1 dx_2 dx_3 \\
&= b \int_{-\infty}^{\infty} dz \int_0^1 d\rho \\
&\quad \times \int_0^{2\pi} \left(\rho\cos\theta \frac{\partial a_2}{\partial \rho} - \sin\theta \frac{\partial a_1}{\partial \theta} - \rho\sin\theta \frac{\partial a_1}{\partial \rho} - \cos\theta \frac{\partial a_1}{\partial \theta} \right) d\theta
\end{aligned}$$

となる．

$$\begin{aligned}
\int_0^1 \rho\cos\theta \frac{\partial a_2}{\partial \rho} d\rho &= \cos\theta\, a_2(1, \theta, z) - \int_0^1 \cos\theta\, a_2(\rho, \theta, z) d\rho \\
-\int_0^{2\pi} \sin\theta \frac{\partial a_2}{\partial \theta} d\theta &= \int_0^{2\pi} \cos\theta\, a_2(\rho, \theta, z) d\theta \\
-\int_0^1 \rho\sin\theta \frac{\partial a_1}{\partial \rho} d\rho &= -\sin\theta\, a_1(1, \theta, z) + \int_0^1 \sin\theta\, a_1(\rho, \theta, z) d\rho \\
-\int_0^{2\pi} \cos\theta \frac{\partial a_1}{\partial \theta} d\theta &= -\int_0^{2\pi} \sin\theta\, a_1(\rho, \theta, z) d\theta
\end{aligned}$$

に注意して，$d\sigma_M = d\theta dz$ から

$$\begin{aligned}
&\iiint_{\boldsymbol{R}^3} (\boldsymbol{B}, \operatorname{rot} \boldsymbol{X}) dx_1 dx_2 dx_3 \\
&= -\int_{-\infty}^{+\infty} dz \int_0^{2\pi} ((bx_2, -bx_1, 0), (a_1, a_2, a_3)) d\theta \\
&= -\iint_M (\boldsymbol{i}, \boldsymbol{X}) d\sigma_M
\end{aligned}$$

に到達する．

9.　$\eta(t) = c/(1+t)^d$ とおく．このとき

$$\begin{aligned}
\iiint_{\boldsymbol{R}^3} \frac{|q|}{r} dx_1 dx_2 dx_3 &\leq \iiint_{\boldsymbol{R}^3} \frac{\eta(r)}{r} dx_1 dx_2 dx_3 \\
&= 4\pi \int_0^{\infty} \eta(r) r\, dt \\
&\leq 4\pi c \int_0^{\infty} \frac{dr}{(1+r)^{d-1}} = \frac{4\pi c}{d-2}
\end{aligned}$$

となる．したがって $f(P) = \dfrac{1}{4\pi} \displaystyle\iiint_{\boldsymbol{R}^3} \frac{q}{r_P} dx_1 dx_2 dx_3$ が $\Delta f = -q$ の解を与える．さらに例題 1.3.4 より，

$$\begin{aligned}
|f(P)| &\leq \frac{1}{4\pi} \iiint_{\boldsymbol{R}^3} \frac{\eta(r)}{r_P} dx_1 dx_2 dx_3 \\
&= \frac{1}{r(P)} \int_0^{r(P)} \eta(r) r^2 dr + \int_{r(P)}^{\infty} \eta(r) dr \\
&= \frac{c}{r(P)} \int_0^{r(P)} \frac{r^2}{(1+r)^d} dr + c \int_{r(P)}^{\infty} \frac{dr}{(1+r)^d}
\end{aligned}$$

が成り立つ．これから $2 < d < 3$ ならば $|f| \leq c'/(1+r)^{d-2}$，$d = 3$ ならば $|f| \leq c' \log(1+r)/(1+r)$，$3 < d$ ならば $|f| \leq c'/(1+r)$ が成り立つことがわかる．ここに c' はある正の定数である．

10.　$[0, +\infty)$ 上の滑らかな関数 $\eta(t)$ で，$0 \leq \eta(t) \leq 1$，$\eta(t) = 1$ $(0 \leq t \leq 1)$，$\eta(t) = 0$ $(2 \leq t)$ を満たすものを一つ選ぶ．各 $n \in \boldsymbol{N}$ に対して，$\eta_n(t) = n^{5/2} \eta(nt)$ とおき，点 P_n を $r(P_n) \geq n$ となるようにとる．このとき関数 $g_n(P) = \dfrac{1}{4\pi} \displaystyle\iiint_{\boldsymbol{R}^3} \frac{\eta_n(r_{P_n})}{r_P} dx_1 dx_2 dx_3$ $(P \in \boldsymbol{R}^3)$ は，

$$g_n(P_n) = \int_0^{+\infty} \eta_n(t) t\, dt \geq \sqrt{n}$$

および

$$0 \leq g_n(P) \leq 3/(\sqrt{n} r_{P_n}(P)) \quad (r_{P_n}(P) = \|\boldsymbol{r}(P) - \boldsymbol{r}(P_n)\| \geq 2/n)$$

を満たしていることがわかる（例題 2.3.4 参照）．そこで $g(P) = \sum_{n-1}^{\infty} g_n(P)$ とおくと，この関数項級数は収束し，

$$g(P) = \frac{1}{4\pi} \iiint_{\boldsymbol{R}^3} \frac{\sum_{n=1}^{\infty} \eta_n(r_{P_n})}{r_P} dx_1 dx_2 dx_3$$

となって，$\boldsymbol{R}^3$ 上の滑らかな関数を定める．その定義から $g(P_n) \geq g_n(P_n) \geq \sqrt{n}$ となって，求める性質を満たしていることがわかる．

練習問題 4

1.　平行移動と回転を行って，P は原点 O で，共通の接線は x_1 軸としてよい．さらに曲線のパラメータ変換によって $B(O, r)$ において，$\boldsymbol{c}_1(t) = (t, f(t))$, $\boldsymbol{c}_2(t) = (t, g(t))$ と表されるとしてよい．$f(0) = g(0) = 0$ かつ $f'(0) = g'(0) = 0$ である．したがって $\kappa(\boldsymbol{c}_1(0)) = f''(0)$, $\kappa(\boldsymbol{c}_2(0)) = g''(0)$ である．これから $t = 0$ の近くで $f(t) \geq g(t)$ ならば $\kappa(\boldsymbol{c}_1(0)) \geq \kappa(\boldsymbol{c}_2(0))$ が成り立ち，$\kappa(\boldsymbol{c}_1(0)) > \kappa(\boldsymbol{c}_2(0))$ ならば，$t = 0$ の近くで $f(t) \geq g(t)$ でなければならないことがわかる．

2.　単位接ベクトル $\boldsymbol{v} \in T_pS_1 = T_pS_2$ と $\boldsymbol{\nu}$ で張られる法裁面に前問を適用すればよい．

3.　S に含まれない固定された点 P からの距離関数 r_P を S 上に制限して考える．S の点で最も P から離れた点を Q とし，$M = r_P(Q)$ とする．このとき点 P を中心とする半径 M の球面 $S_P^2(M)$ は S と点 Q で接し，S は球面の内側に含まれる．したがって前問から球面の外向きの単位法ベクトルに関する法曲率を考えると，S の法曲率は球面の法曲率 $-1/M$ を超えない．したがって特に S のガウス曲率は $1/M^2$ 以上であることがわかる．

4.　省略．

5.　練習問題 1 の 3 より，

$$\left\| \frac{\partial \boldsymbol{\phi}}{\partial u_1} \times \frac{\partial \boldsymbol{\phi}}{\partial u_2} \right\| \leq \frac{1}{2} \left(\left\| \frac{\partial \boldsymbol{\phi}}{\partial u_1} \right\|^2 + \left\| \frac{\partial \boldsymbol{\phi}}{\partial u_2} \right\|^2 \right)$$

が成り立つので，

$$\mathcal{A}(S) \leq \frac{1}{2}\iint_D \left\|\frac{\partial \phi}{\partial u_1}\right\|^2 + \left\|\frac{\partial \phi}{\partial u_2}\right\|^2 du_1 du_2$$

となり，さらに局所座標系 (u_1, u_2) が等温座標系ならば，練習問題 1 の 3 の後半部分から，上の不等式は等式となる．

参考図書

本書を執筆するにあたって次の書物をおもに参照した.

[1] A.Gray, Modern Differential Geometry of Curves and Surfaces with MATHEMATICA (Second Edition), CRC Press, 1998 年

[2] 加須栄篤, リーマン幾何学, 培風館, 2001 年

[3] 小宮克弘, 位相幾何入門, 裳華房, 2001 年

[4] 宮島静雄, 微積分学としてのベクトル解析, 共立出版, 2007 年

[5] 武藤義夫, ベクトル解析, 裳華房, 1972 年

[6] 難波誠, 微分積分学, 裳華房, 1996 年

[7] 西川青季, 等長地図はなぜできない—地図と石鹸膜の数学, 日本評論社, 2014 年

[8] 酒井隆, リーマン幾何学, 裳華房, 1992 年

[9] 砂田利一, 数学から見た物体と運動, 岩波講座 物理の世界 物の理・数の理 1, 岩波書店, 2004 年

[10] 砂田利一, 数学から見た連続体の力学と相対論, 岩波講座 物理の世界 物の理・数の理 3, 岩波書店, 2004 年

[11] 砂田利一, 現代幾何学への道—ユークリッドの蒔いた種, 岩波書店, 2010 年

[12] 砂川重信, 電磁気学の考え方, 岩波書店, 1993 年

[13] 津島行男, 線形代数・ベクトル解析, 学術図書出版社, 1993 年

索　　引

【サ行】

【タ行】

【ナ行】

【ハ行】

【マ行】

【ヤ行】

【ラ行】

〈著者紹介〉

加須栄　篤（かすえ　あつし）

1980年　大阪大学大学院理学研究科博士前期課程 修了
現　在　金沢大学理工研究域数物科学系 教授
　　　　理学博士
専　門　幾何解析学
著　書　『リーマン幾何学』（培風館，2001）
　　　　『リーマン多様体とその極限』（共著，日本数学会，2004）

共立講座 数学探検　第 12 巻
ベクトル解析
Vector Analysis

2019 年 9 月 15 日　初版 1 刷発行

著　者　加須栄　篤 ©2019

発行者　南條光章

発行所　**共立出版株式会社**
郵便番号 112-0006
東京都文京区小日向 4 丁目 6 番 19 号
電話 (03) 3947-2511（代表）
振替口座 00110-2-57035 番
URL www.kyoritsu-pub.co.jp

印　刷　加藤文明社

製　本　協栄製本

一般社団法人
自然科学書協会
会員

検印廃止
NDC 414.7, 421.5

ISBN 978-4-320-11185-1

Printed in Japan